THE ART
OF
SIMPLE
FOOD

简单烹饪的
艺术

［加］艾丽丝·沃特斯　著
Alice Waters

魏思静　王桐　译

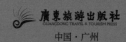
广东旅游出版社
GUANGDONG TRAVEL & TOURISM PRESS

中国·广州

图书在版编目（CIP）数据

简单烹饪的艺术 /（加）艾丽丝·沃特斯著；魏思
静，王桐译.—广州：广东旅游出版社，2023.10
ISBN 978-7-5570-3026-1

Ⅰ.①简… Ⅱ.①艾… ②魏… ③王… Ⅲ.①烹饪—
方法 Ⅳ.① TS972.11

中国国家版本馆 CIP 数据核字 (2023) 第 057573 号

Copyright © 2007 by Alice Waters
This edition arranged with McCormick Literary
through Andrew Nurnberg Associates International Limited
本书中文简体版由银杏树下（北京）图书有限责任公司版权引进。
版权登记号 图字：19-2023-036

出 版 人：刘志松　　　　　　选题策划：后浪出版公司
出版统筹：吴兴元　　　　　　责任编辑：廖晓威
编辑统筹：王　顿　　　　　　特约编辑：余椹婷
责任校对：李瑞苑　　　　　　责任技编：冼志良
装帧制造：墨白空间　　　　　封面设计：柒拾叁号
营销推广：ONEBOOK

简单烹饪的艺术
JIANDAN PENGREN DE YISHU

广东旅游出版社出版发行
（广州市荔湾区沙面北街 71 号首、二层 ）
邮　　编：510130
印　　刷：嘉业印刷（天津）有限公司
印厂地址：天津市静海经济开发区北区银海道 48 号
开　　本：787 毫米 × 1094 毫米　1/16
字　　数：476 千字
印　　张：24
版　　次：2023 年 10 月第 1 版
印　　次：2023 年 10 月第 1 次
定　　价：99.80 元

目　录

上　篇　从零开始
厨房基本配备、主题与食谱

下 篇 餐桌上
日常食谱

上 篇

从零开始

厨房基本配备、主题与食谱

前　言

　　我的美食革命始于年少懵懂时，那会儿我刚开始经营自己的餐厅，正四处寻找可以做出可口菜肴的食材。我想找到那些我在法国做学徒时爱上的生菜、四季豆和面包等简单美味的食物。我以为自己寻找的是好味道而非厨艺理论，但渐渐地，我发现味道很棒的食物往往是自家后院或餐馆方圆百里以内的小菜园和农场里农夫种的有机蔬果。他们专门种植未经基因改造的水果蔬菜，到了成熟期才采摘。至此，这种新观念促使我直接从食材的供应源头进货，而不再局限于超级市场提供的产品。

　　有了最优质的食材，用简单的方法就能做出很棒的食物，因为尝起来就是食材本身天然的味道。这就是我们在"潘尼斯之家"餐厅多年寻找、准备和品尝食物的心得。悉心种植、适时采摘、由供应者直接送达厨房的食物自然且美味，但这样美味的食物不应只被我们这类高档餐厅独享，同样的新鲜食材也应在路边或农夫市集中售卖，人人都能购买。

　　当我开始在农夫市集采购后，发现最棒的事情就是可以亲自和农夫们交流。我向他们请教，同时也影响着他们。我请他们种植一些已经很难在超市里见到的蔬果。经过几年每周如此的交流，我意识到自己开始像信赖家人一样信赖这些朋友，而他们也信赖我。通过购买健康又有人情味的可持续生产的本地食物，我发现自己已经成为这个社区的一分子，我们都有着同样的信念。作为社区的一员，我们不仅共同承担保护自然资源的义务，也懂得欣赏食物本身的价值，热爱它们的味道与色泽，能够从食物与时空、季节和自然轮回的联结中体会到深深的乐趣。

练就一手好厨艺并没有什么神秘的诀窍，既不需要经过多年培训，也不需要稀奇昂贵的食材，或者掌握百科全书般的世界料理知识，只需要动用你的五种感官，以及优质的食材。不过为了能够更好地选择和准备食材，你需要充分地感受它们。这种多维度的感官体验使得烹饪让人十分有成就感，因此你永远不会停下学习的脚步。

这本书是写给那些想学习烹饪并希望精进厨艺的人。上篇"从零开始"的几个章节回顾了一些简单食物的要素，包括怎样选择新鲜食材、怎样储备食品、如何决定菜单。随后的章节介绍了主要的烹饪技巧，包括对经典食谱的详细解析。一边阅读本书一边实践，从成功（以及失败）的经历中不断学习、尝试，你会将这些烹饪技巧熟记于心，以后就无须反复查阅了。这样你在做菜时会更加轻松自信，会从食谱中找到灵感，而不是由其支配，从而自由地享受与朋友、家人准备和分享简单食物带来的快乐。在本书的下篇"餐桌上"，你会见到更多类似的食谱，当你掌握了上篇的烹饪技巧之后，这些食谱都会变得相当简单。

我坚信烹饪的基本原则在哪里都是一样的。这些原则很少与食谱和烹饪技巧相关，而是更多地取决于食材，在我看来这才是烹饪的要义。每次做烹饪示范的时候，我都会将需要用到的食材一一展示出来，台下的观众总是会瞪大双眼，对它们的美丽感到惊讶。他们会问我："这是从哪买的？"我回答："就在本地的农夫市集，你也可以买到！"经过这么多年，我的所有与烹饪有关的知识都能回溯到这个原则，以及一些其他的简单建议。我把它们都列在了下面。相信你采用这些建议以后，烹饪体验会发生根本性的转变。它们是实现美食革命的基本原理，可以用最基本的人性价值将我们的家园与社区重新联结起来，给我们带来最愉悦的感官体验，也为我们终生的健康和幸福提供保障。

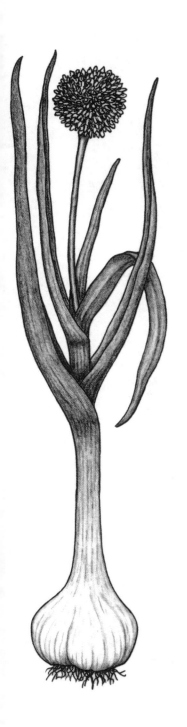

选择当地的可持续生产的食物

了解你所选择的食物的来源和种植方式。从照料土地的本地小菜农那里寻找各种不同种类的水果和蔬菜。鸡蛋、肉类、鱼类的采购要从遵循有机、人道、环保的供应商处选择。

选择当季的食物

选择当季的食物。即使作物的生长季节很短，有机园艺和栽培法也可以使之延长。绿色植物可以在温室或罩子中栽培，并且有些当地作物也很容易存储、风干或制成罐头，以满足冬季的需求。吃当季食物，可以激发你的烹饪灵感，让你感受当下的时节和地域，品尝到合宜与美味的食物。

去农夫市集采购

农夫市集创造出了一种重视诚信、多样性、季节性、本地性、可持续性以及艺术性的社区文化。去接触和了解那些种植你所吃的食物的农夫，把自己当成他们的伙伴，向他们学习，配合他们工作。

亲自种植

品尝在自家后院或社区的花园里种植的食物，会给你带来巨大的满足感。甚至连窗台上的一盆香草也能够给你的烹饪方式带来变化，将你与季节的变化连接在一起。你会寻觅野生植物，或亲手采摘果园里的水果。试着了解这些可食用的蔬菜与水果构成的景观可以为你带来些什么吧！

保存、堆肥、回收

带上你自己的菜篮子去市场，回收利用任何可以用的包装。烹饪时在身边准备一个堆肥桶，收集厨余并循环利用。保存得越多，浪费得就越少，你的感觉也会更好。

用你的感官，以简单的方法烹饪

不要设计过于复杂的菜色，要让食材展现它们原本的味道。把烹饪当作感官上的享受：触、听、看、闻；还有最重要的尝，边尝边做。不断尝试、练习和发现。

和亲朋一起烹饪

与家人和朋友，尤其是小朋友一起做饭。当小朋友自己动手种植、烹饪和端盘子，就会更渴望吃这些食物。让小朋友亲自种植和烹饪，能够毫不费力地让他们感受到美味食物的价值和品尝的乐趣。

和大家一起享用

无论准备的饭菜多么简单，都要选择一处特别的地方，用心地布置餐桌，让大家一起坐下来进餐，尽情享受餐桌的仪式感。用餐的这段时间是表现共情、慷慨、滋养和交流的一刻。

珍惜食物

只有美味的食材才能做出可口的食物。它的合理价格中包含了保护环境的开销和生产者的劳动报酬。好的食物永远不应该被视为理所当然。

我们开始吧

◆

食材与储备
厨具与准备工作

    成为厨师只需要几个基本要素：胃口、食材、厨房、一些厨具和关于烹饪的想法。但哪一样是最重要的呢？也许是胃口。我认识的所有热爱烹饪的人共有的一个特点就是非常爱吃美食，恰是这种对美食的渴望促使他们成为优秀的厨师。他们通过想象食物的味道和混合的调味，通过阅读烹饪书籍及食谱，通过思考和实践，也可以得到乐趣。当然，在你能够做到思如泉涌和凭直觉就能够开发一套菜谱之前，是需要在厨房里花上一些时间的。我的关于食物和烹饪的观点均源自多年的经验，到现在已经成了我的第二属性。但是，该如何传授这个过程呢？我认为应该从食材开始，因为对于我来说，它们一向是最好的灵感来源。

食材

首先，你得有一些可以烹饪的食材。不管是新鲜的应季蔬果，还是鸡蛋和奶制品，都可以去农夫市集和售卖本地有机作物的超市选购。在决定做什么菜以前，要带着开放的心态，先看看市场里都有些什么，能够如何利用。直接向生产者采购食材的好处就是可以从他们那里学到许多东西，并且还能够影响他们接下来种植什么作物的决定。要多向他们提问，例如：这是什么品种？怎么种？你会如何煮它？它的采收季节有多长？

总之，尽可能购买本地种植或养殖的具有有机认证的食材，但要注意，带有机标签的食物并不代表一定就是本地或可持续农业的产物。有一个简单方便地采购本地可持续农业基地出产的有机果蔬（有时也包括牛奶、鸡蛋和肉类产品）的方式：参加 CSA（Community Supported Agriculture，美国社区支持农业）农场的订购。CSA 是一种消费者和生产者共同签订的协议，如果个人或家庭每年对一家本地农场提供生产资金上的支持，作为交换，就能在这一年之中定期收到送货上门的农产品，通常是每周一次。这样，小型家庭农场可以在初创时得到资金支持以更好地经营，消费者也可以定期收到不同种类的新鲜的本地农产品。这种方式在美国各地越来越普遍。

在没有农夫市集的季节，或是你周围只有超市的时候，可以向超市经理提议多进一些有机健康食材。在摆放新鲜的、未经加工的食品区域多逛逛，尽量避免去那些陈列着加工罐装食品的货架。

某些食材为我的烹饪提供了坚实的基础，我差不多一直在使用，它们能够让我带了新鲜食材回家后有不同选择。其中一些对我来说太过重要，就算旅行时我都会带在身边，以免需要用的时候买不到。例如橄榄油、海盐、优质醋、大蒜和面包（大家有时为此取笑我，但当我掏出这些东西时他们又会忍不住立刻拿来烹饪）。虽然这几样东西简单又基础，但它们确实不是在任何商店都能买到的，而以你的住处来定，有时你需要去售卖特殊食材的商店、少数族裔开的杂货铺，或健康食品商店采买。在不得不转向网购之前，还是多多鼓励附近的商店和市场引进一些你想要的食材吧。

储存

在家时，我最常用到的食材大致可以按照需要补货的频率分为两类：第一类是可以保存较长时间的食材，如面粉和橄榄油；第二类是相对容易腐坏的新鲜食材和需要冷藏的奶制品。当食品柜和冰箱里备齐这些主要食材之后，无论什么时候或有谁饿着肚子出现在你家门口时，你都可以立刻做出一些好吃的东西。

长期储备的主要食材	短期储存的主要食材
橄榄油	大蒜
醋	洋葱
盐	红葱头
黑胡椒粒	西洋芹
香料	胡萝卜
意大利面	橄榄
玉米粉和玉米面	新鲜香草
大米	鸡蛋
干豆子	柠檬
番茄罐头	芥末酱
鳀鱼	乳酪
酸豆	坚果
面粉	鸡高汤
糖	黄油
泡打粉和苏打粉	牛奶
香草（干）	面包
酵母	马铃薯
果酱	
酒	

长期储备的主要食材

橄榄油

我在烹饪时少不了橄榄油。所以我会在手边准备两种等级的橄榄油，一种是烹煮用的味道平平、相对平价的橄榄油，一种是味道更加浓郁的特级初榨橄榄油，用来做沙拉酱，作为完成一道菜的最后一步。虽然优质橄榄油较其他食材而言价格相对昂贵，但它能将简单的食物点石成金。我已经记不清被人问了多少遍"你是怎么做到的"，而我的答案是"我只是加热了一下，撒了些盐，然后在上面倒了些橄榄油而已"。

特级初榨橄榄油的制法很简单，就是将橄榄压榨、沉淀、油水分离，再过滤；无须经过加热、精炼或其他工序。橄榄有许多种类，每一种都有独特的风味。有的特级初榨橄榄油带有圆润醇厚的果香，有的带有辛辣的绿色植物香味。大多数橄榄油都能给你带来一种独特的挥之不去的胡椒般的辛辣回味。美国的优质橄榄油大多由地中海沿岸国家进口而来，但是现在加州生产的也越来越多了。建议你尽可能去品尝不同种类的橄榄油。很多专卖店和超市都会打开一些供顾客品尝。如果你的使用量大，可以成箱购买，这样通常可以享受一些折扣，就把它当作半年一次的美味投资好了。橄榄油要储存在阴凉处，高温和光照会导致它变质。

醋

你需要的是优质的未经高温消毒的酒醋，例如红酒醋、白酒醋和雪莉酒醋，它们能够对菜肴的味道起到相当重要的作用。品质优良的醋价格自然会高一点，但完全物有所值。自己亲手酿制的酒醋有时比市面上能够买到的味道更好。大多数市面上的意大利香醋对我来说都过甜了一些。真正采用传统工艺加工的意大利香醋产自摩德纳（Modena），价格非常昂贵，使用的时候常以滴计算。常备一小瓶米酒醋，可用来给寿司饭和黄瓜拌菜调味。如果醋瓶用软木塞封住，放在远离阳光的地方，几乎可以无限期储存。有时醋瓶的底部会形成一些絮状沉淀物，不要因此而扔掉这瓶醋，这是自然发酵的产物，对醋和你的健康都是没有危害的。

盐

使用品质上好的海盐是令食物味道变得更好的简单和方便的技巧。因为海盐中含有微量的矿物质，这使得它更咸，也比普通的盐味道更丰富。普通的盐中含有防止结块的化学物质，会影响食物的味道。我会在身边常备两种海盐：一种质地非常粗糙，呈较大的块状（因矿物含量较高而呈灰色的为上品），可用来煮盐水或腌菜；另一种质地较细，呈晶状，用来给菜肴调味和上桌前的加工。也许做出可口菜肴的首要秘诀就是了解如何用盐调味。加得太多会过咸，但加得太少，味道便过于平淡。盐能够带出食物本身的味道，但也会因为沸腾而浓缩。要不断尝味道，学习盐对风味的影响，从而能够用盐将食物的风味发挥到极致。

学会如何用盐为食物调味，何时放、放多少，都可以对所烹饪的食物风味产生重要的影响。

黑胡椒粒

黑胡椒粒的味道和所含的挥发性油质的香味会在研磨时开始消散，所以最好现用现磨。将胡椒研磨器放在火炉旁边，以便随时取用。如需要新鲜的黑胡椒粒，最好去市场购买，一次买少量即可。

香料

其他常用的香料包括月桂叶、小茴香、茴香籽、八角、干辣椒、卡宴辣椒、肉豆蔻、肉桂、丁香、小豆蔻和姜粉。无论用什么香料，都要选择新鲜有香气的。建议一次购买少量，即买即用，注意要在流通量大的市场采买。

意大利面

常备两到三种干意大利面，挑选你喜欢的形状。我选择的是细面、螺丝面和鸡蛋面。最好选择用硬质小麦或粗粒小麦制成的意大利面，这种面条煮过之后质地和味道会比用其他面粉制作的更好。

玉米粉和玉米面

如今，美国有越来越多的小磨坊将本地种植的玉米加工研磨成玉米粉和玉米面。每次少量购买，需要储藏在房间较凉爽的地方或冰箱里，尤其是在天气炎热的月份。

大米

大米要准备两到三种：一种是短粒米，用来做意大利炖饭和寿司；另一种是长粒米，如印度香米。注意大米要避光保存。

干豆子

在橱柜里储备几罐不同种类的干豆子。我通常会储存扁豆、鹰嘴豆、意大利白豆，以及一两种其他豆类。在每个罐子上标注好名称及购买日期，尽量在一年内用完。

番茄罐头

如果你不准备自己制作速冻或罐装番茄，可以选择采买用整颗有机番茄做成的罐头。我发现番茄罐头无论是切块的、压碎的，还是泥状的，都没有用整颗番茄做成的罐头好吃和好煮。

鳀鱼

优质鳀鱼不仅味道十分强烈，其复杂的咸鲜味也能够为其他食物提味，因此是制作酱汁时不可或缺的调味料之一，例如青酱和意大利香蒜鳀鱼热蘸酱。我认为带骨盐渍鳀鱼的味道和质地均比去骨切片的油渍或水浸的鳀鱼要好很多。建议选择那种较大的超过 500 克的进口鳀鱼罐头。开封后最好将开口包紧储藏在冰箱里，如果能将余下的鳀鱼装到非金属材质的密封包装盒中则更好。储藏时在鱼身上抹一层湿盐，保质期可长达一年。使用的时候用冷水浸泡约 10 分钟使之软化，然后轻轻从鱼骨上撕下两片鱼排。剔除残留的鳞、鳍、尾，然后将鱼排冲洗干净。

酸豆

尽可能购买盐渍的大颗粒酸豆，这种酸豆味道更强烈，平时储藏在冰箱里，使用时洗去盐分，浸泡沥干，最后挤掉水分。用盐水浸泡的酸豆使用的时候也是一样，用清水泡一下，再沥干并挤出水分。酸豆适合用来制作青酱和其他酱汁，加在鸡蛋沙拉里也很不错。

面粉

新鲜的未经漂白的中筋面粉，味道和品质都比漂白过的面粉要好得多。如果经常烤蛋糕的话，则需常备一些低筋面粉。我建议成批采购面粉。了解面粉是否新鲜的方法是开封的时候闻一下，好的面粉闻起来新鲜，没有变味或发酸的迹象。我建议你每隔几个月补一次货。面粉若暴露在阳光直射的地方很容易变质。全麦面粉应当储藏在冰箱里。

糖

有机糖，如砂糖、红糖或糖粉，纯度没有白砂糖高，更好吃，更有营养，但也更容易烧焦。制作蛋奶布丁、苹果挞等需要将糖焦化的甜点时，用颗粒状的有机糖比用砂糖制作难度高，因为不容易被焦化均匀。

泡打粉和苏打粉

泡打粉和苏打粉都是化学发酵膨松剂。我发现有些品牌的泡打粉含有钠明矾，会给食物带来一种难闻的金属味道，所以最好选用不含钠明矾的品牌。苏打粉的保质期较短，最好每年更换。

香草

在蛋奶冻和冰激凌中加入香草荚，味道会非常棒。香草荚平时要密封储存，避免阳光直射。选购香草精时要注意选择只含香草荚精油的，而不是含有合成香兰素或其他人造香料的香草精，这种香草精味道较为苦涩。有机香草荚在很多地方都买得到。

酵母

本书中的酵母指的是活性干酵母，密封冷藏后可以存放数月。

果酱

我喜欢常备一些果酱，可以在水果挞、早餐吐司或薄煎饼上涂上一层，既起到装饰效果又能提味。杏酱就很棒，一些柑橘、柠檬类的果酱也不错。

酒

酒可以加在各类酱汁、意大利炖饭中，也可以滋润炖菜。除了制作甜点，我喜欢用简单的没有刺鼻橡木味的葡萄酒烹饪，这样的酒不会盖过所煮的食物的味道。葡萄酒开封后要用软木塞盖严并冷藏保存。

短期储存的主要食材

我常备的短期储存的食材，是那些时常用到的新鲜食材，能够满足多重菜肴的需求。例如简单的沙拉和酱汁、汤品和炖品、速食意大利面和鸡蛋，等等。每次去市场采购之前都要清点一下存货并将这些食材补齐，它们几乎一年四季随时可以买到。

大蒜

大蒜是我家食品柜里最重要的食材，几乎天天都要用到：给油醋汁调味，做意大利面的酱料，为腌泡汁提味，甚至是用来涂抹吐司。大蒜要存放在阴暗通风的地方，这样可以避免发芽。不过，春大蒜和青蒜要放在冰箱里冷藏保存，并且要用塑料袋包起来，以免水分流失。

洋葱

洋葱是无数菜肴不可或缺的材料，如高汤、浓汤、焖菜、炖菜、意大利面酱汁和素菜底料。建议寻找一年四季都能买到的不同种类的洋葱。春天的青葱要储藏在冰箱里。外皮像纸一样干薄的洋葱要储藏在阴暗通风的地方。

红葱头

红葱头是一种形似小灯泡的洋葱，有着独特的味道，不如一般的洋葱辛辣，但味道更加强烈。我时常用它们来做沙拉（剁碎后用一点醋泡制成油醋汁）和一些经典酱汁。红葱头和其他洋葱一样，要储藏在阴暗干燥、空气流通的地方。

西洋芹

芹菜和胡萝卜、洋葱一样，是一种芳香蔬菜，能够为各类经典高汤、炖菜、焖菜和炒菜增添不可或缺的基础风味。将这些芳香蔬菜切成形状相同的小块，混合翻炒，就成了法餐中的杂菜（mirepoix）。

胡萝卜

胡萝卜要选择散装或捆装的，不要袋装的，顶上的萝卜缨要看起来很新鲜（如果有的话）。胡萝卜的皮味道有点苦，所以一般要削掉，除非你能在农夫市集买到最细小的胡萝卜。储藏的时候要把萝卜缨切掉再冷藏，用之前再削皮。

橄榄

橄榄要亲口品尝后才会知道自己喜欢哪一种，每次购买之前也要再尝一下，因为味道和种类的差别非常大。我个人更喜欢整颗未去核的橄榄的味道。平时我最常用的是法国尼斯黑橄榄、瑞士尼翁橄榄、希腊卡拉玛塔橄榄、法国皮肖利绿橄榄和卢卡橄榄。其中，尼斯黑橄榄尤其适合烹饪。橄榄是最便捷的餐前小食，很适合款待登门的客人，配上一杯红酒就更完美了。

新鲜香草

新鲜香草对我的菜肴起着至关重要的作用。我一直使用的有欧芹、百里香、迷迭香、鼠尾草、罗勒、薄荷、牛膝草、牛至、冬香薄荷和夏香薄荷、香葱、龙蒿以及细叶芹。香草枝和香草束能够为各种汤、烧烤和炖菜增添风味，香草的叶子也可以拌在沙拉中，在盛盘的菜肴上撒一把切碎的香草还能增加鲜度。想保证随时有新鲜香草可用，最简便的方法就是自己种。大多香草的生命力都非常顽强，几乎种在哪里都能成活。就算你家没有花园，也可以在有阳光的窗边种上一两盆。如果在外面购买的话，要注意挑选叶子挺拔、看起来生气勃勃的。

鸡蛋

只要有鸡蛋，随时都可以做出一些吃的。要多留意鸡蛋的生产过程，本地有机农场的饲养环境通常较好，出产的有机鸡蛋也更新鲜、更健康。有机鸡蛋的蛋白和蛋黄较容易分离，也更容易打发，味道也比工厂出产的更好。

柠檬

在菜肴上桌前挤上几滴柠檬汁总是能为其添光增彩。柠檬还可以用来调酱汁，烘焙，烹鱼，偶尔还能来上一杯柠檬汁。柠檬皮，准确来说是黄色外皮，刨成碎屑或刮成薄片再切碎后能用来调味。我还会用柠檬皮煮糖，配甜品或当作甜品吃。柠檬最好储藏在冰箱里。

芥末酱

芥末酱混合了辛辣味（来自芥末籽）和酸味（来自醋），是一种可以增添很多风味的调味料。我偏爱法式第戎芥末酱，因为它很少加糖，而且它的辣味也不会受姜黄粉等其他香料的影响。时常在手边准备一些，可以拌入沙拉酱，也可以作为香肠或其他水煮菜肴的蘸酱。

乳酪

为保证味道新鲜，尽可能在可以品尝或人流量很大的市场购买乳酪。每次都要记得检查包装上的日期。食用之前的那一刻再切或刨，味道最好。在手边准备几样不同种类的乳酪，其中要包括一种用来磨粉的硬乳酪，可以是帕玛森干酪或哥拉纳 – 帕达诺干酪。意大利帕尔马的帕玛森干酪是最正宗的，它独特的味道确实能够改变你的菜肴，但价格昂贵。可以熔化的软乳酪，如蒙特雷杰克干酪，通常用来做墨西哥玉米饼和烤乳酪三明治。瑞士的格吕耶尔干酪无论加到三明治、煎蛋卷、奶油烤菜、蛋奶酥里，还是单独享用，味道都非常棒。建议在农夫市集中选择本地生产的手工乳酪，例如新鲜山羊乳酪。

坚果

常备一些不同种类的坚果，既可用于沙拉或烘烤食物，也可以烤一下作为零食招待突然来访的客人。坚果大多在秋季可以收获，味道也在此时达到最佳。坚果储存在冰箱里可保鲜几个月，切勿放在阳光直射的地方。此外，坚果极易腐坏，味道会变得很差，闻一下你就能知道是否还能吃了。购买坚果的时候最好选择大量散装的，这种通常会比较新鲜。

鸡高汤

鸡高汤是常用烹饪原料之一，需要常备。可以一次性煮出大量鸡高汤，然后分成小份冻起来储藏。在熬汤、炖肉、煮意大利炖饭和酱汁的时候，自制的鸡高汤永远比从外面买来的盒装或罐装鸡汤美味得多。将每次做烤鸡剩下的骨头和杂碎攒起来冷冻，需要时拿出来，加一只生鸡或几块鸡块就可以熬出一大锅鸡高汤。

黄油

黄油可以用来调酱汁、煎蔬菜、烘焙，或涂抹面包。黄油很容易冷冻，如果不常用的话，在冰箱的冷藏室里放一条，然后将剩下的密封冷冻，因为黄油会吸收冰箱里的异味，容易变质。选择无盐黄油还是有盐黄油，要视个人喜好而定（不过有盐黄油更易保存）。当你用有盐黄油烘焙时，要记得适当调整盐的分量，一条有盐黄油含盐约 ¼ 茶匙的量。

牛奶

仔细阅读牛奶包装盒上的标签，多支持本地有机农场出产的牛奶，购买牛奶和奶油时选择不含激素和添加剂的品牌。尽量不选择经过超高温杀菌消毒的牛奶和奶油，有时标签上会注明 UHT（ultra-high temperature），意指经超高温消毒。除了健康问题以外，经过超高温消毒的牛奶和奶油的烹饪效果比较差。

面包

我几乎每餐都会用到面包，因此后面有一个章节专门讲面包。我发现最适合每天吃的万能面包就是乡村风格的自然发酵、缓慢膨胀的整条硬皮长面包。储藏得当的话，可以存放好几天。变硬的面包可以用作奶油烤菜上的面包屑，或切成片后浇上汤汁，千万不要浪费。面包也可以冷冻保存。

马铃薯

根据时令和本地栽种的品种，一般情况下可以准备几种不同的马铃薯：个头较小的手指马铃薯可整颗烘烤；个头较大的黄芬马铃薯用来做奶油烤菜和马铃薯泥；褐色马铃薯用来煎炒；还有当季的皮薄如纸的新马铃薯。当季的新薯要冷藏保存并要尽快吃完，其他马铃薯可在阴暗凉爽、空气流通的地方存放数周。如果表皮有发绿的迹象，表明马铃薯已经开始产生毒素，不能买回家，应该扔掉。

食品柜可提供的菜式

只要你的食品柜准备了上述这些食材（见第9页），你就能做出许多道菜。

汤	米饭
鸡汤	白饭
蒜泥汤	印度香料饭
胡萝卜汤	意大利炖饭
意大利蔬菜浓汤	
鸡汤面	意大利面及玉米糊
鸡汤饭	橄榄油大蒜意大利直面
洋葱汤	鳀鱼欧芹意大利面
法式面包汤	帕玛森干酪黄油蛋面
豆子汤	意大利乳酪奶油烤菜螺丝面
意大利面豆子汤	白豆意大利面
番茄汤	意大利番茄酱螺丝面
马铃薯汤	烟花女意大利面
意大利玉米粥	意大利玉米糊

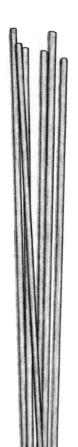

意大利玉米糕

乳酪及鸡蛋
烤乳酪三明治
乳酪蛋奶酥
乳酪香草煎蛋卷
全熟蛋
酿馅鸡蛋
鸡蛋沙拉
任何样式的蛋

酥脆面包丁
豆泥面包丁
橄榄油大蒜面包丁
普罗旺斯酸豆橄榄酱面包丁
鳗鱼面包丁
乳酪面包丁

蔬菜
煎马铃薯
马铃薯泥
马铃薯沙拉
马铃薯糕
烤马铃薯
辣烤洋葱
烤蒜
烤红葱头
大蒜马铃薯泥
烤洋葱
洋葱挞
焖西芹
糖釉胡萝卜
胡萝卜丝沙拉
胡萝卜泥
腌橄榄和烤坚果

酱汁
油醋汁
青酱
蛋黄酱（芥末蛋黄酱、柠檬蛋黄酱、
香草蛋黄酱、蒜泥蛋黄酱）
香草黄油酱（鳗鱼黄油酱、香草黄
油酱）
法式贝阿恩酱
荷兰酱
意大利香蒜鳗鱼热蘸酱

面包和薄煎饼
比萨
香草面包
玉米面包
美式松饼
苏打面包
薄煎饼
华夫饼
俄式薄煎饼

甜点
卡仕达酱
果馅饼
焦糖布丁
面包布丁
柠檬凝乳
柠檬挞
柠檬雪葩
挞皮
甜挞皮
牛油曲奇
1234蛋糕

厨具

购买厨具时，我是个极简主义者。我不喜欢太多小工具，也不喜欢厨房里堆满了不经常使用的物品。我的朋友们甚至为此而嘲笑我是个反机械化的勒德（Luddite）分子，因为我连小家电都不怎么喜欢。与此相反，我很喜欢用杵和臼，享受双手触碰食物的感觉。如今这话也许听起来有点反常，但我仍然认为不需要那么多的工具。我发现自己只是不断重复使用那几把刀和几口锅，对我来说，用起来舒服、制作精良、结实耐用就已经足够了。

以下列出了本书所有菜谱可能会用到的厨具，如果你是从零开始配备新厨房，并且预算有限，那么只需要买两三把好刀、几口导热良好的锅就可以了。这些都是真正的终生投资。其他的厨具可以在你需要用到的时候再一件一件添置。不要忽略车库拍卖和二手店，在这些地方很容易淘到铸铁锅、意大利面条机、烤锅、烤盘和一些小工具。

刀

刀具应该握起来舒服，平衡合手，不需要太重，也不需要准备太多把。可以从以下三把刀开始准备：一把刀刃长 7.5～10 厘米的雕刻刀，一把刀刃长 20 厘米的厨刀，一把用来切面包的长锯齿刀。优质厨刀碳钢含量较高，质地较软，刀刃也更容易保持锋利；不锈钢刀质地较硬，刀刃一旦钝了自己在家很难磨。找到用起来合手的刀，要好好爱护。每次使用完毕都要将刀刃洗净擦干，不要把刀泡在水池里或放进洗碗机，最后要记得让刀刃保持锋利。定期用磨刀棒（带有把手的硬铁棒）打磨是很好的习惯——将刀刃对着磨刀棒呈大约 20 度刮几下。如刀变钝，就需要用磨刀石打磨或请专业磨刀师帮忙。

砧板

砧板应当足够大，表面至少要几英尺见方[①]才能满足使用需要。我比较喜欢原木砧板，它们比塑料砧板更美观，也更好切。砧板需要保持干燥洁净，不要留在洗碗机里。用肥皂和清水清洗，再用台式刮板刮干。当砧板表面看起来太干时，可以涂抹一些矿物油或橄榄油。

---

① 1 英尺约等于 30.5 厘米。——编者注

厚底锅

炖锅和平底锅需要结实耐用，锅底和锅身都要足够厚重才能均匀导热。这样的平底锅在直接加热时能保持平整，不会翘曲变形。符合这些标准的锅具有铜锅、铸铁锅，以及包有不锈钢的铝锅。

大部分菜肴都需要用不会起反应的炖锅和平底锅烹调，因为有些金属锅的材质会与酸性食物起化学反应，致使煮出的食物带有金属味，并且还会导致食物和锅具变色。不会起反应的炖锅和平底锅可以是不锈钢锅、陶土锅、包有珐琅釉的铸铁锅，或其他带有无反应不锈钢涂层的锅。铸铁锅也基本不会和食物产生化学反应，但需要好好开锅——在锅面涂一层油后反复加热，直到逐渐形成一层防锈的不粘锅面。

以下是我最常使用的锅具：

直径 25 厘米的平底铸铁锅

直径 30 厘米的不锈钢涂层炒锅

2～3 升容量的不锈钢涂层带盖小汤锅

11～15 升容量的汤锅

3.5～5.5 升容量的烤箱用带盖炖锅

3 升容量的浅口平底锅

1 升容量的深口平底锅

陶土锅

陶土锅，通常内层上釉，有时外层也上釉，尤其适合匀火慢炖。新买的陶土锅在第一次使用前需要开锅：在水中浸泡一夜，再装满水，以小火慢煮几小时。陶土器皿可放入烤箱，也可置于炉灶上，用中火和小火加热。为了保护陶锅，最好垫一个隔热垫，不要将其直接置于火上。

最好用的陶土器皿是各种尺寸的烤盘（深 5～8 厘米的浅口平底烤盘，盘面较为宽大），以及 3.5～5.5 升容量的带盖豆盅或汤盅。

碗

一组不同直径的搅拌套碗很实用，不需要很精美。

漏勺及过滤器

我常用两个滤碗，用来控水和转移洗好的叶菜。最好再准备几把不同尺寸的漏勺，其中至少有一个带有不锈钢细网。

沙拉甩干器

用沙拉甩干器沥干蔬菜十分方便。甩干器要选择结实的，可以是有旋转手柄的，也可以是抽取式的，后者的好处是底部防滑。

食物研磨器

准备某些特定食物时，比起食物料理机和搅拌机，我更喜欢食物研磨器，因为它能够将食物磨成泥，又不会掺入气泡。

意大利面条机

虽然意大利面也可以用手擀切，但手摇意大利面条机很适合用来和面、揉面，制作千层面和意大利饺子也很方便。

杵和臼

臼要够大，容积为 2 杯或 2 杯以上的臼能够满足各种需求，但小一点的用来捣磨香料、种子、姜蒜等也可以。日本的擂钵包括一个木杵和一个内壁没有上釉、布满山脊状的纹路的陶碗。

烤盘

一般的家用烤盘大约 30 厘米宽，45 厘米长，表面平坦，一侧带有方便手握的凸起边缘。那些四周带有边缘的是蛋糕卷烤板或半烤盘（全烤盘宽 45 厘米，长 60 厘米，对大多数家用烤箱来说过大）。去厨具专卖店或餐厅供应品商店买两个专业用的半烤盘，你会发现物有所值。较轻的烤盘无法把曲奇饼烤得松脆均匀，更糟的是容易烧坏变形。

烤盘纸

每次使用烤盘和蛋糕模具时要记得垫烤盘纸，这样可以防止食物粘连，也便于清洗。由玻璃纤维和硅塑料制成的不粘材质的衬纸，叫矽胶垫，可以反复使用。

烤模

我有一个直径 23 厘米的活底蛋糕模，两个直径 23 厘米、深 5 厘米的圆形蛋糕模，一个直径 23 厘米、深 7.5 厘米的圆形蛋糕模，一个天使蛋糕模，一个马芬蛋糕模和几个派盘。派盘要找深一些的。此外，也可以买一个直径 23 厘米的活底圆挞模和其他模具，例如直径 10 厘米的活底圆模和几个形状各异的迷你挞模。

料理机和搅拌机

通常我不喜欢用料理机，但如果没有一台料理机或搅拌机的话，真的很难做出好用的面包屑。另外，搅拌机也很适合搅碎浓汤。

立式搅拌机

有坚固搅拌头和强力马达的搅拌机特别适合揉面团，但价格不菲。虽然搅拌机省时省力，但本书中的所有菜谱都可以用手完成。

冰激凌机

市面上的冰激凌机有很多种，功能也都相似。选择符合你的预算并且尺寸合适、方便储藏的就可以了。

台式小烤箱

我最喜欢的小家电就是台式烤箱了，非常适合用来做烤面包干和烤制坚果。

小工具

夹子

找长约 25 厘米的带有弹簧的轻巧夹子。餐厅供应品商店是个好去处。切勿选购那种带滑动金属圈锁头的，你会被夹到！

滤网

滤网是一种底端为大丝网的勺子，用于撇去液体中的浮渣（想象一张蜘蛛网装在一个手柄的底端）。中式的竹制滤勺也很好用，便宜又容易买到。

锅铲

一个大的锅铲用来翻转薄煎饼之类，一个小的锅铲则用来抹平糖霜等食材。

胡椒研磨器	**长柄汤勺**
橡皮刮刀	**打蛋器**
木勺	**蔬菜削皮器**
大金属勺和漏勺	**开罐器**

即读温度计　　　　　　　　　　**蒸笼**
烤箱温度计　　　　　　　　　　**牡蛎刀**

刨刀

那种带有 1 厘米长金属头的一排锋利小孔的刨刀，能够很好地刮下又薄又细的丝。

刨丝器

刨干酪时，方形刨丝器比单面的刨丝器更好用，但 Microplane 牌的刨丝器通常更锋利些。最好两个都准备，锋利的用来刨柑橘外皮和磨碎豆蔻，孔较大些的用来刨干酪。

量杯和量匙

你需要一个带刻度的有倾倒斜口的量杯，容量至少有 2 杯 *，用来量取液体，以及一套用来称量干粉类食材的鸟巢状量匙。

刮板

柔韧的椭圆形刮板，用来混合和刮擦食物。

台式刮板

一种带有塑料或木质把手的长方形金属钝刀。用来切面团和清理粘有湿面粉的工作台，还非常适合用来盛切好的洋葱和粗切食材。

---

* 1 杯 = 240ml

擀面杖	**厨房巾**
毛刷	**棉线**
裱花袋和裱花嘴	**开瓶器**
榨汁器	

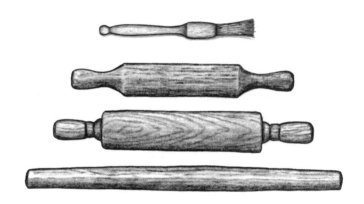

准备工作　　　菜谱是制作一道菜肴的指南，但准备时并不需要死记硬背。即便菜谱是精心写就，食材比例也经过精确测量，如果没有积极主动地投入，也很难复制成功。这种投入是在正式烹饪之前就要开始的。第一步是通读菜谱，在脑海中将要做的菜肴描绘成一幅生动的画面，想象一下菜肴的香气和滋味。然后，再读一遍菜谱，这一次要做些笔记（在脑中或纸上），记录需要的食材和用量、烹调方法、烹调顺序和所需时间。这样，你对成品的外观、味道会有很清晰的概念。如果菜谱某些地方比较含糊，就需要花一些时间研究或检验，直到感觉可以了为止。在动手烹饪之前完全了解整个过程才最有可能成功。每次试做新菜谱，我都会用自己的话另外写出一个简略版，作为将菜谱内化的方法。一切准备就绪后，烹调时才会得心应手，不会在炉子上开着火时还要停下来查看食谱。

读完菜谱，对所需的食材和技巧有所了解之后，下一步就是准备食材和工具了。这是烹饪过程中至关重要的一步。将那些需要放至室温下的食材从冰箱取出。根据菜谱上的要求，冲洗、削皮、切碎、称量，再依次放在便于拿取的小碗、滤碗或盘子里。备齐菜谱上提到的工具。将你需要的小工具和锅碗瓢盆放在手边。预热烤箱，根据需要调整烤架的位置。以上准备工作在法语中称为"mise en place"，意为"各就各位"。当所有食材和用具都已准备妥当，你就可以专心地对照菜谱做菜，而不会在锅里的食物马上就要烧焦或炖烂时，突然发现漏掉了某样食材。将厨具和食材有序摆好，也能够带来美学上的乐趣——将准备好的食材按照顺序放在喜欢的碗里，会给人带来巨大的满足感。

刀工

当你掌握了一些基本的运刀技巧之后，切分和准备蔬菜以及其他食材慢慢会成为你的一种本能。手里有一把重量合适、平衡良好的利刀至关重要。至于剩下的，就要靠练习和对菜谱中的刀工专业术语的掌握了。

切碎

先切成片，再逐渐切小至需要的尺寸。常需切碎的食材包括各类香草、绿叶菜、柑橘类水果的外皮、橄榄和酸豆。

切香草时，将叶片堆成小堆再切碎。上下前后移动刀刃切剁，将另一只手的手指轻压刀尖，稳定并引导刀刃。用指尖轻轻握住刀柄即可，这样可以更高效地运刀。切剁香草的时候，不时用刀将散开的香草堆起来，再切碎至需要的程度。

切丁

即切成小方块。一般来说，大部分蔬菜切丁比切碎更快也更容易。有时需要切出形状规则、大小一致的小丁，但大多数情况下，如果菜谱里要求切丁的话，我只会快速地切成不怎么规则的小丁，不太在意形状。将要切的食材想象成网格状，由同一方向开始切薄片，然后再切成粗细均匀的小条，最后再将小条横过来切成小丁。切出的小条越细，最后切出来的丁块就越小。

　　将洋葱、红葱头、球茎茴香等圆形蔬菜切丁时，先将根茎的末端切除，留下大部分根部。接着纵向切成两半，将外皮剥除。将两个半球切面朝下放于砧板上，切掉边缘，用手掌轻轻稳住，但不要重压；刀与砧板平行，水平横切几下，但不要切断。接着用刀尖纵向直切几下，同样不要切断根部。然后横向切成小丁，根部丢弃。想将小丁切得更精细就再切几下。小丁的尺寸由最初纵向和水平横切的数目决定。

　　用这种方法切蒜头更容易，一瓣一瓣地将大蒜切成小丁，而不是将几瓣蒜放在一起胡乱重复切碎。切丁的好处是顺着蔬菜的纤维下刀，切得干净整齐，尤其是红葱头、大蒜、洋葱，剁的话容易烂。

切末

　　意思是将食材切成细末。先将食材切成小丁，例如大蒜，然后再切细。

切丝

　　将食材切成细长条，仅需用到切丁的前两个步骤。标准的细丝长约5厘米，横切面约为3毫米×3毫米。首先将蔬菜切成约5厘米长的段，然后再纵向切成约3毫米厚的薄片，最后再切成3毫米宽的细丝。对于某些蔬菜，例如胡萝卜，先纵向切下一条长边，然后切面向下贴着砧板继续切薄片，以免蔬菜滑动。如果需要更细的丝，可以先用切菜器切成薄而均匀的薄片，然后将几片叠放在一起，用刀切成细丝。这些细丝还可以变为精巧的细丁。

切细丝

　　将香草叶、生菜或其他绿色蔬菜切成细细的长条。第一步是将叶片整齐地叠放在一起，然后纵向卷成雪茄般的小卷。接着将小卷横切成非常薄的细带。用这种方法切割罗勒效果尤其好。罗勒一切就会氧化，切碎后叶子会变黑，使用切细丝的方法能够仅使切割边缘变色而其余部分仍保持鲜绿。

煮什么？

设计菜单
日常餐及宴客餐
野餐及午餐便当

　　每天总有一个时刻，我们会问：晚饭吃什么？这是我理清思绪，决定要做什么菜的时刻。每一次都会由此展开不一样的内心对话：我想吃点什么呢？还有谁一起吃？今天天气怎么样？我有多少时间准备？想花多少精力准备？冰箱里有点什么？菜市场里有些什么？我的预算是多少？回答这些问题时，不同的解决方案开始浮出水面，我会在不同的选择之间权衡。无论决定在家准备一顿简单的家常菜，还是和朋友聚会，选择的过程都有自己的节奏。

设计菜单

设计菜单时，我会随意思考，考虑各种可能性，每次考虑几天的需求。如果你经常做饭，自然而然就会提前计划。我发现最关键的是采购要用心，这样手边才能够有足够多的食材以供选择——也许是一些肉类和禽类、各种蔬菜和水果。采购完回家之后，我会做一些准备工作：给鸡肉撒上调味料，用香草和调味料腌渍猪排，泡一些豆子。冰箱里有了这些可以直接烹饪的东西，是个令人欣慰的开端，我可以不用发愁时间紧迫或者劳累了一天之后不知道准备什么晚餐。相反地，我可以考虑选用哪样食材，再用哪些食材与它们搭配。通常我会选定一样最主要的食材，例如鸡肉。如果决定烤鸡肉，我会想想冰箱或橱柜里有哪些蔬菜，或是米饭、沙拉等，可以与之搭配。在这样的过程里，那些我没有选的食材就会作为下一餐的主要食材。

这一过程对我来说司空见惯，因为我不喜欢仔细列出采购计划，而是以开放的心态选择市场里最好、最新鲜、最当令的食材，之后再根据采买的食材来制定菜谱。另一种方法是在去菜市场采购前梳理出一些关于菜单的想法和一张购物清单，这样可以激发灵感，也会更有条理，更加高效。不过，如果在菜市场里有一些新发现，可以随时调整计划和清单。有了优质的食材，总是可以做出可口食物的。

在准备烤鸡等家常便餐时，我倾向于选择在风味、色泽和质地上都能达到平衡的配菜。此外我还会考虑自己的时间和精力。在定下主菜之后，我会加一道沙拉（或者不加），和一些新鲜水果或水果甜点。

以下是一些菜单想法的示例。

烤鸡配……

烤马铃薯、田园沙拉佐蒜泥油醋汁

蒸芜菁、芜菁叶配印度香米

蒜头炒青菜、马铃薯西芹菜泥

鼠尾草烤南瓜、意大利玉米粉糊

烤茄子、烤番茄佐青酱

柠檬酸豆蒸花椰菜，佐大蒜蛋黄酱

四季豆樱桃番茄沙拉

糖釉胡萝卜和炒蘑菇
芦笋佐橄榄油、柠檬、帕玛森干酪

要构思菜谱，可以从你最爱吃的简单菜品开始，再搜寻其他资源和菜谱。和你的朋友聊聊，问问他们会做些什么。在心里记下哪些你喜欢吃以及哪些听起来不错。询问和你一起做饭和吃饭的人。利用这些信息慢慢扩展你的菜单，用不同的风味或改良后的技巧重新烹调你以前最爱的菜肴。善用当季食材，尝试用各种方法烹调同一种蔬菜。

很多时候，最好的菜肴是最简单的。将蔬菜蒸一下或翻炒一下，加一点橄榄油或黄油和柠檬；或是将牛排、猪扒、鸡肉用盐、现磨黑胡椒和香草调味，然后快速烤、煎或烘烤一下。这些快捷简单的菜肴只需花很少的时间，不需要太多经验，但却能提供最好的风味。

有时，你也许想在厨房里多花一些时间和精力，做焖炖食物、奶油烤菜、法式杂烩、水果挞或水果派。焖炖的肉菜可以多做一些，本周晚些时候再吃上一顿，而复杂的菜肴在营养和感官上都可以作为一顿美味佳肴的主菜。

尝试不同的方法，将采买和做饭融入你的日程安排中。请家人帮忙一起制定菜单，花时间一起做饭，这是一种很好的享受家庭时光的方式，也可以一次多准备几道本周吃的菜肴。邀请朋友过来一起做菜，分工合作，分享成果。多准备一点，这样每个人都可以带一些回家。

日常餐

总有人让我分享日常餐食的点子，不是餐厅的菜肴，也不是特别场合的晚餐，而是平时的家常菜。（"求你了，就告诉我应该做什么吧，我一点想法也没有。"）一顿饭菜是否美味并不在于看起来有多精致，准备过程有多困难和复杂，而是它有多么令人感到满足。当一桌菜肴能够达到风味、色泽和质地的平衡，而且我也很享受烹饪的过程，它们又被精心摆在餐桌上，我就会感到很满足。一桌全白的菜或全是软绵绵的食物，看起来就没有一顿色彩缤纷、质地多样的菜肴令人愉悦。各种风味应该互为补充，相辅相成，而不是争相出头。如果烹调时倍感压力，那么我是不会想用这些菜肴款待家人和朋友的。做好的食物让人看了胃口大开又赏心悦目，吃起来会更香，做的人和吃的人都会感到满足。精心布置的餐桌（可以简单到只摆有叠好的餐巾和叉子）是一顿饭菜的点睛之笔，能够满足你的感官所需。

以下是一些时令菜肴的点子。做家常菜时，我很少制作甜点，不过我喜欢以熟透的新鲜水果作为一餐的收尾。

秋季

洋葱鳀鱼挞

芝麻菜沙拉

水果：蜜瓜

柿子沙拉

茴香焖鸡腿佐鸡蛋面

菊苣沙拉

焖猪肩佐焗豆荚

水果：苹果

扁豆汤佐玉米面包

焦糖布丁

碎丁沙拉

意大利宽面佐博洛尼亚肉酱

梨子雪酪

冬季

南瓜汤

焖鸭腿佐炒绿叶蔬菜

水果：梨

生菜沙拉

蛤蜊意大利扁细面

糖渍冬季水果

茴香丝沙拉

面包屑炸鱼排佐煮菠菜

水果：柑橘

皱叶莴苣沙拉

杂烩佐青酱

苹果挞

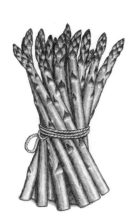

春季

浅煮鲑鱼佐香草黄油酱

蒸芦笋与烤小马铃薯

水果：草莓

洋蓟沙拉

烤羊腿佐普罗旺斯酸豆橄榄酱与蒸芜菁

水果：樱桃

牛油果葡萄柚沙拉

烤猪排佐小洋葱

佐香草黄油酱和意大利玉米糊

意大利扁细面佐罗勒青酱与四季豆

烤酿杏

烤鸡胸

春季蔬菜法式杂烩

樱桃派

夏季

番茄切片佐罗勒

冷烤猪肉佐马铃薯沙拉

水果：夏季莓果

香草小萝卜沙拉

夏日意大利蔬菜浓汤佐香草面包干

水果：油桃

玉米甜汤

烤鱼排配西葫芦佐青酱

红酒草莓

番茄酥脆面包干

香草牛排、烤马铃薯、沙拉

面包脆片佐葡萄

四季豆与烤甜椒沙拉

烤比目鱼与烤茄子佐大蒜蛋黄酱

水果：覆盆子和桃子

意大利笔管面佐鲜番茄酱

田园沙拉

山羊乳酪佐无花果

乳酪蛋奶酥

田园沙拉

水果：圣罗萨红李

宴客餐

写下菜单，然后列下购物清单、准备事项和时间表。

　　我非常喜欢和朋友们一起做饭、聚餐，这大概也是我选择开餐厅的原因。要宴客时，我会对菜单有更多考虑，无论是特殊场合（如生日聚会、节庆宴席），还是仅仅是密友间的休闲聚会，我都会计划一份令人愉快且适合该场合的菜单，但同时也会注意避免过于复杂或难以准备。我希望可以在令客人感到放松的同时自己也很享受，尽量一切尽在掌握中。

　　我常使用以下这些方法拟定菜单，从头至尾想清楚后再开始制作。这些方法对于准备大型聚会和复杂活动来说至关重要，对于简单晚餐也同样有帮助。决定好菜单，就要开始计划。首先，写下菜单并起草购物清单。如果发现购物清单过于复杂，那就更不用提烹饪过程了，一定要回过头来修改菜单，或者看看有没有什么人可以帮忙一起准备。尽量提前采买，这样你才不会在拎着大包小包回到家后发现准备食物的时间已经所剩无几。这算是给那些疲惫的厨师的忠告。

　　根据菜单和购物清单，你可以制定出一份事项（——列出准备工序）和时间表。我习惯将每道菜的制作过程进行分解。以绿叶沙拉为例，绿叶生菜需要清洗甩干，小红萝卜需要清洗修剪，油醋汁需要调制，最后将沙拉调拌就绪后即可上桌。时间表就是列出何时完成哪些步骤的计划表。绿叶生菜和小红萝卜可以当天早早准备好，油醋汁可以提前一两个小时调制，然后选好沙拉碗放在一旁，但是一定要等上桌前的最后一刻再将沙拉汁倒入搅拌。如果需要计算烹饪时间较长的菜，例如烤肉，可以采用倒计时法，从开餐时间往前推算。例如，如果 7 点开餐，烤制时长为一个半小时左右，烤完需静置半小时，那么你需要在 5 点钟左右将肉放入预热的烤箱里。

　　如果菜单上有好几道菜，可将一两道菜提前备好，开餐前只需要加热或加入酱汁调拌就能上菜。这样你就可以将精力放在一道需要你全神贯注的菜上。如果计划允许，在晚餐的前一天准备一道炖菜或汤品，上桌前只需要简单加热即可，并且也能够让菜看更加入味好吃。我通常会在当天早些时候甚至提前一天准备好甜品。例如，做苹果挞的话，我会提前一天准备好挞皮面团然后冷冻储藏。宴客当天，取出面团揉好后放在冰箱里保存。当客人陆续到达以后，我会请想帮忙的客人削苹果并切片，摆在准备好的面团上。然后在大家都已入座、准备开餐时将苹果挞送进烤箱烘焙，这样到该吃甜品的时间苹果挞还是温热的。大家都很喜欢一起做饭，如果你事先想好一份时间表，就会知道如何调度指挥了。

选择上菜用的盘子和布置餐桌也是时间表里的一项。从很小的时候起，我就很喜欢帮忙布置餐桌，现在依然如此。我总是在客人进门前就早早摆好桌子，因为一旦开始烹饪我就不希望再被这些事情打扰，并且我想让客人进门之后看到提前布置好的餐桌，觉得"他们在等我！"。同时，这也能让我有时间想象一下如何上菜。通常，我会以家庭式的方式上菜，将每道菜盛在大盘或大碗里，或直接放在烹饪时使用的器皿中，让客人们轮流传递分享。当然也有例外，比如意大利面最好还是在厨房里分盛在盘子里再上桌比较好。我还喜欢准备一些小食，好让客人陆续到达后垫垫肚子。小食通常很简单，可以是一碗热橄榄或烤坚果，也可以是酥脆面包丁，然后在上面撒一些美味的小点心。我常准备的另一种也是我挚爱的小食是现切的应季蔬菜（胡萝卜、小茴香、小红萝卜头、芹菜、甜椒），只加一些盐和柠檬汁。我会将这道小食放在厨房，这样当客人进来聊天或帮忙的时候可以一边吃一点一边等我完成最后几道工序。

最重要的是，要保证菜谱简单、诱人、可行。比起尝试一套让你疲惫沮丧的复杂菜谱，准备一套你已得心应手的菜肴要好得多。有了好计划和准备，你的晚餐聚会一定会很棒，而你也能够享受其中的每一刻。

以下是一些特殊场合的宴客菜单。

宴客菜单
大比目鱼塔塔佐菊苣沙拉
烤羊腿、马铃薯蒜香奶油烤菜
黄油青豆
红酒草莓

法式蒜泥汤
烤全鱼、番红花饭佐哈里萨辣椒酱
蒸芜菁与胡萝卜
杏桃蛋奶酥与柠檬马鞭草茶

鳀鱼橄榄酱酥脆面包丁

蒜泥蛋黄酱配烤鱼、四季豆、花椰菜、马铃薯、茴香和胡萝卜

田园沙拉

油桃挞与薄荷花草茶

洋蓟、茴香、帕玛森干酪沙拉

炖牛肉佐鸡蛋面及柠檬西芹蒜泥酱

香橙雪葩与猫舌曲奇

生蚝与黑麦烤面包

大葱香醋汁佐鸡蛋碎

烤猪里脊佐炖白菜

蒸马铃薯

反烤苹果挞

野餐

野餐是打破一成不变的日常生活的好办法，地点可以是附近的公园、树林、海滩等户外场所。户外的空气能够刺激胃口、激活味觉，就算是很简单的食物，周围的环境也会为其增添风味。并且，使用真正的餐具可以完全颠覆野餐体验。当然，不要带容易破碎或非常珍贵的餐具，日常使用的普通碗盘就足够了。摆上碗碟，食物码放得漂漂亮亮的，置于一大张颜色鲜艳的桌巾上，与装在储藏盒里相比，是完全不一样的。我喜欢带可重复使用的真餐具（不是纸制或塑料制品），例如有趣又实用的锡制盘子和杯子，或是有缺口的瓷盘和小玻璃杯，可以盛红酒、清水、柠檬汁或茶。用一两个大篮子就能装下食物和餐具，带起来可能会有一点沉，但是这点付出绝对值得。天热的时候，还可以带一小箱冰块（用来冰镇饮料和水果，还可以用来冷藏橄榄油蒜泥蛋黄酱和防止绿叶蔬菜萎蔫）。天冷的时候，准备一个装热茶或热汤的保温瓶也会很方便。

我最喜欢的野餐食物有面包和酥脆面包丁，橄榄和水萝卜，腌肉（例如意大利熏火腿、萨拉米香肠），肉酱、酸黄瓜和芥末酱，各类乳酪，小番茄以及胡萝卜、小茴香、芹菜、芝麻菜、西洋菜这样的生鲜蔬菜，鸡肉

沙拉、鸡蛋沙拉、马铃薯沙拉、扁豆沙拉、四季豆番茄沙拉、橄榄油蒜泥酱沙拉，水煮蛋配鳀鱼或魔鬼蛋、意大利菜肉馅煎蛋饼、冷冻的烤肉或烤鸡、塔博勒沙拉、蚕豆泥，当然还有各种三明治、杏仁挞、柠檬挞、意大利面包脆片、曲奇饼和新鲜水果。无论简单精致还是平常新奇，只要是便于携带的食物都可以。

午餐便当　　　身为父母的人都知道，准备一份营养美味且孩子爱吃的午餐便当有多不容易。我有一个目标，是要彻底改变学校的午餐，计划让全美国的学童都可以参与种植、烹饪和准备自己的午餐，吃到健康美味的食物。要让孩子学会照顾自己，明白如何吃才好，懂得如何保护我们的自然资源，最好的办法就是让他们探寻食物的来源。这需要长期的努力。不过这是另一本书的主题了。与此同时，还要考虑如何挑选装在便当盒里的餐食。

　　在我女儿还很小的时候，我就意识到如果能够跳出三明治、薯条、果汁的午餐便当，把便当盒想象成拿到餐桌上吃的饭菜，就能够想到很多更棒的主意。她喜欢意大利香醋汁（我发现大多数孩子都喜欢），几乎所有用它调味的食物都能吃完。因此多年来我都会准备一些不同口味的香醋汁，装在一个小容器中，并选择一些可以用来蘸着吃的食物，例如生菜叶、胡萝卜条或刨的胡萝卜丝卷、四季豆、茴香片、小水萝卜、黄瓜、蒸西蓝花和花椰菜等各式各样的生的或熟的蔬菜，以及一些吃剩的鸡肉、鱼肉，还有烤面包丁。许多适合野餐的食物也很适合做午餐便当。米饭沙拉配蔬菜、肉、水果和坚果，小扁豆、法诺小麦和塔博勒沙拉，马铃薯、鸡蛋和用橄榄油代替蛋黄酱调味的绿色蔬菜沙拉，对于不喜欢吃三明治的孩子来说都是不错的选择。另外准备一个小保温瓶，用来装美味的汤或炖菜。比起甜品，我宁愿选择诱人的新鲜水果。脆弱的梨、娇嫩的浆果和其他容易损坏的食物应该装在容器里以免受到挤压。保温袋能够提供另一层保护，让装在里面的食物保持凉爽。

　　我在为女儿准备午餐便当时会征求她的意见。当然，如果在早上进行这件事总是不容易成功，因为光是做好出门上学的准备已经足够让人抓狂了。我们经常会在晚餐后花一点时间来商量，看看是否有味道不错的剩菜能够作为第二天的午餐便当。晚上准备好部分午餐便当，能够让第二天早上的工作容易很多，并且也更容易做出营养均衡的餐食。为了让女儿对午餐便当保持兴趣，我会经常设法给她惊喜，放一些她意想不到的东西。我希望她对午餐便当有所期待，而不是觉得里面永远是一成不变的食物。

自己准备午餐便当比外面卖的更便宜，更健康，也更美味。如果你准备了足量的晚餐，并有计划地留出一些，那么第二天总会有用来做午餐便当的食物。

四种基本酱汁

油醋汁
青酱
橄榄油蒜泥蛋黄酱
香草黄油酱

　　这四种酱汁虽然基础，却能够为食物增添许多风味、层次和色泽。无论哪一种，都能够帮助你出色完成一餐饭菜，让简单的一碟肉或蔬菜变身为一道精美的菜肴，并且做法非常简单，做过几次就无须查看菜谱了。唯一需要注意的是，因为这些酱汁制作起来非常简单，原材料没有任何可以遮盖之处，所以你必须选择口感更好的原料，例如果味浓郁的橄榄油、独具特色和风味的葡萄酒醋、生机勃勃的田园香草和新鲜的优质黄油。

油醋汁

约 ¼ 杯

经验法则
1 份意大利香醋配 3～4 份
橄榄油

这是我最常做的酱汁。如果使用上好的橄榄油和葡萄酒醋，就是我可以想象到的最好的沙拉酱汁。最简单的油醋汁是由 1 份醋和 3～4 份油混合而成的。

首先估算一下你需要多少油醋汁，看你用它来做什么，例如 1/4 杯油醋汁给 4 份蔬菜沙拉调味绰绰有余。不过，其实并不需要精确量出需要的用量。将醋倒入碗里，在里面溶解一小撮盐，然后尝一下味道。因为盐和醋之间的相互作用，添加了足够的盐后醋的酸味会减弱，味道变得非常平衡。一点一点加盐，边加边尝，看看会发生什么。多少盐是太多？多少盐是太少？多少味道最好？如果添加了过多盐，只需要再添加一点醋即可。

接下来磨一点黑胡椒，加入油中搅拌均匀。尝一下味道，油醋汁尝起来应该清爽均衡，而不是过于油腻或酸涩。调整油醋汁的时候，如果油过多就加一点醋，需要的话，再加一点盐。

取小碗，倒入：

1 汤匙红酒醋

加入：

盐

现磨黑胡椒

搅拌至盐溶解，尝一尝味道，如果需要的话再进行调整。用叉子或小打蛋器搅拌，加入：

3～4 汤匙特级初榨橄榄油

一次加一点，边搅拌边品尝，直到尝起来合适为止。

变化做法

- 在醋里加一些蒜泥或剁碎的红葱头，也可以两者都加。
- 用白酒醋、雪莉酒醋，或柠檬汁代替一部分或全部红酒醋。
- 在加入油之前打入一些芥末酱。
- 用新鲜的坚果油代替橄榄油，例如胡桃油或榛子油。
- 用浓奶油或法式酸奶油代替部分或全部橄榄油。
- 在调制好的油醋汁中加剁碎的新鲜香草。

青酱

约⅔杯

可用香草

欧芹
罗勒
小香葱
细叶芹
龙蒿
香菜
酸模
牛膝草
香薄荷
百里香
薄荷
迷迭香

青酱是经典的意大利酱汁，用橄榄油和剁碎的香草，以柠檬皮屑、大蒜和酸豆调味而成。加入它，几乎所有菜肴都会鲜活起来。做青酱最好选用意大利平叶欧芹，皱叶欧芹也可以。新鲜的欧芹（越新鲜越好）是最主要的香草，不过几乎任何柔软的新鲜香草都可以为青酱增添风味，龙蒿、细叶芹及小香葱都是不错的选择。

切欧芹（以及其他香草）的时候最好用利刀。锋利的刀刃可以干净利落地切断叶片，让香草的风味和颜色保存完好，而钝刀则容易磨烂它们的叶片。

柠檬皮屑是柠檬薄薄的黄色外皮，注意避免削到下面苦涩的白色果皮部分。柠檬皮屑可以提升酱汁的风味，因此磨的时候不要吝啬，你可能需要至少1颗柠檬。

不要害怕尝试。做青酱时，我会根据菜品调整酱汁的稀稠。如果是烤肉和蔬菜，我会少放些油。配鱼时则多加一些。

在1个小碗中混合：

⅓ 杯粗切的欧芹（只保留叶片和较细的茎部）

1 颗柠檬的皮屑

1 小瓣蒜，切碎或压成蒜泥

1 茶匙酸豆，清洗，沥干，粗粗切碎

½ 茶匙盐

适量现磨黑胡椒

½ 杯橄榄油

将酱汁静置一会，以使味道形成。

变化做法

◆ 使用其他香草，或混合多种香草来代替部分或全部欧芹。

◆ 适当加一些切碎的盐渍鳀鱼肉或切碎的红葱头和切碎的水煮蛋，全部都来一点也可以。

◆ 柠檬汁或醋可以进一步提升青酱的味道，但是需要在上桌前再加入，因为它的酸性会导致香草褪色（如果你喜欢的话，也可以将切碎的红葱头浸泡在柠檬汁或醋里）。

蒜泥蛋黄酱

柔滑可口、充满蒜香的蛋黄酱，法国人称之为"aïoli"，是另一种我常用的酱汁，如夹在三明治里，配生菜或煮熟的蔬菜，佐肉类和鱼类，用来混合鸡肉沙拉和鸡蛋沙拉，以及作为塔塔酱等酱料的底酱。大多数小孩，即使年龄很小的，都喜欢蒜泥蛋黄酱，而且喜欢用它蘸面包、胡萝卜、马铃薯，一口接一口地吃，甚至平常不喜欢吃的蔬菜加上蒜泥蛋黄酱也可以吃得很高兴。

每个蛋黄配两三瓣蒜，用钵和杵捣碎，就能够做出带有蒜香的蛋黄酱，不过，味道强度会有很大的差异，要看用什么大蒜、是否新鲜、应季与否。我总是用钵和杵来捣蒜，然后留下一半，这样如果需要调味的话可以往蛋黄酱中再加一些蒜泥（蒜泥只能加，不能减）。一定要将大蒜捣成柔滑细腻的泥状，这样蒜泥蛋黄酱才会充满蒜香，而不只是蛋黄酱和大蒜末的混合物。

一个蛋黄最多可以配一杯油，但如果你不需要那么多蛋黄酱，完全可以少加一些。打蛋时将油一滴一滴地加进去，一边搅打一边倒入更多。将碗平稳摆放会更容易操作，你可以将碗放在一条盘成圈状的洗碗布上。

在加入油之前，先在蛋黄中倒入少量水，这样可以避免油水分离。一旦蛋黄酱出现油水分离的迹象，则要停止倒油。但不要绝望，只需再打一个新鲜的鸡蛋，将蛋黄倒入一个新碗，像之前一样加入一点水，然后慢慢搅打进油水分离的蛋黄酱中，最后静置一会儿。

蒜泥蛋黄酱需要提前半小时准备好，这样可以让味道慢慢融合。如同任何用生鸡蛋做的食物一样，如果一小时之内不使用的话要冷藏保存。蒜泥蛋黄酱当天做当天吃味道是最好的。

橄榄油蒜泥
蛋黄酱

约 1 杯

经验法则

1 个蛋黄配 1 杯橄榄油

将:

2～3 瓣大蒜

剥皮。用钵和杵捣碎至细滑泥状，加入:

一小撮盐

将:

1 个蛋黄

倒入搅拌碗，加入一半蒜泥和

½ 茶匙清水

用打蛋器打匀。然后用一个带有倒口的量杯量出:

1 杯橄榄油

将油缓缓倒入蛋黄混合物，同时不断搅打。当蛋黄开始吸收油，酱会变浓，颜色变浅，然后不再透明。这个过程发生得很快。然后你就可以开始快一点倒油，要一直搅打。

如果酱汁太浓，则可以加几滴水稀释。边尝边酌情加入蒜泥和盐。

变化做法

◆ 烧烤时，我会在做好的蒜泥蛋黄酱里加入一点烧烤汁。

◆ 用蒜泥蛋黄酱佐煮螃蟹时，在酱里加入一点蟹黄（螃蟹煮熟之后壳里面柔软的黄色部分）会更加美味。

◆ 制作浓郁的蒜泥蛋黄酱时，可以在里面加一些剁碎的酸豆和鳀鱼。

原味蛋黄酱　做法和蒜泥蛋黄酱一样，只是不放大蒜，用一点醋或柠檬汁调味，因此有多种变化做法:

◆ 芥末或山葵味的蛋黄酱非常适合抹三明治。

◆ 加入剁碎的香草，例如欧芹、小香葱、龙蒿、细叶芹，和一点柠檬汁，这种柠檬蛋黄酱适合搭配鱼类和海鲜类菜肴。

◆ 加入剁碎的酸黄瓜、酸黄瓜汁、磨碎的洋葱、酸豆、欧芹以及一小撮红辣椒粉，就成了塔塔酱。

◆ 用钵和杵捣碎水芹菜或罗勒，倒进蛋黄酱就是漂亮的绿色蛋黄酱。

香草黄油酱

约 ¾ 杯

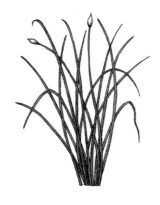

其他黄油酱

欧芹黄油酱
鳗鱼黄油酱
黑胡椒黄油酱
鼠尾草黄油酱
罗勒黄油酱
烟熏红辣椒黄油酱
旱金莲黄油酱

香草黄油酱是在软化的黄油中加入香草。配肉、鱼，以及蔬菜都很棒，能够毫不费力地为菜肴添加许多风味。我喜欢将颜色调制得绿绿的，加入很多香草，用足够的黄油把它们混合在一起。白水煮鱼佐香草（欧芹、小香葱、龙蒿、细叶芹）黄油酱，风味绝佳。

有盐黄油和无盐黄油都可以做香草黄油酱，但要记得调味时应酌量加盐。

柠檬汁能够带出香草的味道。红椒粉能够为舌尖带来一点刺激。几乎任何新鲜香草都可以使用。叶片柔软的香草，例如欧芹、罗勒、小香葱、细叶芹，越新鲜越好，而且要在临用前一刻切碎。味道较为刺激的香草，例如鼠尾草或迷迭香，切碎之后用一点熔化的黄油在炉子上稍稍加热，会更加美味，不过需要冷却至室温后再加入熔化的黄油中。或者，不论是否加入香草，用一两条盐渍鳗鱼（清洗、片肉后切碎）、柠檬皮屑、黑胡椒，或切碎的旱金莲或红辣椒为黄油酱调味，会多一点不寻常的味道和色泽。

软硬适中的黄油酱可以直接使用，也可以用一张塑料纸或烘焙纸包起来，卷成卷，冷藏至凝固，然后切成硬币般的小片放在加热好的食物上。多余的香草黄油酱可以冷藏保存，下次继续使用。

取 1 个小碗，均匀混合：

8 汤匙（1 条）黄油，软化

½ 杯剁碎的香草（例如欧芹、细叶芹、小香葱）

1 瓣蒜，切末

现挤柠檬汁

盐和现磨黑胡椒

一小撮红辣椒粉

一边品尝一边酌情加入适量盐和柠檬汁。

变化做法

◆　加入切碎的红葱头或蒜泥可以使味道更好。

◆　如果想多一点柠檬的香气，可以加一些柠檬皮碎屑。

◆　如果想要味道强烈的黄油酱，如涂抹玉米用，可以加一些干红辣椒，将其浸泡、沥干、研磨成酱汁。

沙 拉

田园生菜沙拉
希腊沙拉
香橙橄榄沙拉

　　我爱沙拉，我爱洗菜，也爱吃菜。对我来说，没有沙拉的一餐是不完整的。我最喜欢的沙拉是生菜叶、其他蔬菜和水果的混合品，佐以鲜浓的油醋汁。正是即做即吃，沙拉才如此诱人，因此一定要用新鲜应季的食材，生菜、番茄、胡萝卜、小水萝卜、马铃薯、柿子、山核桃，几乎所有新鲜的食材都可以变成美味的沙拉，即使只是一把欧芹叶，拌上几滴柠檬汁再撒上一小撮盐，也很美味。

田园生菜

春夏
芝麻菜
绿橡叶生菜
红橡叶生菜
野苣
红沙拉碗散叶生菜
红叶生菜
奶油生菜
拇指汤姆奶油生菜
小宝石奶油生菜
罗马生菜

秋冬
冬季罗马生菜
苦苣
意大利特雷维索菊苣
意大利红叶菊苣
皱叶菊苣（苦菊）
比利时菊苣

对我来说，做一碗田园生菜沙拉，清洗一片片刚刚摘下的漂亮生菜叶，然后轻轻地与香草和油醋汁拌匀，就和食用它同样享受。我喜爱各种各样、或苦或甜的生菜，细叶芹和小香葱等香草的综合风味；喜欢用红酒醋、橄榄油、大蒜调出的简单的油醋汁（凸显而不盖过生菜和香草的味道）亮丽的颜色。

想让沙拉生机勃勃，就要选择刚刚采摘的新鲜生菜。我有幸在自家后院开辟了一个小菜园，种植用来做沙拉的各种生菜和香草。但如果你没有花园，就需要下一点功夫寻找真正新鲜的绿色蔬菜了。农夫市集通常是最佳选择。

当我的菜园没有作物产出，或出门在外的时候，我会选择买一棵棵的生菜、芝麻菜、菊苣，以及任何能够找得到的柔软香草。通常我不会购买混合好的沙拉叶，尤其是那些一袋袋包装好的，因为它们总包含一两样根本不应该混合在一起的生菜。如果是本地菜农种植、混合的生菜组合也可以，不然还是买最好的整棵生菜，然后自己混合。

清洗生菜时，动作要轻但是要清洗彻底，可以在水槽里或用一大碗冷水清洗。首先择菜，去除外层破损、变老、发黄的叶子，扔进堆肥箱。切掉根茎，将叶子分开，放入水中。用手在水中轻轻涮叶子，然后提起来放进滤碗中。如果生菜很脏的话，要换水再洗一遍。

将生菜放进沙拉甩干器中甩干，注意不要塞得太满。一次放一小部分，要比一次放入全部或大半高效得多。每甩干一次就要倒掉甩干器里的水。叶子上带的水分会稀释油醋汁，因此要检查叶子是否已经甩干，如果还带有水分就要再甩一次。我会一边甩一边将甩干的叶子铺在一层餐巾上，然后把它们轻轻卷起来放进冰箱，需要用的时候再取出。这个步骤可以提前几小时准备。

需要用的时候，将生菜放入一个足够大的碗中，以便翻拌。如果有小香葱或细叶芹，可以加一点或两样都加，剁碎或用剪刀剪碎即可。

将所有材料和油醋汁搅拌均匀，酱汁的用量能够薄薄裹住叶片即可，这样叶片看起来有一点油光。柔嫩细小的生菜不要放过多酱汁，否则会枯萎软烂。我通常用手搅拌沙拉（也喜欢用手抓沙拉吃），这样可以轻巧精准地确定每一片叶子都蘸料均匀。尝一下味道，需要的话撒上一点点盐，或用几滴醋或柠檬汁提味。然后再尝一下，确保是你想要的味道，最后再搅拌一次，上桌。

我最喜爱的工具就是叫作擂钵的陶制小钵。它的内壁有许多沟槽，非常适合快速将食材碾成泥酱或捣碎香草。我会用它来捣蒜泥，然后直接在里面制作油醋汁。

田园生菜沙拉
4 人份

仔细洗净并甩干：

四大把生菜叶

混合：

　　1 瓣大蒜，捣成泥

　　1 汤匙红酒醋

　　盐

　　现磨黑胡椒

搅拌至盐溶解，品尝并根据味道调整，然后搅打进：

　　3～4 汤匙橄榄油

一边加入橄榄油一边用生菜叶尝酱汁的味道。将生菜放进一个大碗，倒入约四分之三的油醋汁，搅拌并品尝。根据需要继续添加酱汁。完成之后请立即食用。

变化做法

◆　根据季节选择生菜品种。夏季时罗马生菜通常是最好的选择。秋冬则出产口感更加丰富的菊苣类生菜（意大利红叶菊苣、苦苣、比利时菊苣、皱叶菊苣）。

复合沙拉

一份由多种配料组合而成的沙拉称为复合沙拉，或是全部搅拌在一起，或是分别调味后再摆在一起。希腊沙拉就是其中的一种，通常作为一道丰盛菜肴的配菜；如果配上一些香脆的面包，就可以作为一个温暖夜晚的晚餐主菜。将几块蟹肉、几瓣葡萄柚、一点皱叶菊苣佐以香浓酱汁，就是一份精致的复合沙拉，可以作为优雅的前菜。几乎任何食物都可以用作复合沙拉的食材，首先当然是不同品种的生菜和绿色沙拉叶，还有各种蔬菜，生的、熟的、剁碎、切丁或切丝，切成小丁或薄片的烤肉，金枪鱼等鱼类和贝类，以及切块或切碎的水煮蛋。

将剩菜放进复合沙拉也会很美味。注意不要在一道沙拉里放入太多食材，否则味道会相冲。根据味道和质地精心选择每一样食材，然后再佐以能够提升味道的酱汁。有时油醋汁是最好的选择，有时需要更加浓郁的酱料，例如醇厚的蛋黄酱；有时也可以来个奶油酱。例如马铃薯就能佐以上任何一种酱汁，并且每一种组合都可以搭配出截然不同的沙拉。

为复合沙拉调味的时候，如果沙拉既包括柔软的生菜叶又包括一些较硬的食材，例如洋蓟心或水果，可将较重的食材分别调味，然后围绕拌好的生菜叶摆在盘中。否则，所有较重的材料都沉在盘底，生菜叶也会受到挤压，味道和外观都会受影响。即便是没有生菜叶的沙拉，也应该仔细摆放。最重要的是，每种食材单独尝起来都应该是美味的。每一样都要尝，按需要用盐或酱汁调味，然后加入沙拉中。全部放在一起之后，一定不要过度搅拌，不然有些食材会失去自己的特色，味道会混在一起，看上去也不够美观（摆好沙拉食材后再淋上油醋汁，甚至可以将油醋汁装在喷壶里使用）。

至于选择哪些食材和怎样调味，需要你在添加之前先品尝每一种食材，这是唯一的也是最重要的原则。也许听起来很模糊，也许令人失望，不过随着不断地尝试，你将会逐渐认识和记住自己喜欢的味道，甚至是组合之后的菜色之味。

制作复合沙拉时，我会先将生菜叶摆在盘中，然后在上面摆放上分别调过味的其他食材。

希腊沙拉

4 人份

将：

2 颗熟透的小番茄

去蒂，切成小块。加入：

盐

将：

1 根中等大小的黄瓜

削皮，纵向切半，改切成厚片（如果黄瓜籽很大，可用小汤匙从中间挖出）。

将：

½ 个小紫洋葱或 5 根绿葱

剥皮，切成薄片。

将：

1 根小红甜椒

对半切开，去籽，切成薄片。

清洗（根据需要决定是否去籽）：

¼ 杯黑橄榄（每人 2~3 颗）

将：

120 克菲达乳酪

掰碎或切成小块。

制作油醋汁。混合：

2 茶匙红酒醋

1 茶匙柠檬汁（可选）

2 汤匙新鲜牛至，切碎

盐和现磨黑胡椒

打入：

6 汤匙特级初榨橄榄油

用盐为黄瓜和洋葱调味。品尝番茄，如有需要可再次调味。在蔬菜里加入四分之三的油醋汁并轻轻搅拌均匀。尝一下味道，根据口味需要再次加入盐或油醋汁。拌好的沙拉要静置几分钟使味道融合。享用前，再次轻轻搅拌，然后撒上乳酪和橄榄。用汤匙淋上剩余油醋汁。

变化做法

◆ 将希腊沙拉盛在几片罗马生菜或其他生菜叶上。

◆ 清洗几条盐渍鳀鱼，剔下鱼肉，切成带状，撒在沙拉上。

◆ 用干牛至替代新鲜牛至，注意用量须减至 1 茶匙。

水果沙拉

秋天香甜爽口的富有柿很适合用来做沙拉，尤其是和胡桃、梨、石榴等水果组合在一起。

我一定要介绍一下水果沙拉，不是用水果糖浆做的甜腻鸡尾酒，是用美味水果制作的复合沙拉。水果沙拉可以只用新鲜水果，或和生菜、其他绿色蔬菜混合，再加入坚果和乳酪提升口感和风味。在没有绿色蔬菜可用，而我又渴望吃点新鲜食材的时候，水果沙拉就是最好的替代品，无论是作为头盘还是餐后小吃都不错。无花果、苹果、梨、石榴、柿子和几乎所有的柑橘类水果都非常适合做水果沙拉，加不加绿色菜叶均可。所有这些秋冬季节的水果都很适合搭配味道强烈的菊苣，例如苦苣、意大利红叶菊苣和法国皱叶菊苣。我最喜欢的水果沙拉有香橙黑橄榄沙拉、牛油果葡萄柚沙拉、柿子或亚洲梨配坚果佐意大利香醋沙拉，以及香橙片配腌甜菜沙拉。

用香橙和其他柑橘类水果制作沙拉时，必须去皮切片。去皮的时候，应当将外皮以及包裹橘瓣的薄膜一起去除，只留下里面多汁的果肉。你需要准备一把小而锋利的刀。先切掉柑橘的顶部和底部，下刀要深至露出果肉。然后将刀刃对准柑橘切开的顶部，顺着轮廓小心切下来。一边旋转一边切，直到将所有的果皮及薄膜都去除。接着修去剩余的白色薄膜。最后以十字刀将柑橘切成片，或顺着橘瓣薄膜分成片。

苹果和梨可以去皮也可以不去皮，但要注意避免氧化（果肉会沿着切开的地方慢慢变成褐色），所以需要在上桌前再准备。柿子一定要去皮，你可以提前准备好，但要注意遮盖以免干掉。水果沙拉通常只需要用非常简单的酱汁调味，有时只要几滴橄榄油或醋，或用柑橘汁和一点醋制成的油醋汁，或一点切碎的小红葱、盐、黑胡椒及橄榄油。

香橙橄榄沙拉

4 人份

血橙极美，有着宝石一般的红色光泽，只在冬季中期可采收。

将：

4 个小型或 3 个中型香橙

去除外皮和薄膜，只留果肉，再横向切成 0.5 厘米厚的轮片并摆于盘上。

将：

1 个小紫洋葱

横向切半，去皮，切成薄片。横向切片的洋葱比纵向切的看起来漂亮一些。如果洋葱太硬，就用冰水浸泡 5～10 分钟。沥干之后再加到沙拉中。

制作油醋汁。混合：

2 汤匙橙汁

1 茶匙红酒醋

盐和现磨黑胡椒

打进：

2 汤匙橄榄油

尝一下味道，视需要加入盐和醋。将洋葱片撒在香橙上，然后淋上油醋汁。

饰以：

小型黑橄榄（每人 4～5 颗）

我更喜欢使用完整美观的未去核的橄榄，但要记得提醒你的朋友们橄榄是未去核的。如果能够找到，就使用法国尼斯黑橄榄，不过也可以用其他鲜咸的黑橄榄（如果橄榄太大，可视需要粗切成小块）。

面包

酥脆面包丁
香草面包及比萨面团
烤面包屑

　　将面粉、酵母、盐和水混合在一起，就变成一块面包，这绝对是一件神奇的事。虽然我不是面包师，我家小区附近也有一家非常棒的面包店，我依然不时在家烤面包或比萨，享受其中的无穷乐趣——揉搓面团，看着它发酵，闻着那充满屋内、令人难以抵挡的温暖酵母的香气。此外，人人都爱自制面包，我从没见过一块自制面包放很久都没人吃，包括那些没有完全发酵、烤过头或没烤熟的。

酥脆面包丁

想吃两口东西，或是有几位客人马上到来，想准备一点即食餐点的时候，我第一个想到的总是酥脆面包丁。酥脆面包丁、面包皮、面包片、吐司，以及意大利烤面包片都是各种大小的面包块的名字，通常经过烧烤或烤制，有时也用烤箱烘干或用油煎炸。意大利烤面包片是一种用明火烤制而成的厚切面包片，通常涂抹蒜泥、淋上橄榄油后食用，或是堆上多汁的番茄和罗勒。酥脆面包丁、面包片和吐司通常指薄面包片，但酥脆面包丁也可以指切成正方形或撕成不规则形状的小面包块，用黄油或橄榄油烤制或炸制而成，通常用来装饰汤或沙拉。

只要是优质的面包就能做成好吃的面包丁。乡村式的圆形大面包切成厚片烤干，再淋上绿橄榄油；三角形的细密白面包薄切片切掉硬面包边，抹上黄油，再蘸上切碎的欧芹。这两种面包丁是完全不一样的。我最常做的一种面包丁是用天然酵母圆面包制成的，它们通常大小不一，我会先在上面涂抹一些蒜泥，烤好之后再涂一层油。

将面包粗略地撕成小块，用烤箱烤干，加入油搅拌一下，配沙拉十分可口。

法棍面包非常适合用来做酥脆面包片，因为很容易切成规则的圆片或沿对角线切成椭圆形的片，蘸豆泥或橄榄酱吃都不错。

想要颜色略深、口感更脆且闻起来有一种焦香的酥脆面包丁，需要在烤之前抹上一层橄榄油或黄油。小块的面包丁可以先放在碗里，用橄榄油或融化的黄油搅拌一下再放进烤箱。大一点的面包片，先在烤盘上铺一层，然后刷上橄榄油或黄油，将温度调到175℃，烤至边缘金黄。烤的时候要注意，因为所需时间差别很大，要视面包的种类、干湿程度和切片的厚度而定。刚出炉的酥脆面包丁加入切碎的大蒜和香草搅拌一下，就可以令汤和沙拉更加美味。

用黄油煎切成小块的面包丁，撒在精致的浓汤上。慷慨地将黄油铺满平底锅底，面包丁会吸油，所以要再加一些黄油，开中火，不断翻炒至面包丁变成金黄色。

想做炭烤面包片的话，将炭烧至中热，把面包放在烤架上，每面烤一两分钟，面包上会留下烤架漂亮的炭烧花纹，各处或多或少呈焦黄色。之后我会用一瓣大蒜在烤好的面包丁上摩擦，然后淋一些橄榄油。

现做的酥脆面包丁味道最好，不过面包可以提前切好，然后用餐巾包好以免干掉（如果不包好的话，会变干扭曲）。这样做的时候，就可以很方便地将面包拿出来。

做面包

切面刀（刮板）是很有用的工具，可以用来在工作台上处理柔软的面团和清理工作台。

制作面包时，很多因素都会影响最后的结果，其中一些比较重要。最重要的就是面粉。如果使用的面粉质量不够好，就永远做不出好吃的面包。要选择那些没有经过漂白加工、不含添加剂的面粉。所有的面粉，尤其是全麦面粉，都会腐坏变质。因此尽量选购新鲜的面粉，最好选择本地那些货流量大且提供批发的有机食品供货商。

此外，做面包时使用的水对面包成品也有很大影响，因为水温和水质都会左右面包的质地。发酵剂的种类和发酵时长也会影响面包的质地。用泡打粉做的速发面包通常比较柔软，口感类似蛋糕；用天然酵母自然缓慢地反复发酵做成的面包很有嚼劲，外皮酥脆，风味多元。气候也会影响面包成品，湿度、冷热都会对面包的质量产生影响。以上因素都让烘焙面包复杂多变，也让人着迷。

面包的世界丰富多彩：速发面包，如玉米面包和爱尔兰苏打面包，能够在很短的时间内轻松摆上桌；美味的扁面包，如刚用煎饼锅烤好的墨西哥玉米饼，炸的时候会膨起来的全麦印度薄饼，在火上烤的口袋面包；法国和意大利的经典发酵面包，包括我的每日最爱——天然酵母发酵的老面种面包。天然发酵面包是使用天然的野生酵母，使它在帆布篮里缓慢地发酵膨胀。传统的做法是在每一批发酵好的面团送进烤箱之前，都保留一些用作发酵下一批面团的面种。与其在这里解释天然发酵的老面种面包（在家自制的话确实过于复杂），我想提供另一种更为简便但同样用途丰富的面团制作配方，可以用来烤扁平香脆的意大利佛卡夏面包或传统比萨（孩子们最爱一起揉搓面团，自己制作比萨了）。

香草面包及
比萨面团

1 个意大利佛卡夏面包
或 2 张直径 25 厘米的比萨

搅拌混合：

　　2 茶匙干酵母

　　½ 杯温水

加入：

　　¼ 杯未经漂白的白面粉

　　¼ 杯黑麦面粉

搅拌均匀，放置约 30 分钟，直至松软发泡。

在另一个碗中搅拌：

　　3¼ 杯未经漂白的白面粉

　　1 茶匙盐

将得到的混合物倒进发酵中的面团，加入：

　　¾ 杯冷水

　　¼ 杯橄榄油

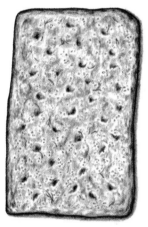

添加一点黑麦或其他种类
的全麦面粉会为面团带来
更多风味。

用手或电动搅拌器将面团彻底搅拌均匀。如果用手揉，将面团倒在撒过面粉的工作台上，揉制约 5 分钟，直到面团变得柔韧。如果面团太过湿黏，则再加一些面粉，只要保持面团足够柔软并且稍黏即可。如果使用带挂钩的搅拌器，装好面团后揉约 5 分钟。当面团能够从搅拌器周围弹开但仍然粘在碗底时，就表明揉好了。用非常柔软又略带湿润的面团做出的意大利佛卡夏面包最棒。

将揉好的面团放在大碗里，盖好后放在温暖处，让它发酵。约 2 小时后膨起至原来的 2 倍大。如果想让面团更加柔软并且味道更好，就将面团放在冰箱里发酵一夜（第 2 天揉面时，提前 2 小时从冰箱取出）。

在 25 厘米×40 厘米的烤盘或平底锅内大量抹油。轻轻将面团从碗中取出，在烤盘里铺平，慢慢将面团从中心按压至烤盘边角，呈扁平的长方形。如果面团开始产生弹性并反弹回中心，则先静置 10 分钟，然后再继续按压。按压的时候千万不要将面团里面的气泡全部挤出。最后用指尖在面团表面均匀地戳一些小孔。

比萨
番茄酱、罗勒和马苏里拉
乳酪
炒青椒与香肠
蘑菇、蒜瓣与欧芹
烤茄子与芮科塔乳酪
炒洋葱与鳀鱼
罗勒青酱和马铃薯
辣味番茄酱、腌肉和鸡蛋
无花果、戈尔根朱勒干酪和
迷迭香
鱿鱼、番茄酱和橄榄油蒜泥
蛋黄酱
烤意大利红叶菊苣与腌肉
洋蓟心、洋葱和柠檬皮屑

淋上：

2 汤匙橄榄油

盖住并静置约 2 小时，直至面团发至 2 倍高。

静置面团的同时，将烤箱预热到 230℃。如果有烘焙石板，可以放在烤箱的下层，在放入面包前预热 30 分钟。在面团上撒：

1 茶匙粗海盐

将烤盘放在烘焙石板上，烤 20～25 分钟至金黄酥脆。取出烤盘，倒出面包，放在烤架上冷却。

变化做法

◆ 放入烤箱前，在面团上撒 1 汤匙切碎的新鲜迷迭香或鼠尾草叶。

◆ 切碎 1 汤匙柔软的新鲜香草，加入油，拌入面团。

◆ 在揉成形之前将面团切成两半并按压成两个 1 厘米厚的圆饼。将面饼放在涂过油的直径 20 厘米的圆形烤盘中。在面饼表面戳一些小孔，淋一些油，静置发酵约 2 倍高，然后送进烤箱，10 分钟后检查。

◆ 送入烤箱前，在面团上加一些炒过的洋葱、乳酪、番茄片，或炒过的绿叶蔬菜。

制作比萨

制作比萨时，不要将面团捏成长方形，而是切成同等大小的两半，再分别揉成光滑的球形。将两个球形面团用保鲜膜松松地包住，在室温下发酵膨胀约 1 小时。然后将面团按扁成直径 12～15 厘米的圆形面饼，轻撒一些干面粉，然后盖住并静置约 15 分钟。将烘焙石板放进烤箱下层（为了方便拿取，最好取出上面的烤架），以 260℃ 预热。

轻轻将其中一个圆面饼拉成直径约 25 厘米的圆形，放在撒过干面粉的面包削皮刀板或烤盘的背面。在面饼上刷一层橄榄油，并于边缘处留出约 1 厘米不刷橄榄油，然后在上面撒上你喜欢的食材，如蒜泥、新鲜的番茄酱和马苏里拉乳酪，或是熟洋葱、香草、鳀鱼，或是炒蔬菜和香肠等。将准备好的比萨挪到烘焙石板上烤约 10 分钟，直到饼边变成褐色。

面包屑

家庭自制的新鲜面包屑有多种用途：撒在奶油烤菜上作为酥皮，用作炸肉、鱼、蔬菜的裹粉，拌在馅里还能使填料和肉丸更加松软。不过在我的厨房里，面包屑还有另一个重要用途，那就是作为丰富多样、口感完美的酱汁：现烤的金黄色面包屑与任何切碎的新鲜柔软的香草叶或混合香草叶（欧芹、牛膝草、百里香）拌在一起，外加一点蒜泥，几乎可以涂抹在任何食物上——意大利面、蔬菜、烤肉、沙拉等。最近我开始用炸过的香草装饰烤面包屑。首先用橄榄油将迷迭香、鼠尾草和冬香薄荷之类的香草炸约 1 分钟至叶片变脆，然后和面包屑混合。

不是所有的面包都能够做成新鲜美味的面包屑。大部分市售的袋装切片面包含有防腐剂和甜味剂，基本很难做好，因为添加剂减弱了面包原有的酥脆口感，而甜味剂又改变了面包的天然风味，还会烤焦（糖遇热会产生褐变）。做面包屑的面包最好放置一到两天，让它稍微变干。新鲜面包内部过于湿润，很容易结块，会形成湿润的团状面包小块而不是屑状的面包渣。要做用作油炸裹粉的面包屑，质地细腻的白面包最为适合，例如法国庞多米方包或经典长方包。用来烧烤的面包屑，我则更喜欢使用天然发酵面包或其他质地粗糙的乡村面包。

以上这几种面包屑和用完全干燥的面包做出的面包屑是完全不一样的，和便利店售卖的盒装面包屑更加不同。盒装面包屑通常颗粒过于细小，没有面包的香味，并且基本无法用于本书的食谱。

将面包变成面包屑，最简单的方法是使用搅拌机或食物处理机。首先切掉边角，因为面包边的质地过于坚硬，和其他面包屑一起烤会呈现出不均匀的褐色。接着将去边的面包切成正方形小块，然后分批打碎或搅碎。注意要彻底搅碎，且大小基本一致，这样在加热时面包屑会焦黄得比较均匀。用来做裹粉的面包屑必须非常细腻，这样才能均匀地粘在需要裹住的食物上。用来烧烤的面包屑则可大可小，视用途而定。

烤面包屑时，首先加入一些橄榄油搅拌均匀（也可以是融化的黄油或鸭油），然后在烤盘里均匀地铺开一层。每隔几分钟用金属抹刀搅拌一次。烤盘边缘的面包屑总是最先烤焦，所以一定要不断地将边缘的面包屑翻到中间。刚开始面包屑的颜色变得很慢，这是因为只有在面包内的水分全部蒸发之后才会开始焦黄，但最后的一两分钟会开始变快。因此最后一定要小心盯着，以免烤焦。

　　如果你发现面包剩下太多吃不了，可以将它们做成面包屑后冷冻起来以后使用。当你需要做面包屑但家里没有干面包时，将新鲜面包切大片然后铺在烤盘上，再送进温热的烤箱里稍微干燥一下，就可以做面包屑了。

烤面包屑

　　烤箱预热至175℃。将：

　　　天然酵母面包或其他乡村面包

切边，将面包切成小方块，用搅拌机或食物处理机打碎至你想要的细碎程度。

　　拌入：

　　　一小撮盐

　　　（1 杯面包屑配）1 汤匙橄榄油

　　将拌好的面包屑在烤盘上均匀摊开。每隔几分钟搅拌一次，烤至焦黄均匀。

变化做法

◆　用中火加热橄榄油，将一把香草炸至酥脆。沥油之后拌进烤好的面包屑里，需要的话可以加一小撮盐。

◆　想要带点辣味的话，可以在面包屑里加入一些干红椒碎片。

汤 类

鸡高汤

胡萝卜汤

意式杂菜汤

　　刚开始学烹饪的时候，我从不喜欢做汤，因为不懂应该如何做！那时候我天真地认为煮汤不过是将剩菜放进锅里，倒入高汤或水并煮开，然后就做好了。后来我意识到，要做出有滋味的汤，学几样基础的技巧是必要的，例如如何煮出美味的高汤，如何用软烂的蔬菜和香草做汤底料，如何用一种蔬菜做出简单的汤，或用多样蔬菜（和意大利面、肉或鱼）做出更加复杂的汤。汤的做法简直无穷无尽。

制作高汤

步骤
汤水煮沸
撇去浮沫
添加蔬菜
慢炖
过滤

许多汤品都以肉和蔬菜（或只有蔬菜）炖出的高汤为基础，因为它提供了最基本的汤汁和风味。一锅足够浓郁鲜香的高汤，本身就可以作为一道美味的汤品。我很喜欢在清鸡汤中加一点意大利面、欧芹或一个煮蛋。高汤不光简单易做，也是为数不多的我会冷冻起来的食材，以备烹饪汤品或意大利炖饭。

我会用整鸡来煮肉汤，虽然可能有点奢侈，但确实能煮出更加鲜美浓郁的汤汁（开火一小时后把鸡从锅中捞出，切下鸡胸留用，然后再将剩下的部分放回锅中。水煮鸡胸可以作为一道很棒的菜，佐青酱尤其美味）。所选用的肉会决定高汤的味道。如果用骨头熬汤的话，选择那些带肉的部位，如颈部、背部、翅膀。不带肉的骨头熬出来的高汤会很淡。烤鸡剩下的杂碎也很适合用来熬汤，因为烤过的肉能够增加味道的浓度（但是最好不要用烤过的鸡骨头，以免高汤有烟熏味）。

用整鸡煮汤的时候，最好不要丢掉塞在胸腔里的颈部，掏出内脏（鸡心、鸡胗、鸡肝）。将鸡胗和鸡心放进汤里，鸡肝可以留作他用。高汤要从冷水开始煮，因为肉和骨头中的味道会随着水温的上升一点点释放出来。加入的水量会决定汤的浓度。刚刚没过鸡的水量煮出的高汤浓郁鲜香。多加点水将会煮出较为清淡可口的高汤。

将汤烧开之后，立刻将火调小。沸水会使血液和多余的蛋白质慢慢凝结成沫，漂在表面，建议将浮沫撇去，这样做可以使汤头清澈。如果汤滚太久，脂肪就会开始慢慢乳化，汤水会变得浑浊油腻。

撇浮沫的时候，用长柄勺捞出即可，注意不要连漂在表面的油脂一起撇去。因为油脂在炖煮过程中会不断为汤贡献更多风味，而且可以最后一次性撇掉。撇去浮沫之后，就可以加入蔬菜了，这样浮沫不会附着在蔬菜上。蔬菜要整棵或切成大块加入，以免在煮的过程中变得散碎，以致汤变浑浊。

盐可以吊出汤的鲜味，一边煮一边加点盐会使汤的味道更好，所以不要等到最后再一次性加盐调味。不过不要加得过多，因为高汤在煨煮过程中会蒸发，所以一开始就要减量。

汤要以微火煨，将火调到最小，让汤时不时冒出一个水泡就够了。如果不小心火开得过大，汤越来越少了，就再加一些水，调至微火继续煨。

高汤煨煮的时间要够长，这样才能使肉和骨头里的所有风味散发出来，但也不要过长，否则鲜味尽失。鸡汤至少要煨四五个小时。边煨边尝味道，等到味道浓郁就可以关火了。尝味道的时候用汤匙盛出一点，加点盐，这样你就知道调好味的汤尝起来如何了。在煨煮过程中多尝几次，看看味道是如何变化的。

高汤煨好以后要过滤。用长柄汤勺从锅中盛出，经过滤网滤入耐高温的容器里。想要非常清澈的汤的话，就用干净的湿棉布或屉布将汤再过滤一遍。

如果想要清淡一些的高汤，炖3小时左右即可，否则至少炖4~5小时。

如果立刻使用，就将汤上的油撇去。我只有在立刻要用时才做这一步。不然最好将汤静置降温，然后和浮油一起放入冰箱。油脂会在汤的表面慢慢凝结，这有助于保持汤的品质和味道。凝结成块的冻油脂也更容易去除。注意，冷却的时候不要给汤盖上盖子，因为这样会使汤在冰箱里冷却得不够快，从而导致腐坏变酸（我就有过这样的经验。汤是不是腐坏了你立刻就能知道）。高汤冷藏能够保存一周，冷冻可以保存3个月。用500毫升或1升的容器将汤冷冻起来，这样使用的时候就只要解冻需要的量了，非常方便。使用前将冷藏或冷冻的汤彻底煮沸，比较安全。

鸡高汤

约 4.73 升

将：

　　　1 整只鸡（约 1.6～1.8 千克）

放入 1 只大锅。

　　倒入：

　　　5.5 升冷水

开大火，煮沸，然后转小火。撇去浮沫，加入：

　　　1 根胡萝卜，去皮

　　　1 颗洋葱，去皮并切半

　　　1 头大蒜，切半

　　　1 根芹菜

　　　盐

　　　½ 茶匙黑胡椒

　　　1 束欧芹、百里香和大片月桂叶

　　开微火煨 4～5 小时。过滤。如果当即使用则撇去油脂，加盐调味。趁热使用，或静置冷却后冷藏或冷冻保存。

简单的蔬菜汤

　　我最常做的简单的汤常以炒至软烂的洋葱加一两样其他蔬菜作为汤底，加入高汤或清水，然后以微火将蔬菜炖至软烂。

　　首先，用黄油或橄榄油将洋葱炒至微微变软、香气四溢。使用厚底炖锅会带来完全不一样的效果，因为导热更加均匀，能慢慢炒软蔬菜而不会变焦。油的用量也很重要，你需要用足量的黄油或橄榄油包裹洋葱表面。慢炖约 15 分钟后，洋葱会转化为柔软透明的香甜汤料。

　　接下来，加入蔬菜，如胡萝卜，切成同等大小以保证受热均匀（否则汤里的蔬菜会有的没煮熟，而有的煮过头）。慷慨地加入盐（直到汤里的蔬菜尝起来味道不错），然后继续煮几分钟。这道预备工序会使油脂里充满了蔬菜的香气和味道（油脂会把味道散布到汤中）。这是一个很重要的技巧，不光是做汤，对于一般烹饪来说也是一样，即在每一步塑造并展现出风味之后再推进到下一个步骤。

　　现在加入肉汤或清水，煮沸。之后转微火，煨到蔬菜变软但不至碎烂。当蔬菜煮透，所有味道都融入汤中之后，汤才算炖好。要不断品尝味道，尝试体会煨煮过程中味道是如何变化的。需要再加一些盐吗？如果你不确定的话，就加一小匙试试，然后尝一下味道是否变得更好。这是唯一的办法。

按照这份食谱，你会发现很多蔬菜都能够做出美味的汤。唯一的差异是不同蔬菜所需的烹饪时间有所不同。最好的办法就是一边煨汤一边尝味道。我脑海中立刻浮现出的最爱的蔬菜汤有芜菁与芜菁叶汤、玉米汤、马铃薯大葱汤、南瓜汤和洋葱汤 。

像这样加入鲜美的高汤而非清水煮出的蔬菜汤，风味十足，类似高汤，再美味不过了（事实上，如果加入的高汤够浓的话，我有时会跳过用黄油炒蔬菜的预备工序，而是直接将洋葱和蔬菜放进煨煮的汤水中）。如果用清水代替高汤，然后搅拌成质地匀净的泥状，就会变成更加清淡可口的汤品了。那些味道偏甜、质地柔软的蔬菜尤其适合用来做这道汤，例如蚕豆、豌豆或玉米。我会用食物研磨机将这些菜磨成泥，但也可以使用搅拌器，这样得到的蔬菜泥质地会更加细腻。用搅拌器搅拌热汤时一定要小心，要确认搅拌器的盖子上是否有通气孔，因为蒸汽不能散出的话很容易爆炸。

菜品上桌之前，可以加上各种装饰。很多厨师喜欢在泥状的汤品上舀一团漩涡状鲜奶油或搅进一块黄油，最后加上一些香草和香料，或挤几滴柠檬汁，为汤增加鲜活感。但是要谨慎添加，否则会压过汤原本的鲜味。

如果蔬菜非常新鲜的话，只加清水就会煮出纯粹精致的可口汤品。

胡萝卜汤

8 人份

在厚底锅中熔化：

> **4 汤匙（½ 条）黄油**

加入：

> **2 颗洋葱，切片**
>
> **1 枝百里香**

中火加热约 10 分钟至变软。加入：

> **约 1.1 千克胡萝卜，去皮，切片（约 6 杯）**

用：

> **盐**

调味。加热约 5 分钟。将胡萝卜和洋葱煮一会儿以使味道充分融合。

加入：

> **6 杯高汤**

煮沸，调至微火，煨 30 分钟左右，直至胡萝卜煨软。关火之后，一边品尝一边加盐调味，喜欢的话可以打成泥。

变化做法

- 如果想要简单、清淡一点的汤，用高汤做，但省略炒制洋葱的步骤，直接将洋葱和胡萝卜加到汤里，用微火煨至软烂。
- 可以准备一些发泡奶油或鲜奶油，用盐、黑胡椒以及切碎的香草调味后装饰在汤上。细叶芹、小香葱或龙蒿都是不错的选择。
- 加入胡萝卜的同时加入 ¼ 杯印度香米，用清水代替高汤，搅打成泥前再加入 1 杯原味酸奶，最后饰以薄荷。
- 炒洋葱的时候加入 1 个墨西哥青辣椒，搅打成泥前加入一些香菜，最后再用一些香菜做装饰。
- 加热澄清液体奶油或橄榄油，加入一汤匙小茴香翻炒，用汤匙把它撒到汤上做装饰。

杂菜汤

意大利杂菜汤这种丰盛的汤品本身就能够成为一餐。全年都可以做，只要在不同季节用不同蔬菜即可。

杂菜汤（Minestrone）这个词在意大利语中的意思是将很多种蔬菜一起炖的一大锅汤。为了保证所有蔬菜都能够煮得刚好，需要将蔬菜一样样根据烹饪所需时间分批加入。首先，做个美味的芳香蔬菜基底（soffritto），加入需要煮较长时间的蔬菜，倒入高汤或清水，大火烧开，然后加入质地较为柔软的蔬菜。干豆子和意大利面需要分别煮好，最后加到汤里。下面的食谱是一道经典的夏季杂菜汤，还有不同季节的变化做法。

芳香蔬菜基底可以只用洋葱来做，但通常还会加入胡萝卜和西洋芹。如果想要更加清淡一些的味道，可以用茴香替代西洋芹。大蒜一定要最后再加，以免烧焦。一定要使用厚底锅，并放入足够的橄榄油。想要浓一些的话，可将芳香蔬菜煮至呈金黄色；要清淡一些的话，就不要让蔬菜煮至变色。无论哪一种，都需要将蔬菜彻底煮熟，这样它们的味道才能够完全渗入汤中；这个过程最少需要 10 分钟左右。当这些蔬菜看起来和尝起来都很不错的时候，就做好了。

做好芳香蔬菜基底之后添加的菜，如南瓜和四季豆，要切成小块，小到每汤匙里都包含各类蔬菜。根据烹饪所需时长，按顺序添加，保证所有蔬菜熟透而不软烂。绿叶蔬菜也需要切成一口大小，因为切成条的话吃的时候很容易挂在下巴上，汤会顺着蔬菜条流到脸上或衣服上。冬季的绿叶蔬菜，如羽衣甘蓝或甜菜，所需的烹饪时间较长，应该第一批加入。质地柔软的蔬菜，如菠菜，则只需要几分钟，所以应该在最后加入。比起最后加盐，一边煮一边加盐调味可以提升汤的风味。

干豆子和意大利面（如果用的话）应该分别煮好再加入汤中。保留煮豆水，它可以提升汤汁的风味和口感。煮好的豆子应该最后 10 分钟加入，既能够吸收融合汤里的味道又不会煮烂。意大利面需要在快关火时加入，这样才不会煮过头，变得软烂膨胀。

为了保持汤汁鲜美，橄榄油和乳酪应该加到盛好汤的碗中，而不是直接加入锅中。我都是在餐桌上准备一碗刨好的乳酪和一瓶橄榄油。

意式杂菜汤

8人份

将每种蔬菜切至一口大小可以保证每一匙汤里都会有不同蔬菜的味道和口感。

加入罗勒青酱是另一种很棒的做法。

准备：

　　1 杯干意大利白豆或蔓豆（见 74、75 页）

这样会煮出 2½～3 杯豆子。保留煮豆水。

取厚底锅，以中火加热：

　　¼ 杯橄榄油

加入：

　　1 个大洋葱，切细

　　2 根胡萝卜，去皮后切细

加热约 15 分钟，或煮软。加入：

　　4 瓣大蒜，大致切碎

　　5 枝百里香枝

　　1 片月桂叶

　　2 茶匙盐

加热至少 5 分钟。加入：

　　3 杯清水

煮沸之后，加入：

　　1 小根大葱，切小段

　　230 克四季豆，切成 2.5 厘米长的小段

加热 5 分钟，加入：

　　2 个中等大小的西葫芦，切成小块

　　2 个中等大小的番茄，去皮，去籽，切成小块

加热 15 分钟。尝味并加盐调味。

加入煮好的豆子，以及：

　　1 杯煮豆水

　　2 杯菠菜叶，大致切碎（约 450 克）

加热 5 分钟。如果汤过于浓稠，则再倒入一些煮豆水。去除月桂叶。

盛入碗中，依次加入：

　　2 茶匙特级初榨橄榄油

　　1 汤匙以上的帕玛森干酪

◆ **秋季南瓜羽衣甘蓝杂菜汤**：按照食谱，在芳香蔬菜基底里加入 2 根切碎的芹菜，烹至金黄。用约 ½ 茶匙切碎的迷迭香和 1 茶匙切碎的鼠尾草代替百里香，和大蒜一起放入锅中。用意大利红豆或蔓豆代替意大利白豆。省去四季豆、西葫芦、番茄和菠菜，用一把去茎、洗净、切碎的羽衣甘蓝代替。加入一小罐番茄罐头，沥去水分并切成小块；半个南瓜，去皮后切成 0.5 厘米的小丁（约 2 杯）。将番茄、羽衣甘蓝和芳香蔬菜基底一起煮约 5 分钟，然后加水，继续煮 15 分钟。加入南瓜煮 10～15 分钟，直到煮软，最后加入煮好的豆子。

◆ **冬季芜菁马铃薯圆白菜杂菜汤**：按照食谱，在芳香蔬菜基底中加入 2 根切碎的芹菜，煮至金黄。将半棵圆白菜切至一口大小，用盐水煮软。用 450 克芜菁和 225 克黄马铃薯代替四季豆、西葫芦、番茄，削皮并切至一口大小。如果芜菁上带有绿叶，则将绿叶去茎、洗净、切小段，然后和芜菁、马铃薯一起加入锅中。最后加入煮好的豆子，并放入煮熟的圆白菜代替菠菜。

◆ **春季豌豆芦笋杂菜汤**：取 1 个茴香球茎，去除末端，切成一口大小，代替芳香蔬菜基底里的胡萝卜。不要让它变黄。如果有青蒜的话，取两三根修剪好并切小块，代替大蒜。大葱用 2 根而不是 1 根。加入汤汁（可能的话，最好是一半清水，一半高汤），烧开，转微火煮 10 分钟。省去四季豆、西葫芦和番茄。用 1 杯去荚豌豆（带荚约 450 克）和 225 克芦笋（去除末端，并沿对角线切成 1 厘米长的小段）代替。和豆子一起放入并加热 5 分钟，放入菠菜。如果不是立刻食用的话，将汤泡在冰水中快速降温，以免芦笋失去鲜绿色。

干豆与新鲜豆类

迷迭香大蒜炒白豆
奶油烤蔓豆
蚕豆泥

　　豆类属于一个庞大的植物家族，包括所有开花植物中授粉的花朵所结的包着种子的荚或壳。这些是豆科植物，豌豆、大豆、小扁豆都属于这个家族。这些植物在春季开花之后，豆荚会逐渐长大膨起，里面的种子会很快成熟，只有几个星期的时间最为成熟美味，不久后就会在蔓藤上变干变老。当豆荚变得又干又脆时，就可以收获里面的豆子了。四季豆当然是连豆荚一起吃，也有一些绿色的豆类如扁豆，若留在蔓藤上，会长成非常棒的去荚豆。不过，本章中的食谱是关于带荚豆或去荚豆的。那些可以从壳中剥出晒干的豆类，既可以在收获后趁新鲜煮食，也可以剥开之后干燥储藏，等需要的时候再泡发。

带荚豆

我会用不同的方法烹饪带荚豆：有时加入迷迭香、大蒜和橄榄油煮；有时和其他蔬菜一起煮汤，打不打成泥皆可；有时放在奶油烤菜里，撒上香脆的面包屑。豆子可以提前煮好，浸泡在煮豆水里可冷藏保存一到两天，使用的时候拿出来加热，单独食用或配其他食材做成各种菜肴。还有，豆类的营养价值非常高，与其他蛋白质来源相比价格又十分合理。最棒的一点也许是小孩们几乎都喜欢吃。

如今，我们很容易从农夫市集或好的食品商店买到各种各样的新鲜豆类和干豆。春天是蚕豆上市的季节（干蚕豆一年四季都可以买到，但我通常选用鲜蚕豆）。在夏末时节8月到9月间，我会去找短暂上市的各种各样的刚刚成熟的新鲜带荚豆。它们是夏末初秋不可多得的珍宝。和干荚豆不一样，新鲜荚豆不需要浸泡且很快就能煮熟。整个冬季都有不同种类的干荚豆，为冬季菜单带来不同的颜色和风味。

随着时间的流逝，豆子会变干。新近采收的豆子浸泡后很快会膨起，煮熟的时间也不长。我发现干豆子最好是买大宗批发的，这种豆子很有可能是新近采收的。时间较久的干豆子需要花很长时间浸泡和烹饪，味道也不如新鲜的好。它们很难煮得均匀，常常是有些已经煮烂了而另一些还很硬。如果你所在的地方买不到有机豆类，可以尝试问问食品商店的进货负责人，还可以问问农夫市集的农民，告诉他们你想买豆类。同时，你也可以网购或邮购一些有机豆类。

各种豆类

市面上能够见到的青豆、扁豆、豌豆的品种数目惊人，下面列出几种。以我的经验，未经育种、天然结出的古老的豆类品种，通常比如今更加常见的品种美味得多。不断尝试，直到找到你最爱的一种。

意大利白豆　这是我最常使用的白豆。味道柔和，口感绵密，适合许多意大利和法国菜肴。其他品种的白豆有法国白扁豆、白豆角、欧洲士兵豆（因豆眼处红色斑纹的形状看起来像玩具士兵而得名）、北方白豆、海军白豆，以及小米豆。

蔓豆　带有深褐色斑点的浅红褐色豆类。形状饱满，味道丰富，是意大利豆子面汤、托斯卡纳面包蔬菜汤等意式菜肴中的经典豆类。盛夏和秋季能够买到新鲜的蔓豆，干蔓豆则全年都有。很多这种带花斑的豆类都有个美丽的名字，例如波罗的豆、羊眼豆、火舌豆。

笛豆　一种外形娇小的浅绿色豆类，有很独特的蔬菜味道和相对坚硬的质地。在法餐中经常与羊肉和鸭肉搭配。

利马豆　新鲜时吃起来棒极了。这种豆子种类很多，我最喜欢的是一种个头很大、带有褐粉色花纹的圣诞利马豆，无论是新鲜的还是干的，都很美味，有一种独特的坚果香气。

斑豆　传统墨西哥和得克萨斯墨西哥菜系的经典食材。无论整粒煮熟或用猪油炸过再搅碎，味道都棒极了。许多品种都具有独特的风味，包括五月花豆、六月花豆和响尾蛇豆。

黑豆　拉美菜系的主打，有着朴实热情的风味，可以用来做很多美食，尤其是美味的汤。不过黑豆煮熟的时间要相对长一些。

小扁豆　又称兵豆，严格来讲不属于豆类，是另一种干豆科植物的弧形的籽，个头很小且有很多颜色，很快就能煮熟，也不需要浸泡。小扁豆品种繁多，我最常用的是个头很小的法国绿色小扁豆和更小的黑鱼子酱小扁豆，它们煮熟之后依然能够保持完整的形状。我还很爱印度菜系中常用来做汤和豆泥的黄色和橘红色小扁豆。

黑眼豌豆　以及它的近亲牛豌豆是美国南方菜系的经典食材。新鲜的黑眼豌豆有一点难剥，但是非常值得尝试 。我最爱用它们与四季豆、香草一起做法式蔬菜炖肉。

鹰嘴豆　干了以后非常坚硬密实，烹饪时间也比其他豆类长一些。盛夏时节，你可能有机会找到新鲜的鹰嘴豆，颜色呈绿色，质地柔软（干鹰嘴豆磨成的豆粉可以做出很多有趣的菜肴）。

大豆　我喜欢将新鲜的大豆放入沸腾的盐水里煮开，连豆荚（在日本被称为枝豆）盛出，撒上海盐。吃的时候直接将豆荚里的豆子挤进嘴里。是受小朋友欢迎的健康零食。

泡豆子与煮豆子

干豆子泡几小时煮出来比较好吃，能泡一夜则更好。水要倒足，这样即使豆子吸水膨胀也不会露出水面。我通常至少倒入豆子三倍量的水。如果隔夜泡的豆子没能全部浸泡，有些豆子所需的烹饪时间就会比另外一些更长，导致一锅煮出的豆子有些已经煮烂，而有些还没煮熟。浸好之后沥干，然后重新加入清水煮沸。

世界上很多地方传统上用陶土锅煮豆子（这样煮出来的豆子味道确实更好），但实际上只要是厚底锅就可以。最好选择宽一些的锅，否则豆子会因为叠太多层而难以搅拌，而且锅底的部分很容易被碾碎。水量要足够，这样搅拌起来也相对容易。水面应该高于豆子两三厘米。如果水面过低，豆子就会挤在一起，很容易搅碎。盐要在快煮好的时候加，这样豆子才能保持柔软。

经验法则
450 克干豆 = 2 杯干豆 = 6 杯煮熟的豆子

煮好的豆子应该是柔软完整的，不过煮过头的豆子还是比没煮熟的好！你不会想要那种吃起来弹牙或有一点脆脆的豆子。最好的办法就是咬开一颗豆子尝一尝。开火后大约一小时就可以尝了。煮好之后让豆子在煮豆水里静置冷却一会儿再沥干。如果关火后立刻倒出沥干的话，豆皮很容易裂开，看起来不美观。

新鲜的带荚豆不需要浸泡。将豆荚里面的豆子剥进锅里就好。加入没过豆子表面约 4 厘米的清水，新鲜的豆子不会吸收很多水分。开始煮的时候就加盐，开火约 10 分钟后可以尝一下。某些品种的豆子可能需要煮 1 小时，但大部分只需要很短的时间。

经验法则
450 克鲜豆 = 1 杯剥好的豆子 = 1 杯煮熟的豆子

豆子可以在煮好之后调味并立即享用；也可以在煮好后冷却，可调味也可不调味，连煮豆水一起放进冰箱冷藏（或冷冻），需要时再取出。

迷迭香大蒜
炒白豆

3 杯白豆

加入 4 杯清水，将：

1 杯干白豆（意大利白豆、白豆角、北方白豆、海军白豆等）

浸泡过夜。沥干并倒入一个厚底锅。加入没过豆子表面约 4 厘米的清水，开火煮沸。将火调小并撇去浮沫，以微火煮 2 小时，直到豆子煮软。煮的过程中可视需要加入更多清水。

加入：

盐

调味。取厚底汤锅或长柄煎锅，开低火加热：

¼ 杯特级初榨橄榄油

加入：

4 瓣大蒜，粗略切碎

1 茶匙粗略切碎的迷迭香叶

炒大约 2 分钟至大蒜开始变软。搅入煮好的豆子，边尝边按需加盐调味。食用之前让豆子在锅中静置一会，这样有助于味道融合。

变化做法

◆ 鼠尾草或冬香薄荷、夏香薄荷都很美味，可以代替迷迭香。

豆类的调味

做出美味豆子的秘诀就是把豆子煮软，然后用新鲜的大蒜和香草调味。

豆子煮熟后简单调味，只是众多美味豆类菜肴的一种做法，例如前面提到的意大利白豆菜谱中加入了大蒜和迷迭香。除此以外，还有汤、奶油烤菜、豆泥，等等。豆子煮熟之后再调味往往会更加美味。我有时会在煮豆子的第一阶段加入大蒜或香草，甚至是一点洋葱，但我发现豆子在煮过一次之后再加入调味料时味道会更加凸显。这些调味料可以是简单的橄榄油，也可以是复杂的番茄酱汁，视菜色而定。例如，意大利经典菜肴佛罗伦萨炖白豆（fagioli all'uccelletto，意思是用烹调小鸟的调味方式来做豆类），煮好的豆子放进蒜香番茄酱汁中微火慢炖，再加入许多鼠尾草。墨西哥菜系中的油煎菜豆泥，将煮好的豆子和大蒜、炒洋葱放在猪油中炸过后再搅成泥。（每条规则都有例外，我第一个想到的就是，如果用腌火腿或腌腿骨来给豆子调味，则要在一开始就加入，和豆子一起慢慢煮熟。）

首先，将煮好的豆子大致沥干，然后加入调味料。（煮豆水可以用来做美味的汤底或在烹饪过程中给奶油烤菜增加湿度。）准备好豆子之后，就可以加入调味料并搅拌了，继续一起煮 10 分钟左右，这样能够使味道慢慢渗入豆子里。

做奶油烤菜时，首先要将洋葱、胡萝卜和芹菜一起炒一下。在加入豆子之前调好味，确保它们的风味能够得到最大程度的发挥。豆子的油脂很少，因此加入带香味的油或脂肪会让它们更加美味。

奶油烤蔓豆
6人份

用 4 杯清水将：

1¼ 杯蔓豆或意大利红豆

浸泡过夜，沥干后放入汤锅，倒入没过豆子表面约 5 厘米的清水，煮沸。将火调小并捞出浮沫，用微火煮 2 小时至软。煮的过程中如有需要，可加入更多清水。

视口味加：

盐

调味。将豆子和煮豆水放在一旁冷却。同时将下列食材切丁：

½ 颗洋葱（约 ¼ 杯小丁）

1 根小胡萝卜（约 ¼ 杯小丁）

1 根西洋芹（约 ¼ 杯小丁）

取厚底锅，加热：

¼ 杯橄榄油

加入切好的蔬菜，煮约 10 分钟至软烂。加入：

4 瓣大蒜，切薄片

6 片新鲜鼠尾草叶，切碎

盐

煮约 5 分钟，拌入：

½ 杯切碎的番茄，新鲜的或罐装有机的均可

拌炒约 5 分钟。品尝味道，如需要可再加盐。

沥干豆子，保留汤汁。将豆子与蔬菜混合，倒入一个中型烤盘中。尝一下味道并按需要加盐。

倒入足够没过食材的煮豆水。滴入：

¼ 杯特级初榨橄榄油

在上面盖上：

½ 杯烤面包屑（见 61 页）

放入以 175℃ 预热的烤箱中烤 40 分钟。偶尔检查一下，如果烤得太干，就用勺子小心地加入一些煮豆子的汤汁（沿烤盘边缘倒入，以防淋湿表面的面包屑）。

变化做法

- 用新鲜带荚豆做的奶油烤菜更加美味。将 1.4 千克新鲜蔓豆去荚，倒入没过表面约 3 厘米的水，煮沸后转小火，大约 20 分钟后可以检查熟烂程度。

- 豆子不一定要做成奶油烤菜。将豆子和番茄、蔬菜一起炒 10 分钟，就可以吃了。

- 可以用其他香草替代鼠尾草。试试用 ½ 汤匙切碎的迷迭香、百里香、夏香薄荷或冬香薄荷、牛膝草、欧芹或牛至。

表面的橄榄油和面包屑能够形成美味的酥皮。

新鲜蚕豆

蚕豆是春天的使者。和其他豆类一样，它们在豆荚里长成，但豆子外面还包着一层坚硬苦涩的皮。最早收割的蚕豆较为细小，呈鲜绿色，质地柔软，不需要剥皮。如果不是生吃的话，最好用一点水和橄榄油或黄油简单煮一下。蚕豆随着季节逐渐成熟变大，淀粉含量更多。这个时候可以把它们去荚、剥皮，做成鲜美的绿色豆泥，我很喜欢将它们抹在香脆的面包干上，或放在烤肉边上。过了这个季节，蚕豆会变黄变干，就不再适合用这种方法烹饪了。

蚕豆确实需要花点时间准备，但它们精致的味道和鲜艳的颜色非常值得你所下的一番功夫。将豆子从厚软的豆荚中挤出是一项令人享受的集体活动，哪怕是小朋友都可以参与。有一个简便的剥豆子的方法：双手抓住一个豆荚，用拇指弯折，将豆子挤出来。豆子剥好之后还需要将包在豆子上的外皮去除。（虽然在地中海菜系中会保留这层豆皮，但需要更长的烹饪时间，并且味道会不太一样。）去皮的时候，将豆子投入沸水烫一下，直到豆皮容易剥除。这只需要不到一分钟的时间，因此要立即剥一颗试试。（如果加热时间过长，去皮时很容易将豆子捏烂。）将豆子沥干，放入冰水中。待豆子冷却后沥干，用指甲撕开豆皮，用另一只手将豆子挤出来。

去皮的豆子不要快煮，最好用中低火。一边煮一边搅拌，如果发现快煮干了，就再加一些水。当它们可以用勺子压成质地均匀的豆泥，就说明煮好了。

所有品种的豆类，无论是新鲜的还是干燥的，都可以做成美味的豆泥。我喜欢意大利白豆泥、新鲜蔓豆泥和油炸斑豆泥。另一道我最爱的餐前开胃小菜是用橄榄油和辣椒调味的鹰嘴豆泥佐小面包干或薄饼干。

蚕豆泥

约 3 杯量

成熟的蚕豆淀粉含量比幼嫩的蚕豆更高，做出的豆泥味道最棒。

将：

1.8 千克蚕豆

剥去豆荚。煮沸一锅水。将蚕豆快速在开水中滚一下再放进冰水中。沥干并将豆子从豆皮中挤出。

用厚底汤锅预热：

½ 杯橄榄油

加入蚕豆与：

4 瓣大蒜，切片

1 枝迷迭香

盐

½ 杯清水

煮至蚕豆相当软，不时搅拌，如有需要，可加入更多清水。当豆子可以用汤匙按压成泥时就说明已经煮好，大约需要 15 分钟。用汤匙将蚕豆碾碎，或直接放进食物研磨机。

拌入：

¼ 杯特级初榨橄榄油

边尝边根据需要加盐调味。如果太稠可以加清水稀释。立即享用，或在室温下食用。

意大利面和玉米糊

新鲜意大利面
橄榄油大蒜意大利细面
意大利玉米糊和玉米糕

　　意大利面和玉米糊是意大利餐中两种很棒的常备食材和重要的主食。一盒干意大利面加上几样基本食材总是能快速做出一顿不用精心计划的方便餐；玉米糊，以玉米磨的粉做成，也是非常灵活多变且美味的食物。意大利面和玉米糊的制作方法类似，在加盐的滚水中煮熟，也可以添加一点黄油或橄榄油和一些乳酪来吃。我也很喜欢制作新鲜的意大利面，因为它的质地非常适合某些菜肴，例如烤意大利千层面和新鲜手切意大利面佐肉酱或炖汤，而且也是自制意大利面饺和烤碎肉卷的主要原料。

制作
新鲜意大利面

面团可以提前几小时做好，放进冰箱冷藏，需要时再取出。

我最常做的意大利面只需要面粉和鸡蛋就够了。自制意大利面听起来可能会有一点唬人，但我向你保证，事实上出人意料的简单。最花时间的步骤就是将面团擀开，但是手摇意大利面机可以使这项工作变得非常快捷简单（二手商店和家庭拍卖场就可以买到）。

意大利面的主要材料是面粉。我最常用的面粉是未经漂白的有机中筋面粉（漂白过的面粉，除了有化学添加剂和会破坏味道之外，也会使面团很黏）。如果你想要不同的风味和口感，可以加入一半全谷物面粉，例如全麦、荞麦、法罗小麦等，超过一半的话面团易变成粉末，无法擀出一些食谱需要的厚薄。硬粒小麦面粉做出的意大利面很有嚼劲，可惜它们不容易买到。如果你能找到的话，可以用它代替一半的普通面粉。粗粒小麦粉是硬质小麦磨成的面粉，但质地非常粗，难以做成鸡蛋面条。多做一些实验，找到你最喜欢的面粉和使用比例。

手揉面团的话，将量好的面粉倒进一个大碗，要大到倒进面粉之后还有搅拌的空间。将鸡蛋打进另一个碗或杯子里，轻轻搅打，使蛋黄和蛋白混合。用汤匙或手在面粉中间挖一个坑，将打好的蛋液倒进去。用叉子像炒蛋那样不断地将周围的面粉向中间的蛋液中搅拌。当蛋液和面粉的混合物难以用叉子搅拌时，就继续用手揉搓均匀。当面粉大致都吸收以后，将面团倒在撒了些干面粉的工作台上，轻揉至面团成形。这时面团的表面不会很光滑。用塑料保鲜袋或塑料保鲜膜将面团包起来，在室温下静置一小时（或冷藏静置更长时间），让因搅拌揉搓而激活的面筋松弛下来，使面团更容易擀开。

用直立式搅拌器做面团的话，先将面粉倒入碗中，装好搅拌头，然后一边低速搅拌面粉一边慢慢倒进蛋液，搅拌至面团粘在一起形成湿润的小块，倒在撒过干面粉的工作台上揉搓成形，如前所述，盖好静置。

经过反复尝试，我发现湿润一点的面团更容易擀，尤其是用手擀的时候（不会像干面团一样一擀开就回缩）。做意大利面最理想的面团质地是易成形又不会太黏。如果揉的时候发现面团太硬或太干，洒一点水湿润一下。水要一点一点加，一次不要加太多，以免面团太湿。如果面团太湿太黏，可以再掺进一些干面粉，不过需要再将面团静置至少1小时才能成形。每批面粉都可能不同，因此对于这一批面粉来说恰到好处的水量对下一批面粉来说很有可能会过多或过少。

意大利面可以用手擀也可以用机器擀。意面机擀出来的面条非常顺滑，用手擀出来的面条表面则会有些不规则，更加容易蘸上酱汁，别具风味。至少尝试一次手擀意大利面，感受一下味道和口感。

用意面机做面条时，先用手将面团压扁，将意面机设定到最宽，然后一边缓慢平稳地摇动手柄，一边将面团送进意面机。（如果面团很大，则分成几个小球，以免超过机器负荷。）将面团两边向里折成三层，就像折信纸那样，然后再一次送进意面机。这个过程能够将面团揉得更加均匀。如果面团有些黏的话，就在上面轻轻撒一点干面粉。再次揉面之前，先用手将面粉抹平，然后再向内对折并擀平两次，面团会变得柔软顺滑。如果还不够顺滑，就再揉一次。

揉好之后，就可以开始擀面条了。再次将意面机设定到最宽，然后每次滚转面团时将意面机设窄一点。随着面团开始变长变薄，过机器的时候一手摇动摇柄，一手非常轻地放在面团上；这是为了让面团位置稳固，保持摊平，不会被卷进意面机。注意持续关注面团的表面。如果发黏，就撒一些干面粉，然后用手抹平（结块的面粉会在面饼上留下凹痕）。当变长的面团从意面机里出来时，不断将其前后反复对折成丝带糖的形状。然后将面条末端最后一次送进设定到较窄的意面机，随着意面机的滚动，面团会逐渐卷入，不会打结。

当面团达到需要的薄度，就可以切面条了。面条煮过之后会膨胀，因此如果你不确定需要多薄，可以先切一点煮来试验一下。如果煮好的面条只需要再微微细一点，则保持意面机的设定，再将面团压一次。大部分意面机自带切面功能，但手切面条其实非常容易，且手切的面条有一种迷人的不规则质感。将面团切成30~40厘米长的片，叠成一摞，每层之间多撒些干面粉。沿着长边对折面片，然后再对折一次。按照所需的粗细，由上至下竖着切断。再加一些干面粉，使面条散开（我很享受散开时面条由指间滑过的感觉），然后分散放在大盘子或烤盘里。如果不立即煮的话，用烘焙纸或薄毛巾将面条盖好，放进冰箱冷藏。做意大利千层面、烤碎肉卷、面饺等带馅的意面时，则将面皮切成大块，或用整块面皮包裹馅料。

用意面机重复揉面至细滑，向内折成三层，擀平，再折再擀。

手切宽面，例如意式宽面，非常适合佐炖汤或意式肉酱吃。

新鲜的面条会很吸水，因此需要放入加了一大把盐的滚水中煮。一边煮一边搅拌，以免面条粘在一起。当面条煮透但又仍有咬劲时，就煮好了。新鲜面条很快就能煮熟，3～6分钟即可，视面条粗细而定。

新鲜意大利面

4 人份

新鲜意大利面可以用来做

意大利细扁面
意大利宽面条
意大利宽带面
意大利千层面
意大利烤碎肉卷
意大利面片
帽形面饺
意大利肉饺
意大利面饺
意大利馄饨

新鲜的手切面条，例如宽面条或细扁面条，最适合拌上奶油或黄油酱汁，搭配质地细腻的蔬菜（如豌豆）和意大利熏火腿吃。

量好并倒入碗中：

2 杯面粉

在另一个碗中搅拌混合：

2 个鸡蛋

2 个蛋黄

在面粉中间挖一个坑，倒进打好的蛋液。用叉子像炒蛋那样将面粉一点一点混入蛋液。当蛋液和面粉的混合物难以用叉子搅拌时，继续用手将蛋液和面粉揉搓均匀。将面团倒在撒过干面粉的工作台上轻轻揉搓，或者将面粉倒入直立式搅拌器，装好搅拌头，调至低速挡，一边混合面粉一边慢慢倒进蛋液，搅拌至面团粘在一起。如果面团太干或结块，加几滴水。倒出之后，如前所述，将面团轻轻揉搓至圆盘形，然后包在塑料袋或保鲜膜中，静置 1 小时再擀。

可以在撒过干面粉的工作台上擀面，也可以使用意面机。如果用意面机的话，设定到最宽，将面团两边向内折成三层，慢慢地送进机器，重复两次。然后一边揉一边将意面机调窄，一次一格，将面团擀至需要的粗细。最后切成想要的长度。

变化做法

◆ 若要做香草面条，在加入蛋液之前，在面粉里加入 ¼ 杯切碎的欧芹、牛膝草或百里香，或 2 汤匙切碎的迷迭香或鼠尾草。

◆ 若要做菠菜面条，取少许黄油，将 115 克菠菜叶以小火炒软。冷却后挤出水分，加 1 个鸡蛋、1 个蛋黄，搅拌均匀。将此混合物代替蛋液倒入面粉。

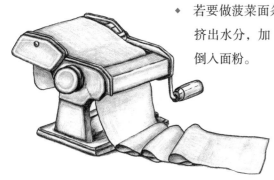

意大利烤碎肉卷及面饺

意大利烤碎肉卷的做法如下：将擀平的意大利面切成 10 厘米 × 7.5 厘米的长方形薄片，放入煮滚的盐水中煮熟。将面浸入一大碗冷水中冷却，然后一片一片捞出，散开铺在一块布上，避免叠在一起，除非你用橄榄油或熔化的黄油事先抹过，否则很容易粘成一团。

在面皮上挤出或用汤匙盛出约占三分之一长度的馅料，轻轻卷成大卷。将面皮接缝朝下，放在涂过黄油的烤盘上。加入酱汁、高汤或融化的黄油和乳酪，放进 200℃ 的烤箱烤 20 分钟。

做意大利面饺的话，要将面皮擀得很薄，然后切成约 35 厘米的长条。撒上干面粉，用毛巾盖好以防面皮变干。挤出或盛出一汤匙馅料，沿着面皮下半部分约三分之一处排成一列。每块馅料间隔约 4 厘米。在上面轻轻喷洒一点水雾。将面皮的上半部分折到下半部分上；从对折处开始，轻轻将里面的空气全部挤出，同时用指尖将两层面皮压到一起。当面饺皮压好成形之后，用锯齿状滚刀切掉底部多余的面皮，然后再沿着每一个鼓起来的馅包将面饺切分开来，摊在烤盘里，撒上一些干面粉，确保它们保持一定距离，否则很容易粘在一起。用烘焙纸或毛巾盖好放进冰箱冷藏，需要时再取出。使用前将面饺放进冰箱冷藏可以防止馅料渗出面皮，粘在烤盘上。

将面饺放进沸腾的盐水中煮五六分钟，直到面皮煮透。沥干水分，盛在盘子或小碗中。按需浇上酱汁就可以上菜了。

干意大利面

虽然意大利直细面称得上是经典选择，但是意大利面还有很多形状和纹路，同样值得推荐。无论你选择哪一种，烹饪方法和酱汁搭配是制胜的关键。遵循下面的一些小小的建议，能够让你做出更加美味的意大利面。

水在意大利面的烹煮和调味中起着至关重要的作用。需要将意面倒入一大锅沸腾的盐水中滚煮。由于煮的时候意面会吸收水分，因此若水量不够、面条太挤的话，很容易粘在一起。将水烧滚之后再放入面条，能够让面条持续移动而不是全部沉在锅底。刚开始煮时，需要搅拌一到两次以免面条粘在一起或粘到锅底。在水中加入盐，能够在拌上酱汁前给面条初步调味，使面条的味道更好。无需在水里加入油，虽然这样做可以防止面条

粘在一起（如果锅中的水量足够，面条其实是不会粘在一起的），但是面条表面的油分会阻碍碗里的酱汁裹住面条。而且，除非你想做意面沙拉，否则煮好的面条不要过冷水，这样做会涮掉面条表面能够增加酱汁口感和风味的淀粉。

要煮出弹牙的意面，应该煮到面条中间不再有白色硬心，但咬下去依然够硬。煮的过程中要时不时试吃，评估是否煮熟。没煮透的面条一咬下去就会看到中间有很明显的白色硬心。干的鸡蛋面烹饪时间通常较短（5～6分钟），较粗的面烹饪时间则要长不少（10～13分钟）。煮好之后要立即沥干水分以免煮过头。切记保留一些煮面水，做调味酱汁会非常方便。

将意面和酱汁混合在一起有很多不同的方法。其中一种就是直接将沥干水分的意面倒进酱汁里搅拌均匀（搅拌之前最好用一点盐给意面调味，尤其是选用的酱汁十分简单的时候）。另外一种则是用橄榄油或黄油和乳酪再加一点酱汁，将意面搅拌均匀，然后盛盘，上面再加点酱汁。这是用肉酱的好方法。还有一种方法是在意面未完全煮熟之前沥干水分，然后加到酱汁里一起煮几分钟。不过，这种方法只适用于水分很多的酱汁，因为意面在煮的过程中会不断吸收酱汁中的水分。煮意面的水很适合用来稀释浓稠的酱汁或硬实的面条，因为它从盐和面条上的淀粉中充分吸收了味道，比起加入很多橄榄油、黄油的酱汁，更加清淡爽口。

不同的面适合搭配的酱汁也不同。粗厚的面适合粗粒浓稠的酱汁，鸡蛋面适合佐黄油酱或肉酱，长细面则与简单的番茄酱汁和下面介绍的橄榄油酱汁最搭配。

很多意大利老奶奶的秘诀是往汤汁中加入煮意面的水。

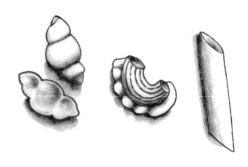

橄榄油大蒜
意大利细面

4人份

这是一道就算食品储藏柜里几乎什么也不剩时也能在15分钟内做出的意大利面。

煮沸一大锅盐水，加入：

450克意大利细面

煮至弹牙。同时，取厚底锅，用中低火加热：

⅓杯特级初榨橄榄油

油烧到温热时，加入：

4瓣大蒜，切碎

3枝欧芹，去茎，叶片切碎

一小撮磨碎的黑胡椒

盐

将大蒜炒软，发出嗞嗞声后关火。不要把大蒜烧焦或炒黄。

将煮好的意面沥干，保留一些煮面水。将面条加入酱汁锅中，加入一小撮盐调味，拌匀。尝一下味道，如需要可再加盐，如果质地过于黏稠可加入一些煮面水。即刻享用。

变化做法

◆ 加入双倍的欧芹或其他切碎的软香草，例如罗勒、牛膝草、夏香薄荷。

◆ 在热油中放入大蒜，1分钟后加入⅔杯洗净切半的小番茄。

◆ 面上撒磨碎的帕玛森干酪。

◆ 加一些切碎的黑橄榄或鳀鱼，和大蒜、欧芹一起炒。

◆ 用鸡蛋宽面条代替意大利细面，用黄油代替橄榄油。

玉米糊

意大利玉米糊很容易做，用水将玉米磨成的粉煮熟即可。玉米糊非常美味，并且和意大利面一样，样式丰富。刚煮好的玉米糊很软，冷却后会变硬，可以煎炸、烧烤或烘焙。无论软硬，玉米糊都非常适合搭配烤肉或炖肉，或用番茄酱、肉酱、蘑菇酱调味。想要一些变化的话，可以在软玉米糊里添加一些新鲜的玉米粒或蚕豆。在玉米糊上加一层煮熟的蔬菜、乳酪和酱汁，制成美味多汁的玉米糕也不错。无论是用白玉米还是黄玉米，磨出的粉细度应介于燕麦和粗砂之间。新鲜的玉米粉闻起来有清甜的味道，看起来是明亮的黄色。和所有谷物一样，玉米粉应该储藏在凉爽阴暗的地方，时间过长的则需要更换。

玉米粉要以沸水煮。水和粉的比例大约是 4 : 1，视玉米的种类、研磨的粗细，以及新鲜程度而定，因为每一批都可能有一点不同。玉米糊要用厚底锅煮，这样可以防止粘连和烧焦。如果没有厚底锅，就在火上放一个隔火器。水烧开之后，将玉米粉慢慢倒进水中，并用打蛋器持续搅拌。将火调低，继续搅拌两三分钟，直到所有玉米粉都散在水中而不是沉在锅底。加盐调味，开微火煮约一小时，不时搅拌。20~30 分钟后，玉米糊就会煮透变软，但想要风味完全释放的话则需要长时间煨煮。要注意，浓稠的玉米糊非常烫，因此搅打和品尝的时候一定要小心。我会用汤匙盛一点在小盘子里，待冷却后尝味道。

煮好的玉米糊应该有流动的奶油的浓稠度。如果在煮的过程中玉米糊变硬或变厚，则按需加一些水。如果水一不小心倒入太多，导致玉米糊变稀，就继续煮一会儿让水分挥发。煮好的玉米糊如果不保温的话很快就会凝固变硬，因此关火之后要盖上锅盖焖 20 分钟左右，也可以用双层蒸锅保温，或将整口锅浸在另一口更大的倒满热水的锅中保温。可以在玉米糊中加黄油或橄榄油和乳酪，以增加风味和口感。帕玛森干酪是经典的选择，不过也可以试试其他乳酪，例如果仁羊乳酪、切达乳酪、佩科里诺乳酪。马斯卡彭乳酪或蓝纹乳酪是一碗绵软的玉米糊上最奢华的装饰。

想做玉米饼的话，将热的软玉米糊均匀地抹在带边的烤盘里（没必要提前在烤盘里抹油），两三厘米的厚度做什么都适宜。将玉米糊静置于室温或放入冰箱冷藏至凝固。注意在冷却之前不要盖上盖子。将玉米饼切成不同形状的小块，烘焙、烧烤、油炸皆可。如果用来烘焙，刷过油之后在 175℃的烤箱内烤 20 分钟左右至酥脆。如果想要炭烤，将玉米饼粒刷过油之后放在烧热炭的烤架上；确保等烤架烧热之后再将玉米饼粒放上去，以免粘在烤架上。玉米饼粒也可以煎和炸。玉米糊冷却之后会凝固，但是过薄的和加入过多黄油或橄榄油的玉米饼，在烧烤或煎炸时很容易破碎。

意大利玉米糕由多层玉米糊制成，无论是现做的软玉米糊还是已经冷却成形的玉米糕，加上酱汁，例如番茄酱、肉酱或罗勒青酱、煮熟的绿叶蔬菜或其他蔬菜，以及乳酪。玉米糕是一道可以提前准备，随时加热食用的主食。

意大利玉米糊

4 人份

经验法则
1 ∶ 4
1 份玉米糊粒
4 份水

在厚底锅中煮沸：

4 杯水

搅入：

1 杯玉米粉

1 茶匙盐

将火调小，同时不断搅打玉米糊，直到沉在锅底的玉米粉全部溶于水中。以微火煮约 1 小时，不时搅拌。太过黏稠就加一些水。搅入：

3 汤匙黄油或橄榄油

½ 杯刨好的帕玛森干酪

品尝味道并按需加盐调味（玉米糊非常烫，品尝的时候需要小心）。煮好之后要保温至上菜，或均匀倒在带边的烤盘里冷却。

变化做法

◆ 1 杯新鲜玉米粒，炒 4 分钟，加盐调味，拌入煮好的玉米糊中。

◆ 在煮好的玉米糊内搅入 1 杯剥荚去皮的蚕豆。

◆ 用果仁羊乳酪、佩科里诺干酪或切达乳酪代替帕玛森干酪。

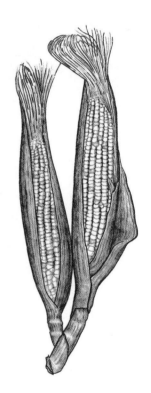

意大利玉米糕

6 人份

准备：

4 杯煮好的玉米糊（见本页）

准备：

2 杯新鲜番茄莎莎酱（见 221 页）

将 1 杯帕玛森干酪刨丝，将：

225 克新鲜马苏里拉乳酪（约 2 个中型乳酪球）

切成约 0.5 厘米厚的片。

在 1 个陶锅或浅烤盘中抹一层油。用长勺盛进约 1⅓ 杯软玉米糊。

在上面均匀抹 1 杯番茄酱。在番茄酱上摆放一半马苏里拉乳酪切片。撒上一半刨好的帕玛森干酪。再用长柄勺盛进 1⅓ 杯软玉米糊，倒进另一杯番茄酱，码上剩下的马苏里拉乳酪，然后撒上剩下的帕玛森干酪。用长柄勺盛进最后 1⅓ 杯软玉米糊，然后静置至少 30 分钟以使玉米糊凝固，之后再放进烤箱。烘焙前 15 分钟，将烤箱预热至 175℃，烤大约 30 分钟，直至热透并且冒泡。

变化做法

- 准备 1 份洋葱炒莙荙菜（见 297 页），然后在每一层刨好的帕玛森干酪上面各铺一半。
- 用凝固的玉米糊（玉米饼）制作玉米糕，切成小块后在烤盘里码放一层，其他不变。
- 在玉米糊内拌入两杯煮熟的蔬菜（绿叶菜、干豆类、玉米等），然后分层码放酱汁和乳酪。
- 用 1 杯青酱（见 43 页）代替，或加入番茄酱。
- 用 1 杯刨好的果仁羊乳酪代替马苏里拉乳酪。
- 用 2 杯博洛尼亚肉酱（见 217 页）或蘑菇番茄酱（见 218 页）代替番茄酱。

米饭

白米饭

红米肉菜烩饭

白汁炖饭

　　在日常饮食中，米饭和面包一样，是令人饱足的主食。米的种类超过 4 万种，它们都是从水稻中分出来的，不过基本可以分为两类：短粒米和长粒米。形状短粗、淀粉含量较多的短粒米传统上是中国、日本、韩国和欧洲部分地区（制作西班牙海鲜饭与意大利炖饭的米都是短粒米）种植的谷物和主要粮食。长粒米种类繁多，不太黏，形状较为细长，包括印度香米、泰国香米，以及美国的卡罗来纳大米）。

白米饭

对于经常甚至每天煮饭的人来说，电饭煲既方便又好用，最适合煮短粒米和紫菜包饭。

如果你的米饭煮多了（米饭很容易做多），可以第二天吃。加一点水，盖上锅盖煮沸，或做成炒饭。

无论长粒米还是短粒米，每粒米在收获时外层都包着米糠，并包在稻壳或荚中。只去掉外壳的稻米叫糙米。把糙米的米糠磨去并抛光之后，剩下的米粒就是白米了。白米很容易煮熟，没有糙米的坚果味，也没有糙米那么有嚼劲。（所谓的"野米"完全是另一种植物——北美野生水稻——灰黑色的谷仁。）白米是很多快餐的主要食材，例如寿司饭，就是用一大碗温热的短粒日本米，和一盘鱼片、胡萝卜、黄瓜、干紫菜片做成；还有清淡可口的印度香米饭，搭配用小茴香和大蒜调味的小扁豆汤，令人满足。

以前，煮白米饭对我来说既神秘又难以掌握，虽然客观上我知道这不过是用水将干燥的米粒煮沸，盖或不盖锅盖均可，直到煮熟为止。而且，事实上你可以用一锅水将米粒煮熟，之后再将多余的水倒掉，或用足够米粒吸收和蒸发的水量将大米煮熟。或者你也可以将以上两种方法结合在一起。秘诀就是不断学习掌握米和水的正确比例。

做好的米饭有可能会很黏，因此有些种类的米在煮之前要洗去表面多余的淀粉。（不过做意大利炖饭和西班牙海鲜饭的米不需要洗，因为大米表面多余的淀粉是炖饭的必要原料。）洗米的时候，将米粒放入大碗，加冷水盖过，用手不断淘洗揉搓。水变浑浊后就倒掉（可以借助滤网），然后再重复一遍直到淘米水变清或基本清澈。沥干水分。如果菜谱要求浸泡的话，现在就可以开始了。用没过米表面至少两三厘米（或按照菜谱中要求的水量）的水浸泡至需要的时长。

用最简单的吸水法蒸米饭的话，将量好的米和水倒进锅中煮沸，转微火，盖上锅盖，煮至锅中的水分完全被米粒吸收，白米需要15～20分钟，糙米则需要约40分钟。不同种类的米吸收的水量有所不同，一杯糙米要两杯水，一杯长粒米要一杯半水，一杯短粒米只需要一杯加两汤匙水。还有一种吸水法，许多厨师喜欢给每杯米加入一小撮盐和一茶匙黄油或橄榄油，这样做既能给米饭增添风味又能防止米粒粘在一起。无论你选用以上哪一种方法，在米饭蒸好之后，要盖上盖子静置5～10分钟，再搅松盛出。因为静置冷却可以使米粒之间稍稍分开，更易于搅松。

怎样判断水分是否已被米饭全部吸收呢？可以掀开锅盖，搅动米饭并查看锅底是否还有多余的水分。虽然有人认为这样做会破坏米饭，但是我向你保证不会！如果锅底还有水分，就说明需要再多蒸一会；如果锅底已印度香米是一种在印度北部很常见的长粒米。至少生长一年才成熟，这个生长过程会让稻米的味道和香味更浓，煮熟后膨胀松软。

经干了，则说明米饭已蒸好。尝一粒试试，如果口感很硬，且锅内已经没有多余水分，就需要在米饭上加几汤匙温水继续蒸；如果情况相反，米粒已经蒸至熟软，但锅中还有多余的水分，就需要掀开锅盖继续蒸至水分完全蒸发。

用煮沸法煮米饭的话，按照每杯米 950 毫升盐水的用量，将盐水煮沸，放入米粒快速煮至变软但没有糊。如果事先浸泡过的话，白米需要煮六七分钟；如果没有浸泡过则需要 10～12 分钟；煮熟糙米的时间则长很多，需要至少 30 分钟。煮好之后，沥干水分，加盐搅拌，如有需要，还可以加一点黄油或橄榄油。

还有一种煮米饭的方法，是将吸水法和煮沸法结合。将米放在大量清水中煮六七分钟，直到米粒变软，沥干水分。在米饭中拌入黄油或橄榄油，盖上锅盖，放进烤箱烤 15～20 分钟。这样能够做出相对干燥松软一些的米饭，且容易保持温热。

白米饭
吸水法 1

3～4 人份

我喜欢用这种方法煮短粒米，例如寿司米。

淘洗：

1 杯短粒米

沥干并倒入厚底汤锅中，加入：

1 杯又 2 汤匙冷水

盖上锅盖，以中大火煮沸。转小火煮约 15 分钟，将水分全部吸收。关火，静置约 10 分钟，不要掀开锅盖。搅松盛出。

变化做法

◆ 开火前在锅中加入一小撮盐及 1 茶匙黄油或橄榄油。

◆ 使用长粒米，淘洗干净，将水的用量增至 1½ 杯。

◆ 使用糙米，将水的用量增至 2 杯并将蒸煮时间延长至 40 分钟。

吸水法 2

3～4 人份

换几次水洗净：

1 杯印度香米或其他长粒米

在厚底汤锅中倒入：

印度香米是我最爱的日常食物，我喜欢它的烘烤香气和清爽口感。

　　一小撮盐

　　2 杯清水

静置浸泡 30 分钟。同时熔化：

　　1 汤匙黄油

　　煮沸，不要盖锅盖，直到水分完全吸收，米饭表面呈现出蒸汽孔。将火转小，盖上锅盖，煮约 7 分钟。关火，静置约 10 分钟。轻轻搅松盛出。

变化做法

◆　加 ⅛ 茶匙藏红花粉到黄油中。

长粒米煮沸及烘烤法

3~4 人份

这种方法很适合煮大量的米饭。提前保温，以免给最后一刻还要紧张地计算时间。

换几次水洗净：

　　1 杯印度香米或其他长粒米

倒入没过米面两三厘米的清水，浸泡约 20 分钟。用厚底锅煮沸：

　　950 毫升盐水

　　沥干，倒入滚水中，煮六七分钟。试吃一下，看看米粒的熟烂程度。米粒的口感应该有一点弹牙，或中心有点硬。沥干水分，将米粒倒回锅中。加热熔化：

　　2 汤匙黄油

　　1½ 汤匙牛奶或清水

　　将熔化的黄油混合物倒在米饭上，用锡纸或密封性强的锅盖盖严。放入烤箱，以 175℃ 烤约 15 分钟，直至米粒干燥松软。

制作肉菜饭

　　肉菜饭是一道风味十足的米饭。将米饭用油炒过之后，在调过味的液体中蒸熟。（和意大利炖饭不一样的地方是，蒸米饭的液体要完全被吸收。）根据食谱，可加入坚果、香料、蔬菜或复杂的炖肉。我常做的肉菜饭都很简单，例如香料红米饭佐墨西哥油炸玉米饼和黑豆，或用藏红花和洋葱调味的印度香米肉菜饭佐蔬菜炖肉。肉菜饭通常选用长粒米，不过有些菜肴也会使用短粒米。

　　在加水之前将米炒一下，让每一粒米都裹上油脂，可以增加肉菜饭的风味。这样做和炒之前洗掉米粒表面多余的淀粉可以防止米饭粘在一起或结块。橄榄油和黄油是最常使用的两种油。为避免炒焦，可以在黄油中兑入一点橄榄油，或使用澄清黄油（见 120 页）。

将洋葱炒几分钟再加入米，倒入调好味的没过米粒表面的液体，煮沸。改微火，盖上锅盖，煮大约 15 分钟，直至锅内液体全部吸收。蔬菜和肉可以和液体一起加入，有时要在蒸过几分钟之后再加，根据所需烹煮时间而定。肉菜红米饭中的番茄一开始就要加入，这样才能使米粒上色均匀。蒸好之后，静置 10 分钟就可以食用了。

红米肉菜烩饭

3～4 人份

将米粒炒至浅褐色后，肉菜饭会有坚果的香味。

用厚底锅加热：

1½ 汤匙橄榄油

以中火炒：

1 颗小洋葱，切末

约 5 分钟，直至透明。

拌入：

1 杯长粒米，洗净沥干

炒 5 分钟。加入：

2 瓣大蒜，切末

1 个小番茄，去皮，去籽，切小块

（或 2 个李子番茄，罐装或新鲜的均可）

½ 茶匙盐（如果使用调过味的高汤，则减少盐的用量）

2 汤匙粗粗切碎的香菜

搅拌均匀，煮一两分钟。倒入：

1½ 杯鸡高汤或清水

煮沸，转小火，将锅盖严。煮约 15 分钟，直到水分完全吸收，米粒变软。关火，盖上盖子静置 10 分钟即可食用。

变化做法

◆ 放入米之后，盖上锅盖蒸约 7 分钟，在米饭上放些蔬菜，例如豌豆、切成段的四季豆或切成小朵的花椰菜、西蓝花。盖上锅盖，继续加热至米饭熟透，静置约 10 分钟。食用前，将蔬菜和米饭搅拌均匀。

◆ 盖上锅盖之前，加入几块烤鸡、烤猪肉或焖猪肉剩下的骨头，再煮 15 分钟。

◆ 省略番茄，将香菜的用量增加至 ¼ 杯。

◆ 使用印度香米，浸泡 20 分钟后沥干。在炒洋葱块和米粒时加入一大把藏红花丝。再煮几分钟，倒入高汤或盐水，盖上锅盖蒸熟。

意大利炖饭

1½ 杯米，我用 2.8 升容量的宽度超过高度的汤锅。

炖饭是意大利的经典美食，绵软的米饭裹在浓郁娇艳的酱汁里，令人胃口大开。虽然意大利炖饭被许多人认为是饭馆里才做得出的高级菜品，但其实是很基础的菜肴，作为晚餐一锅就能令全家人满足。炖饭使用的米是淀粉含量高的短粒米，饱吸高汤中的精华后味道浓郁，酱汁口感鲜明。

意大利北部地区栽培的专门用来做炖饭的短粒米品种，最出名的是艾保利奥米（Arborio）、维阿龙圆米（Vialone Nano，一种非常短的短粒米）、巴尔多米（Baldo）和我最爱的卡纳罗利米（Carnaroli）。以上这几种米，形状短小饱满，吸收大量液体后仍能保持形状完整，且嚼劲十足，米上饱附淀粉，做出的炖饭浓郁细腻。

做炖饭时，在加入高汤前要先用油炒，因此最好用不锈钢或铸铁厚底锅，不然米饭很容易烧焦。选用锅沿较高（但也不要过高，以免难以搅拌，蒸汽不易挥发）的锅子，锅底要足够宽，让米饭能够保持在 0.5～1 厘米高。

第一步是用切块的炒洋葱做汤底。洋葱要用足量的油炒至软烂（通常用黄油，有时也会用橄榄油、牛骨髓油，甚至培根油）。当洋葱变软之后，加入米粒翻炒几分钟。在意大利语中，这一步叫作 "tostatura"，意为 "焙烧"，主要目的是让每粒米都被油裹住。米粒会开始噼啪作响并慢慢变得透明，注意不要让米粒变色或烧焦。这时加入一些葡萄酒，增添一些果香和酸度。每一杯半米，我会加入半杯葡萄酒，不过我也没有精确量过，只是倒至米粒的表面为止，但不会高过米粒。用这个方法，无论多少米都能够加入适量的葡萄酒，而且还比事前精确称量、计算用量简单方便得多。葡萄酒要在加入高汤之前倒入，这样可以有时间让酒精挥发，去除酒精的味道。没有料理葡萄酒时也可以用红葡萄酒甚至啤酒替代。如果酒不够，那么也可以在第一次加入高汤时加入一茶匙葡萄酒醋，基本能够提供与葡萄酒相仿的酸度。

等葡萄酒基本吸收之后，就可以倒入高汤了。我最常使用的是清淡的鸡高汤，不过蔬菜、蘑菇和贝类高汤都能够做出美味的意大利炖饭。要记得，你使用的高汤有多好，做出来的炖饭就有多好。不加调味料或只加少许调味料的高汤是最好的。很多食谱会教你炖饭的同时在另一只锅中以小火煨煮高汤，其实这完全没有必要，事实上，我宁愿不要这样做。因为高汤加热的时间越长，水就越少，味道很容易过浓。我会在炒洋葱的同时将高汤煮沸，然后立即关火。这样高汤足够保温一阵子。

第一次加高汤，只需刚刚没过米粒。将火调小至保持滚沸即可。炖上之后不需要一直搅拌，但也要不时观察情况，绝对不能开着火不管。当锅内的汤汁减少至可以看见米粒时，再倒入一些高汤没过。不要等到高汤烧干，这样淀粉会凝固烧焦。要少量多次地加入高汤，既不能让米饭泡在水里，也不能完全烧干。

早点调味。我个人的经验是在第二次加入高汤时加盐调味。这样做可以使盐分有充足时间渗入米饭。盐的用量视高汤的咸度而定。

从加入洋葱开始算起，需要煮 20～30 分钟。边煮边尝味道，看看调味和米饭的生熟。最后一次倒入的高汤会决定炖饭的浓稠度。如果汤太多，炖饭会像汤饭一样又稀又烂；汤太少，则会像蒸饭一样坚硬结块。汤过少的话再兑入一些很容易，但一旦过量则很难倒回去。

当米饭基本炖好，要加最后一次高汤时，同时拌入一小块黄油和一把刨好的帕玛森干酪。将整锅炖饭彻底拌匀，然后关火，静置几分钟，这个步骤叫作搅拌乳化，是至关重要的收尾步骤，能够将米饭中的淀粉转化成美味浓郁的乳状。此时美味的意大利炖饭就做好了，米饭应该绵软而有弹

做炖饭的时候要注意听锅内的动静。如果听到噼噼啪啪的响声，就是在提醒你应该加入一些葡萄酒了。加入之后你会听到一声令人满足的呼啸声。如果米粒表面咕噜咕噜地冒泡，就是在提醒你需要倒入高汤了。

用藏红花丝为意大利炖饭调味上色再好不过。它是藏红花的雄蕊，必须手工采摘。加入一点点就能够起很大作用，因此注意不要过量。

性（但没有白色的硬心），酱汁松散地裹住米饭而不是挂在锅底。一定要掀开锅盖，否则即使关了火，米饭还会持续吸收酱汁中的水。

　　意大利白汁炖饭本身就非常美味，但也像一块空白帆布，几乎可以什么都往上画，肉类、蔬菜、海鲜、乳酪，和其他别的都可以。在加入其他生的食材时，最重要的原则是要留出 2 倍的烹饪时长。例如豌豆或大虾，在沸水中需要煮四五分钟，如果加到炖饭中则需要在炖饭还有 10 分钟做好时加入，这时米饭应该处于半生状态。烹饪时间较长的蔬菜，如胡萝卜，可以在炒洋葱时加入。蔬菜泥和煮熟的蔬菜、肉类可以在最后拌入。蘑菇可以炒好之后分两次加入：先加入一部分为高汤增添风味，另一部分最后加入，给它两种不同的风味和口感。藏红花和其他味道强烈的香草要和洋葱一起加入，柔软的香草叶则需要在上菜前放入。柑橘皮也可以像蘑菇一样，分两次加入；如果大量使用的话，则需要用滚水焯一下。有些炖饭，特别是贝类炖饭，最后不需要加乳酪。

白汁炖饭

4 人份

在 2.3～2.8 升容量的厚底汤锅中，以中火熔化：

**　　2 汤匙黄油**

加入：

**　　1 个小洋葱，切细丁**

炒约 10 分钟，至洋葱变软透明。

加入：

**　　1½ 杯意大利米**（艾保利奥米、卡纳罗利米、巴尔多米或维阿龙圆米）

翻炒约 4 分钟，直到米粒变得透明，注意不要烧焦。

同时，在另一口锅中煮沸：

**　　5 杯鸡高汤**

关火。在炒好的米中倒入：

**　　½ 杯干白葡萄酒**

不时搅拌，直到葡萄酒完全被米粒吸收。加入 1 杯热鸡汤，用小火炖，不时搅拌。当米饭开始变得浓稠的时候，再加入半杯鸡汤并加盐调味如果最后高汤不够用，可以兑入一些热水稀释。

（用量视汤的咸度而定）。当米饭变浓，重复以上步骤，一次加入半杯汤，不要让米饭炖干。大约 12 分钟后开始品尝，注意口感和味道。炖至米粒松软但仍然有坚实的内核，需要 20～30 分钟。最后一次加入的高汤最重要，要倒入将米饭炖熟而不会糊掉的量。炖好以后拌入：

1 汤匙黄油

⅓ 杯刨好的帕玛森干酪

彻底搅拌，使淀粉乳化，关火，静置约 2 分钟后即可上菜。如果炖饭过于浓稠，可以在上面淋几滴高汤。

变化做法

◆　用红葡萄酒或啤酒代替干白葡萄酒。

◆　如果没有酒，可以在第一次倒入高汤时加入 1 茶匙醋。

◆　炒洋葱时可以加入一些迷迭香或鼠尾草。

◆　炒洋葱时可以加入一小撮藏红花粉。

烤 箱

烤鸡
烤羊腿
烤根茎类蔬菜

一只烤得油光闪亮的肥美家禽或一大块烤肉，整个端上餐桌，是传统节日的庆祝方式，能喂饱一大家人。直到如今，这种菜肴还是很适合款待亲友。过去的做法是将各种肉类串在烤肉架上，放在烧红的柴堆上烤，如今已经被方便的封闭式烤箱取代。无论采用哪种方式，肉类经过精心烧烤后，表皮都会变为褐色，内里味道浓郁，柔软湿润。摆放一阵，就可以切成多汁的肉片。里脊、腿肉、骨头（如牛排、羊腿和猪里脊）及整只的家禽（如鸡和火鸡），都非常适合烧烤。而且别忘了，将蔬菜放进烤箱，也能烤得焦香美味。

烤全鸡

我喜欢将大量整瓣未剥皮
的蒜头和鸡一起烤。它们
会烤成泥，蒜皮变得和纸
一样，可以挤出蒜泥，和
鸡汁或鸡肉混合。

金黄多汁的肥美烤鸡，无论对于一场宴席还是一顿家庭周末晚餐来说都很完美。更棒的是，烤鸡是一道很容易准备的菜肴，尤其是在你遵循以下几个诀窍之后。

首先而且最重要的是，选择一只好鸡，那种精心饲养的鸡。如今在哪里都能买到鸡，并且价格不贵，所以我们很少考虑它们的来源以及如何被饲养长大。不幸的是，如今大部分鸡都是在工厂里饲养的，它们被关在狭小的笼子里，被拔去尖嘴，吃着混合大量抗生素和动物副产品的饲料。这样的饲养环境非常糟糕，会给鸡带来很大压力（对工厂的工人也一样），因此肉的质量和味道都大打折扣。在有机农场散养的鸡，吃的是不含抗生素和激素的有机谷物饲料，生长环境更加开放，更加人性化，吃起来更加健康美味。选择这样的鸡才能做出真正美味的烤鸡。在有些农夫市集可以购买到这样的鸡，它们通常是一小群一小群在牧场上放养，味道很好。如果你附近的肉贩和市场不卖这种鸡，你可以创造需求，要求他们采购一些。

如果可能的话，在烤前1天甚至2天就给鸡抹盐调味。如果买来的当天就要烤的话，一到家就要尽快给鸡抹盐。盐分渗透进去后，能够使鸡肉变得更加鲜嫩多汁、美味可口。混合1½茶匙盐和¼茶匙现磨黑胡椒。将鸡肉包装打开，如果是用纸包的则展开放在纸上就好。将鸡翅尖转一下，塞到鸡身下面；这样做可以防止翅尖被烤焦。将混合好的盐和胡椒均匀撒在鸡上，里外都要撒，然后裹起来，放进冰箱。如果你喜欢的话，可以将香草和大蒜塞进鸡皮和鸡肉之间。轻轻将鸡皮拉松，将去皮并切成厚片的大蒜和新鲜香草枝塞到鸡皮下面，推至鸡胸和鸡大腿处。

烹饪前，至少提前1小时将鸡从冰箱取出。如果鸡肉内部温度过低的话，很难烤均匀，常常是外皮已经烤好，内部还没有熟透。将烤箱预热至200℃，将鸡放在和它大小相仿的耐热烤盘里。如果烤盘过大，烧烤时流出来的鸡汁很容易烧焦冒烟。用陶锅或烤盘就可以，耐热长柄煎锅或派模也行。在烤盘里抹点油，将鸡放进去，鸡胸朝上，烤20分钟后将鸡翻转至胸脯朝下。翻面能够帮助鸡肉内的汁水和脂肪循环，使鸡肉烤得更加均匀，同时将整只鸡的外皮烤得金黄酥脆。20分钟后再将鸡翻转一次，使鸡胸铺朝上，直到烤熟。

1只1.6～1.8千克的鸡需要烤1小时左右。烤制50分钟后开始检查鸡肉的熟烂程度。当鸡腿不再呈粉红色，鸡胸仍柔软多汁，就说明这只鸡烤好了。随着经验的增长，你慢慢就知道如何仅用眼睛观察就能判断是否烤好，但一开始你可能需要做一点测试。不要犹豫，用刀切开看看。通常鸡腿是最后烤熟的部分，因此用刀在鸡大腿和小腿连接处切一刀，此时鸡肉应该滚烫，但不再呈红色。在烤了无数只鸡之后，现在我只通过眼睛就能判断。当鸡小腿处的皮开始从肉上分离，就说明烤好了。我还会扭一下鸡腿，如果它活动自如，不会回弹，就可以进一步确定。将鸡烤透非常重要，但同样重要的是不要烤过头。要是因烤过头而变得干巴巴的，就可惜了。

将烤好的鸡放在温暖处静置10～15分钟再上桌。这样做能够使鸡肉的汁水沉淀，稳定烤鸡内部的温度，鸡肉也比一出烤箱就切开要鲜嫩多汁。将鸡移到1个温热的大盘子上。撇去烤盘内的油脂，将剩下的汁水做成酱汁或浇汁，然后倒进小罐里一起端上桌。

切开烤鸡时，先从鸡大腿和胸脯之间的皮开始。要将烤鸡放回烤盘切，因为会流出很多汁水。将鸡身立起来一点，沥干里面的汁水，再从烤盘中拿出。一只手将鸡腿扭出或拉出，另一只手拿刀，找到鸡大腿的关节，果断地一刀切下，将鸡腿分离。分离鸡小腿的时候，一只手拿住裸露的小腿骨头，另一只手从关节内部切开。切鸡胸时，由鸡胸顶端的叉形骨开始，刀尖沿着鸡胸骨两边滑下，然后沿着叉形骨向鸡翅方向切开。将刀插在肉下面，将鸡胸肉从骨架上撬起。最后，将鸡胸肉顺着连接鸡翅的关节处往外拉，鸡胸肉和翅膀一起切开。鸡胸脯可以切片也可以沿对角线切半，将连着鸡翅的一半切得相对小一点。保留鸡架和剩下的杂碎，用来煮高汤非常棒。

烤鸡时流出的汁非常美味。撇过油、刮去烤盘上的焦块之后，我会在烤盘里兑入一些鸡高汤，煮至浓稠。对于刚刚端出一只烤鸡的厨师来说，最好的奖励就是用一块酥脆的面包蘸上香浓的鸡汁，这是我的最爱！

烤鸡

4人份

取：

1只1.6～1.8千克的整鸡

掏出内脏。鸡腔里通常会有大块的油脂，取出丢弃。转动鸡翅尖，塞进鸡身下面，以免烤焦。在条件允许的情况下，提前一两天腌制调味。

将鸡身内外都抹上：

经验法则

20 分钟朝上
20 分钟朝下
20 分钟后再朝上

盐和现磨黑胡椒

轻轻盖好放入冰箱。至少提前 1 小时取出，打开包装并放入 1 个涂过油的烤盘中，鸡胸朝上。烤箱预热至 200℃，烤 20 分钟，翻面，继续烤 20 分钟。然后再翻转回胸脯一面朝上，烤 10～20 分钟至熟。将鸡取出，静置 15 分钟后切开。

变化做法

◆ 烤之前将几枝百里香、香薄荷或迷迭香塞进鸡胸脯和鸡大腿处的皮下。

◆ 将切厚片的大蒜塞到皮下，加不加香草皆可。

◆ 将香草塞进鸡腔，可以让鸡肉在烤的时候吸收香味。不要吝啬，要将整个胸腔塞满。

烤肉

将新鲜香草枝放在烤肉上，洒上橄榄油，是快速美味的腌渍法。

烹制得当的烤肉是一道高雅又简单的菜肴，在聚会时可以喂饱一大群亲朋好友，值得学习。如果知识不足，烤肉会是一项很有挑战性的工作，所以这里教你一些做出美味烤肉的基本原则。

我知道这些话有些重复，但真正的好肉永远来自那些本地出产的在牧场长大、吃有机饲料的动物。工业化的农场也许能够产出更加经济的肉类，但是对土地、动物、食用者及生产者的健康不利，付出的代价太大。那些人道环境下饲养的动物不仅更加美味，而且你购买它们的行动也支持了生活社区中那些照料土地的人，制造了良好互惠的关系。因此，寻找提供这类肉制品的肉商和市场，真的很有必要。

买肉时，既可以选择带骨的也可以选择不带骨的。带骨的肉烤好后更为美味，因为骨头可以帮助保持肉中的汁水。羊腿、羊肩、羊排、羊里脊、猪里脊、猪肩、牛排都是可以带骨烤的部位。为了吃的时候切起来方便一点，可以在上桌前把骨头剔除。或直接将肉切片，摆在温热的盘子里上桌，这是我最常用的方法。

提前调味，会让烤肉更加多汁、细嫩、美味。通常提前一天抹盐就可以了，但提前两三天也无不可，尤其烤大块肉时。新鲜香草制成的腌泡汁或涂抹在肉上的干燥腌料要提前几小时甚至头天晚上就准备就绪。

用细长锋利的刀才能切出漂亮的烤肉片。在磨刀棒上磨几下可以使刀保持锋利。

即读温度计是检查烤肉温度的好帮手。

经验法则
烤肉内部温度：
羊肉，三分熟 53℃
牛肉，三分熟 49℃～52℃
猪肉，三至五分熟 57℃

提前将肉置于室温环境非常重要。冷肉放进烤箱会烤得很不均匀，常常外熟里生。因此至少提前 1 小时将肉从冰箱里取出，带骨头的肉则需要 2 小时。

190℃是烤肉的适当温度。选择 1 个比肉块大一点的烤盘，无须使用烤架；烤制过程中将肉翻转两次。第一次是烤制 20～30 分钟后，肉的表面已经烤成褐色时；第二次是再过 20 分钟之后，肉的另一面也烤成褐色时，将肉转回正面直至烤熟。这样做能够确保肉的表面均匀褐化，同时帮助肉中的汁水和油脂均匀分布。（如果肉块不大，可以在煎锅中放一点橄榄油，以大火煎至表面呈黄褐色，然后再放入烤箱。这样中间就不需要再翻面了，除非上面太焦。）如果烤的是整块羊排、整条带骨的猪里脊或牛排，将它们骨头朝下放在烤盘里，这样能够组成 1 个天然的"烤架"，烤的时候无须翻转。

如何知道肉是否烤好了呢？我会戳一下烤肉，看是否烤熟，之后再测量一下肉的内部温度来确认自己的判断。可以将即读烤肉温度计插进烤肉，它能够立即显示内部温度。最精确的测量方法，是将温度计以和骨头平行的角度插进肉最厚的地方（但不要碰到骨头）。你要测量的是烤肉内部温度最低处，因为这是最后烤熟的地方。羊肉需要在内部温度达到 53℃时取出，牛肉则需要 49℃～52℃，猪里脊为 57℃。这是三分熟的羊肉、牛肉和三至五分熟猪肉的温度。这种温度下的肉柔软多汁、风味十足。但是如果你喜欢更熟一些的烤肉，每多一分熟度要将烤箱调高 5℃，例如，五分熟的羊腿要在 59℃下烤。

烤好的肉要静置降温后再切开，这一点非常重要。这样能够使肉内部温度稳定，将汁水锁住。建议烤肉最少静置 20 分钟（静置时间更长也没关系，注意保温，不要太凉）。烤肉并不会在取出烤箱的那一刻就停止烹煮，静置的时候内部温度还会持续升高。如果你立刻将肉切开，烤肉内部会半生不熟，肉里的汁水也会更快流失，只能得到受热不均又干巴巴的烤肉片。

烤盘中沉淀的烤肉汁及一些盘底烧脆的焦块可以做成非常棒的酱汁或浇酱。撇去上面的油脂，将粘在烤盘上的焦块铲起来，需要的话，可加一些白葡萄酒。浇在烤肉切片上，或盛在小罐里一起端上桌都可以。

烤羊腿

10 人份

将羊腿放在一层厚厚的百里香或迷迭香枝上烤是为羊腿添加风味和香气的最佳方法。

静置时将一张锡纸折成"帐篷"，光面朝下盖在羊腿上，帮助保温。不过不要完全封住，否则羊腿会持续烹煮。

提前一两天，将：

1 只带骨羊腿（约 3.2 千克）

剔除多余油脂，用：

盐和现磨黑胡椒

调味。如果是去骨或是半去骨羊腿，需要用棉线将羊腿捆好，这样能够烤得更加均匀。盖好并放入冰箱冷藏。最少提前 2 小时从冰箱取出，放入 1 个与羊腿大小相仿的烤盘中。烤箱预热至 190℃，烤约 30 分钟，直至羊腿表面变成褐色，翻面，继续烤约 20 分钟，直至底面也变成褐色。再次翻面，烤至内部温度达到 53℃（用即读温度计测量）。45 分钟以后开始测量温度，烤熟 1 只羊腿大约需要 1 小时 20 分钟。关火后将羊腿放在温暖的地方静置 20 分钟。

切带骨羊腿时，一只手用餐巾或毛巾固定小腿骨，另一只手从骨盆底下沿着大块的圆形大肌肉切薄片，沿着与骨头平行的方向下刀（不要朝向自己）。转动羊腿，切较薄的一面。小腿部分可以沿着与小腿骨垂直的方向切。用薄刃利刀切片会更加容易。或者将肌肉块从羊腿上切下来，然后在厨房切片。

变化做法

◆ 将百里香干片、盐和胡椒一起抹在羊腿上。

◆ 羊腿从冰箱里取出静置时，滴一些橄榄油，然后将粗粗切碎的迷迭香抹在羊腿表面。

◆ 将磨碎的茴香籽、盐和胡椒一起抹在羊腿上。

◆ 将羊腿放在烧烤架上，以小火烤制。用迷迭香枝将橄榄油均匀刷在羊腿表面。

烤蔬菜

每当端上烤蔬菜的时候，客人们总是会问我："你是怎么做的这些蔬菜？太好吃了！"把蔬菜用油和盐拌一下然后放进烤箱，这就是我的答案。虽然客人们会挑起眉毛表示怀疑，但这确实是真的。烤蔬菜就是非常简单美味。蔬菜在烤制过程中味道会增强，烤焦的边缘又增加了甜味，口感更好。烤蔬菜只需要使用少量的油，因此十分清淡。基本上，所有的蔬

菜都可以烤，只要加点盐和橄榄油，或者拌上大蒜、香草和香料，添加一些风味。烤蔬菜的重点是所切的形状，所加的调味料和油，以及烧烤的温度。

冬季根茎蔬菜应该先削皮再切成小块，不过较小的可以整个烤。胡萝卜、芜菁、芹菜根、芜菁甘蓝、欧防风、大头菜，烤过后都非常好吃。将不同种类的蔬菜切成大小相仿的小块，这样受热比较均匀，可以同时烤好。避免将边缘切得太薄，否则很容易在中心还未烤熟之前就焦了。也不要将蔬菜切得太小，否则会烤焦，只剩一点柔软美味的部分能吃。

将切好的蔬菜放在大碗里，加入盐和橄榄油，用手或汤匙搅拌均匀。之后只要再裹上薄薄一层油就可以了，如果油分集聚在碗底就说明油加得太多了。拿一块尝尝是否调味得当，继续加盐，直到味道合适。将蔬菜平铺于浅烤盘中。带边的烤盘搅拌起来更加容易，还能防止蔬菜烤干。

将蔬菜放入预热至 200℃ 的烤箱。如温度过低，蔬菜还未熟透时水分就会烤干，吃起来会像皮革一般干硬；如温度过高，则蔬菜会外煳内生。烤的过程中将蔬菜搅拌若干次，将烤盘边缘的蔬菜推至烤盘中心，烤至内部柔软，表皮略呈褐色。将刀尖戳进蔬菜内部，检查一下是否烤熟，或者直接尝一块（确保已经冷却）。注意不要烤过头，有点焦能够为蔬菜增添甜味，但如果烤得太焦味道会变苦。

马铃薯可以整个烤。挑选新鲜的小马铃薯（手指马铃薯或奶油球大小的马铃薯都非常适合），洗净，削不削皮皆可，视个人喜好而定，放进边缘和马铃薯一样高或稍微高一点的烤盘中，撒盐调味，再淋上一些橄榄油。加入一头以上的大蒜，分成蒜瓣，但不需要剥皮，以及加入几枝新鲜香草。烤的过程中不时摇晃一下烤盘，如果上面或底部烤得太焦，就翻一下面。

小一点的冬南瓜，如嫩南瓜和青南瓜，可以切半烤过之后直接端上桌。将南瓜切半并去籽，放进一个涂过油的烤盘，切面朝上，淋上橄榄油并撒盐调味，然后再翻转南瓜，使切面朝下，送进烤箱烤软。未削皮的冬南瓜或嫩南瓜切半去籽，切成片后摆在涂过油的烤盘里，烤熟的南瓜皮很柔软，完全可以食用。南瓜也可以切成小方块烤，用大量新鲜的鼠尾草叶搅拌调味的南瓜是最棒的。

肥美的芦笋也很适合烤，掰掉粗糙的根部，削去外皮后用油和盐搅拌

可以烤的蔬菜
抱子甘蓝
芦笋
胡萝卜
芜菁
芹菜根
芜菁甘蓝
欧防风
大头菜
马铃薯
南瓜
大蒜
西蓝花
茄子
小茴香
洋蓟
洋葱

在烤盘里铺一层烘焙纸，可以防止蔬菜粘在烤盘上，清理起来也方便。

调味，味道好极了。用柠檬和百里香为芦笋调味非常有意思。选择大一些的芦笋，太过细小的芦笋烤过之后容易萎缩变干。烤西蓝花时，要削皮并将根茎切成厚片，西蓝花的花冠则分成小朵，淋上油并调味。茄子可以切成大滚刀块，也可以切厚片，放在涂过油的烤盘里，淋一些橄榄油并撒盐调味。茄子一开始可能会粘在烤盘上，但变成褐色、焦糖化后，会很容易从烤盘里取出。淋上醋，撒上切碎的香草（例如罗勒），以室温上桌，作为开胃菜。

烤根茎类蔬菜
4人份

将蔬菜切成大小形状相似的块状，烤起来会熟得均匀。

在 1 个大碗中搅拌：

3 根中等大小的胡萝卜，削皮并切成 1 厘米厚的片

1 个小芹菜根，削皮，切成 4 瓣，再切成 1 厘米厚的片

2 个中等大小的欧防风，削皮并切成 1 厘米厚的片

加入：

适量盐

橄榄油，够包裹蔬菜即可

摊开铺在 1 个浅烤盘中。以 200℃～220℃烤约 25 分钟，偶尔搅拌，直至软烂。

变化做法

- 将蔬菜切成不同形状，例如 1 立方厘米的小块或 5 厘米长的小棒。
- 用其他蔬菜替代，例如芜菁甘蓝、大头菜、小茴香或芜菁。
- 在切好的蔬菜中加入新鲜的牛膝草叶、百里香叶或香薄荷叶，和盐、油一起搅拌调味。

◆　轻轻用研钵及研杵捣碎 ¼ 茶匙小茴香或小茴香籽，加入盐和油，和蔬菜搅拌均匀。

◆　将蔬菜从烤箱中取出时，将 2 瓣剥皮切碎的大蒜或 1 汤匙切碎的欧芹，或两样一起趁热拌入刚刚烤好的蔬菜中。

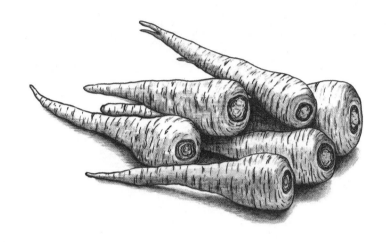

煎 锅

◆

炒花椰菜
煎猪肋排
面包屑鱼排

　　煎锅是厨房里的主力工具。炒蔬菜、炒虾、煎猪排和牛排、炸面包屑鲽鱼排、炸马铃薯脆片，这些都是用炒锅在火上快速烹饪而成的。英语中的"炒"（Sautéing）源自法语词"sauter"，意为"跳跃""飞跃"，是用大火和少量的油直接在火上快速地将食物烹熟的方式。炒是将食材切小块并快速在炒锅中烹熟，而煎则是将大块一些的食材放在炒锅中，翻面一两次。煎需要在锅里放更多油，但不要没过食材，炸才需要用这么多油。煎的食材通常要用面粉或面包屑裹住，它们需要更多的油脂使裹粉变酥脆，也使它们免于直接接触炒锅。煎炒时须集中注意力。在开火前就将餐桌摆好，因为这类食物应该立刻从锅中盛到盘子里，在仍然鲜嫩多汁、热气腾腾时端上桌享用。

炒

炒菜是令人兴奋的烹饪法。所有的感官都会集中在高热的大火、噼啪作响的炒锅、不停地搅拌翻炒，以及食物变得焦黄时产生的味道和最后的菜香，全部都是愉悦的体验。

切成小块的肉、鱼、贝类及蔬菜最适合炒来吃。在烧热的炒锅中倒入油，加入食材搅拌翻炒。煮熟的时间很短，肉和菜依然能够保持鲜嫩多汁的口感。炒锅的边缘是圆的，比方形煎锅和平底煎锅更容易翻炒搅拌，需要时后两者也能应急。

我炒菜时几乎都是用橄榄油，尤其是炒蔬菜的时候，但我会注意观察炒锅的热度，以免油温过高。

炒菜时，将大量食材一起倒入锅内（但不要过量，以免难以翻炒），快速翻炒，让每块食材表面都能够接触热锅。锅内的温度要够高，并且要在加入食物前将火调大，这样才能使食物迅速煮软，否则它们会出水，减少褐变的机会，也会增加粘锅的可能。食物倒进炒锅时，应该发出令人兴奋的嗞的一声。想检查锅是否够热，可以滴入一两滴水试试。

炒菜要使用不容易冒烟的油，澄清黄油就不错，但普通黄油非常容易烧焦，即使和植物油混合使用也一样。油不需要加得太多，只要盖过锅面，以免食材粘锅就够了。有时一些食材会吸掉所有油分，开始粘锅，这时再加入一些油就好了，要顺着锅沿倒进锅里，让它有时间在倒入的时候升温。

盐和胡椒可事先加，也可开始煮的时候加，其他大部分调味料都是在将近炒好的时候才加入，以免烧焦。在一些食谱中，需要将蒜和姜放入热油中煸出香味，在加入主要食材前捞出。开始炒菜前要将所有食材备好，因为一旦开火你就没有时间找了。

炒花椰菜

4 人份

这道菜可以作为美味的配菜，也可以当意大利面酱，和大块的面拌匀。

将：

1 个大的或 2 个小花椰菜

去除叶片。用小尖刀切除底部的根茎。由上至下切分成 0.5 厘米厚的片（如果花椰菜太大，可以先切半再切片）。

取厚底锅，用中高火加热：

2 汤匙橄榄油

待油升温，但还没冒烟的时候，倒入花椰菜和：

盐

让花椰菜在锅中静置一会儿至焦黄，再开始翻炒。不断搅拌翻炒至菜变软，大约 7 分钟。如果菜开始变碎，不用担心，那是这道菜的迷人处之一。尝一下味道，如果不够咸，可再加点盐。最后淋上几滴：

特级初榨橄榄油

变化做法

◆ 当花椰菜还剩大约 1 分钟炒熟时，加入切碎的大蒜与 1 汤匙切碎的欧芹。

◆ 上菜前撒一把烤面包屑（见 61 页）。

◆ 有一道意大利经典菜，是加入欧芹、大蒜、切碎的盐渍鳀鱼和酸豆、红辣椒面和粗粗切碎的橄榄。佐意大利面吃会非常美味。

◆ 在烹煮的最后几分钟撒入现磨小茴香、切碎的大蒜、姜黄和切碎的香菜，翻炒均匀。

煎

嫩肉块最适合煎，例如鸡胸、牛排、猪肋排。如果烹饪得当，肉的外皮焦褐酥脆，内部柔软多汁，令人垂涎欲滴。有了煎肉，准备晚餐就变得轻而易举，因为肉类可以快速煎好，基本不需要什么准备工序。想煎得完美，最重要的是用厚底锅、大火和切得很薄的肉。

为什么使用厚底锅很重要呢？你有没有用薄底锅做菜，结果烧焦的经历，而且烧焦的形状与热源的形状一模一样？这是因为薄底锅将炉火热量直接传递给锅内的食物，而不是将热量均匀散布开来。厚底锅能够将大量热量从炉子传送到锅底，这是煎与炒的重点，因为锅底需要够热才能将食物烹熟，但不会烧焦。

假如我只能有一口锅，那一定是铸铁煎锅。厚铁锅导热均匀，是将食物煎炸至焦黄的最佳工具。另外一个优点是，开过锅的铸铁锅基本上不会粘锅。次于铸铁煎锅的是带有不锈钢涂层的厚铝锅或铝心煎锅。铝的导热性极佳，而不锈钢又是非常好的烹饪用材料，不会和食物起反应。除了要够重之外，边缘也应该浅一些，这样煎炸的时候不会起蒸汽。

因为煎的时候需要高温大火，所以选择切得较薄的肉比较好。猪肋排要一两厘米厚，牛排厚度不要超过 2.5 厘米。如果肉太厚的话，高温大火会在内部还没煎熟之前就把表面煎得又硬又干。（烹饪厚切肉排的好办法，是先用大火将两面快速煎至焦黄，然后连锅一并送进预热至 190℃的烤箱烤熟。或煎黄之后转小火，盖上锅盖将肉煮熟。）想煎得均匀的话，肉的厚度要一致。煎鸡胸时可以轻轻拍打较厚的部分，使它变平，这样会煎得更加均匀。

煎食物的头一分钟最重要，特别是煎肉类的时候。选用厚底锅，在倒入油和食材之前将锅预热，这一步很关键。

把所有食材都准备好再开火是明智的做法。油要放在手边，肉应该调好味，如果你准备做酱汁的话，材料也应该放在一边。先将锅预热，锅热了再倒油能够快速煎炙肉的表面，使它不粘锅底。否则，肉会出水，从而导致粘锅。当锅预热好以后，倒入一点油，可以是植物油和黄油的混合物（只用黄油的话很容易烧焦）。锅预热之后再倒油，油才不会在你准备好前就开始冒烟烧焦。煎的时候锅内只需要加一点油，盖过锅底即可。几秒钟之后，油开始沸腾，再将肉放入锅中。

肉要在锅底单层放，每块之间留点空隙。如果太挤或层叠，释出的汁水会阻碍肉表面均匀变黄；如果肉太少、锅面露出的面积太大，这些地方的油就会烧焦冒烟。必要的话，可以分批煎或用两口锅同时煎。

将肉煎至底面焦黄。两三分钟后，将肉掀起看一下底面的变化。如果焦黄太快就将火力调小，如果没有什么变化就将火力调大。翻面时可用烤肉夹或长柄尖头的叉子。通常情况下，大部分肉煎好一面需要四五分钟，鸡胸带皮的一面可以煎得久一点，大约 8 分钟，肉质柔软的一面略煎几分钟即可。我建议保留鸡皮，好处是能够防止肉变干，还能增加风味。如果你不喜欢吃鸡皮，煎好之后撕去即可。

用手指压一下肉，检查是否煎熟，越生肉质越软，烹煮过程中肉会越来越有韧劲。不要害怕将肉切开一点看看里面是否煎熟。鸡胸和猪肋排在我通常会在烹饪之前将肉用盐腌过，有时还会加一些切碎的新鲜香草。

比起刚刚从冰箱取出的肉，室温下的肉更容易切得均匀。

肉的中间或骨头附近保留一点点粉红色的时候最为鲜嫩多汁。煎好之后从锅中取出，静置约 5 分钟，利用余热将肉再微微烹煮一下，使里面的汁水稳定下来。这是至关重要的一步。

接下来可以直接在热锅里做酱汁。倒入一些清水、葡萄酒或高汤，加热至水分蒸发约一半，将粘在锅底的焦脆小块刮下来。如果你喜欢的话，可以搅入一点黄油，并倒入烤肉静置时流出的汁。我通常会在煎好的肉上撒一些切碎的大蒜和欧芹。

煎猪肋排
4 人份

取：

4 块 1 厘米厚的猪肋排

以：

盐和现磨黑胡椒

调味。用中火预热一口厚底煎锅，倒入：

盖过锅面的橄榄油

放入猪肋排，将一面煎约 5 分钟至焦黄。翻面继续煎，如果需要的话，可以再翻一次面使肉煎得更加均匀。将猪肋排静置约 4 分钟再上桌，使肉变软。

变化做法

建议选择以传统方法养殖的猪肉，这种肉极其美味。

- ◆ 用切碎的欧芹、大蒜或柠檬皮做装饰（这种切碎的混合物叫作格莱莫拉塔酱，是意大利北部常用的经典香草酱，见 221 页）。
- ◆ 佐鼠尾草黄油酱、辣椒黄油酱、小茴香黄油酱、迷迭香黄油酱或其他香草黄油酱（见 46 页）。
- ◆ 煎之前在猪扒上拍上一些香草叶，鼠尾草、迷迭香、牛膝草或香薄荷都很不错。
- ◆ 做一道简单的酱汁，倒入半杯高汤或清水，加热至液体减半，加入 2 茶匙法国第戎芥末酱和 1 汤匙黄油，搅打均匀。加盐调味并品尝味道，上桌前搅入猪肋排静置时渗出的肉汁。

浅炸

浅炸，顾名思义就是比煎或炒需要的油更多，但又比炸所需的油少。大部分食材在油炸前，需要裹一层面包屑或裹（或撒）一层面粉。这层裹粉会变成金黄色，锁住食物的汁水，做出香脆多汁的菜肴，例如炸鸡、吉列猪排、炸西葫芦和炸面包屑鲽鱼排。

你的目标是让裹粉轻盈、均匀，完整不破碎，就像一层薄薄的外衣。撒粉前先用盐和胡椒调味，然后拖进面粉里沾一下或拌进面粉中，甩掉多余的粉。有些食物可裹好粉之后直接炸，例如薄薄的鱼排。其他食物，尤其是那些烹饪时间较长的，裹好粉之后最好静置 1 小时，让表面干燥硬化，例如带骨鸡块或整鱼。裹好粉的食物不要相碰，否则会粘在一起，炸的时候容易破（有个简单的方法，将面粉倒进一个坚固的纸袋，放入鸡块摇晃）。

用自制新鲜面包做的面包屑裹粉出乎意料地美味。

面包屑比面粉更容易烧焦，包裹的肉类最好切得够薄，这样可保证食物在面包屑烧焦之前烹熟。用盐和胡椒调味，喜欢的话还可以添加各种香草。要使面包屑粘牢，食物表面必须均匀湿润。先蘸上面粉，然后在加了点清水搅打的蛋液里蘸一下，最后放在干燥的新鲜面包屑里滚一下（或者拍一遍，可以用粗玉米面代替面包屑。）为了防止手指在这个过程中沾满面包屑，可用一只手在面粉和面包屑里滚食物，另一只手蘸取鸡蛋液。裹好面包屑之后静置 1 小时左右，外皮会更加酥脆。静置时要确保裹好面包屑的食物之间不相碰。

浅炸时，选择烟点高的油类，如纯橄榄油或花生油，或能够添加醇厚味道的澄清黄油。你也可以使用其他油类和澄清黄油的混合物。猪油、牛油、鸭油及鹅油（或鸡油）都是可以使煎炸食物特别美味的油。马铃薯是少数几种炸之前不需要裹面粉或面包屑的食物之一，用澄清黄油和鸭油的混合油来炸尤其美味。

厚底锅能均匀地热油，锅的边缘要低，以便翻转锅内的食物，并能防止产生蒸汽。锅内的油必须要到食物的一半高度，大多数情况下为 0.5～1 厘米，否则油没浸到的部分会炸不熟。将油加热至高温但尚未冒烟，轻轻将食物放入锅中。锅内不要太挤，如有需要，可以分批放入，炸至焦黄酥脆后翻面，将另一面也炸至酥脆。观察火候，如果食物过快变焦，则将火调小；如果一两分钟后还没有变黄，则将火调大。如果吸油太快，再倒入一些，要保证锅内的油量足够。需要炸制较长时间的食物，例如鸡块，可能需要多翻几次面。完成之后，从锅内取出，放在纸上或吸收力较强的毛巾上沥干就可以上桌了。

面包屑鱼排

4 人份

用盐和胡椒腌制：

4 条鱼排，每条约 140 克

混合搅打：

1 个鸡蛋

1 汤匙清水

在浅碗中均匀撒上：

2 杯新鲜面包屑，磨成细末

在鱼排上撒一层：

面粉

裹粉步骤
撒面粉
裹蛋液
裹面包屑

抖掉多余的面粉，蘸取蛋液混合物，最后裹上或拍上一层面包屑。（一只手拿干材料，另一只手蘸取蛋液。）放入冰箱干燥 1 小时（避免让鱼排粘在一起，否则将无法均匀干燥）。

用厚底浅锅加热：

澄清黄油，或植物油和黄油的混合物，0.5 厘米深

待油热但尚未冒烟时，将鱼排放入锅中，炸至金黄酥脆，约 3 分钟。翻面，炸至另一面也变得酥脆。将鱼排取出，放在吸收力较强的毛巾或纸上沥干，然后立即上菜。

变化做法

◆ 裹粉之前，在鱼排上撒上切碎的嫩香草，例如细叶芹、小香葱、欧芹或龙蒿，单独或混合使用均可。

◆ 在面粉中加入一撮卡宴辣椒粉或红甜椒粉。

◆ 用盐和胡椒给鱼排调味时，撒上一些刨碎的柠檬皮。

◆ 用粗粒的玉米面代替面包屑。

◆ 想做裹面包屑炸生蚝的话，用 12 只开好的生蚝代替鱼排。和鱼排一样，佐塔塔酱（见 215 页），非常美味。

澄清黄油

澄清黄油是将所有乳固体和水分去除了的黄油。因为乳固体烧焦的温度很低，因此将它们分离出去之后黄油仍然美味，非常适合煎炸和烹炒。

制作澄清黄油：在小厚底锅中用中火熔化黄油，加热至黄油中的乳固体从油分中分离，呈淡金黄色，需要 10~15 分钟。将黄油过筛，去除牛奶固体，剩下金黄透明的澄清黄油。在冰箱中冷藏可以保存几个月，因此值得一次做 0.5 千克或更多。

紧要时刻，你可以很快地做出半澄清黄油。将黄油用小火加热至熔化，当固状物开始形成并且浮在表面时，捞起撇去。虽然黄油里仍然有一些残留的固状物，但能够将绝大部分去除。然后在黄油中兑入一点植物油一起炸。可以使用这个方法煎炸那些烹饪时间较短的裹了面包屑的食材。

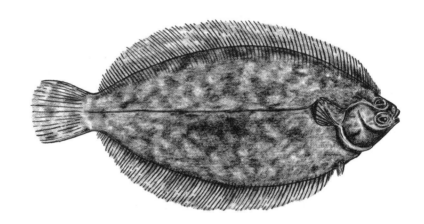

慢火烹调

焖鸡腿

炖牛肉

干辣椒焖猪肩

　　没有什么能比炉子上或烤箱里静静地小火慢炖着一锅美食更让人感到幸福和满足了。温热的香气飘散在空气中，令人得到抚慰。晚餐正在炉子上煮着。一块简单实惠的肉在潮湿的热气中慢慢转变，逐渐柔软，从骨头上剥落，浸泡在浓郁美味的酱汁中。我喜欢这种便捷和经济的烹调方式，既没有昂贵烧烤的张扬浮夸，也没有炒菜最后一刻的紧张刺激。将所有食材集合起来，在一口锅里慢火烹调，不需要一直在炉边看着。你可以提前做好，需要时再加热，完全不用担心，还会更加入味。

焖煮和炖煮

草饲牛肉的味道非常鲜美，而且肉质更瘦，能够做出鲜嫩多汁的焖牛肉。

简单的香草束可以只包括几枝欧芹、百里香和月桂叶。

焖煮和炖煮是缓慢温和的烹调过程，用少量液体的潮湿热气，在加了盖子的锅中煮。大块带骨头的肉通常采用焖煮的烹饪方式，而炖肉则是将肉切成大小相仿的块状，所用的液体大致能够没过肉块，比焖煮法多一些。（鱼和蔬菜也可以用类似的方法烹调，但由于更加细嫩，烹饪时间不需要像肉类那样长。）焖和炖的基本成分是肉、芳香蔬菜、香草和香料之类的调味料，还有液体。

价格实惠的肉最适合慢火烹调，因为它们粗硬的结缔组织会在烹饪过程中慢慢溶解，产生丝滑的质感和浓郁的味道。瘦肉或大部分是肌肉的肉块，会在慢火烹调下收缩并挤出里面的水分，留下像拧干的毛巾一样的肉。粗硬一点的部位，例如肩膀、小腿、大腿和尾巴（即活动最多的部位）有许多胶原组成的肌腱和韧带，这些胶原在液体中长时间煮过会慢慢变成胶质。而周围的瘦肉纤维会吸收这些风味十足的骨胶，变得鲜嫩美味。并且，酱汁也变得浓稠鲜美。

洋葱、芹菜、胡萝卜、小茴香和大葱，称为芳香蔬菜。它们可以长时间烹煮，也可以为焖肉或炖肉增添风味和质感。做好之后，可以捞出去除，也可以留在菜肴里。它们可以是生的，或稍微烹调过，甚至煮得有点焦黄，加入锅中可煮出清爽的酱汁。一般情况下，蔬菜颜色越深，酱汁的颜色也越深，而且味道更加浓郁。但是如果焦得过头，就会变得苦涩。

添加几枝新鲜香草，散着放入或用棉线捆绑成香草束。香草束更容易捞出，但如果之后要过滤汤汁或想做乡村风格的菜肴，我通常懒得拿棉线把香草捆起来。捞出香草束的时候，记得要好好按一下，使里面充满风味的汤汁留在锅里。干香草味道强烈，容易盖过菜肴本身的香味，因此加的时候要谨慎一点，烹饪 30 分钟后开始尝味道，如果需要可以再添加。香料最好整粒加入，尤其是黑胡椒。如果你不想让它们在酱汁上四处漂浮，可以用纱布包起来。

葡萄酒、高汤和清水是焖炖食物时最常使用的液体。葡萄酒能提供酸度和果香，倒入之前有时需要先煮沸减量，使风味浓缩，可以用番茄或几滴醋代替。高汤能够提供清水所不具备的深层风味和浓厚口感。鸡高汤和任何肉类都很搭，和某些鱼类搭配效果也不错。否则，在牛肉里加牛肉高汤，羊肉里加羊肉高汤，以此类推。

用来煮肉的葡萄酒不需要很高级，但需要达到单独饮用也很可口的品质，不甜且充满果香，没有强烈的丹宁或橡木的味道。

无论陶锅、珐琅铸铁锅还是金属锅，最适合焖炖的锅要够重，因为厚重的锅能够缓慢均匀地加热。选择一口刚好能放进所需烹调的肉的锅。越大的锅需要的液体越多，会稀释酱汁中的风味；太小的锅会使肉都挤在一起，难以均匀受热，而且也没有空间放足够的酱汁。大小合适且密闭的空间最适合让用微火加热的液体保持稳定。密闭的锅盖是最理想的，不过松一些的也可以用，没有盖的话可以用锡纸代替。锅的深度需要能够盛下肉和液体，但又不能过深，否则肉和锅盖之间的空间过大，液体很容易蒸发，导致肉变干。如果你不得已要使用很深的锅，剪一块和锅内直径一样大小的烘焙纸盖在肉上，再盖锅盖。

准备焖或炖之前，先用盐和胡椒给肉调味。想要更入味，就提前一天腌好。肉在焖炖之前通常要煎至焦黄，这样看起来更加诱人，也能为酱汁添加风味和颜色。如果可以的话，最好用焖炖的同一口锅来煎肉，否则用厚底锅，例如铸铁锅。首先将锅烧热，倒入油，然后放入肉，就像炒菜一样。不要让肉全部挤在锅里，否则它们会出水，很难上色。花点时间将肉的每面都煎至上色，按需要分批煎。全部煎好之后捞出，关火，倒掉多余的油，在锅还相当热的时候，倒入葡萄酒或其他液体。随着液体开始升温冒泡，将粘在锅底的焦黄小肉渣刮下来，它们能够为酱汁添加丰富的味道。这个步骤叫作"溶解食材精华"。一定要将这些肉渣刮下来，如果留在锅底，就算煮几个小时都无法为酱汁添加风味。

如果要加蔬菜，将溶解食材精华后做成的酱汁倒在焦黄的肉上，将锅擦拭干净。热一点油，加入蔬菜，按菜谱要求烹制。将蔬菜、肉和酱汁一起倒进深锅，然后倒入高汤或清水。焖的话，液体应该到肉的一半高度；炖的话则应该几乎没过肉，但不要完全浸没。将液体煮沸，火调小，用最小火将肉煮软，也可以放入预热至150℃的烤箱。不时检查以确保烹调的速度没有太快，以及液体的高度没有下降太多。如果减少太多，则再多加一些。

有些菜谱需要一些额外的食材，例如蔬菜和培根，先分别用其他方法烹调，再放入焖好或炖好的肉里。这样做能够让蔬菜保持新鲜完整。例如烤小马铃薯和蒸芜菁能够为炖牛肉增加丰富性，当季首批收获的豌豆和蚕豆会使焖羔羊肉更为清新爽口。煎小洋葱、炒蘑菇、煎培根都是做法式焖如果你有火炉和荷兰焖锅，试试在烧炭上焖一锅肉。木头的味道能够给肉带来令人意想不到的美味。

酒鸡的必备食材，这道经典的法国名菜是用红葡萄酒焖鸡肉。在炖肉或焖肉上撒一些切碎的嫩香草叶，能够增加新鲜感，或者将切碎的欧芹和大蒜混合在一起（也可以加一些刨碎的柠檬皮），在最后一刻撒进锅里。

为了能够将美味的酱汁全部吸收利用，除了焖肉或炖肉，还可以佐意大利面或鸡蛋面、蒸马铃薯或马铃薯泥、肉菜饭、玉米糕或抹了蒜泥的烤面包。

焖鸡腿

鸭腿也可以用同样的方式焖，但焖的时间要更长。

一旦准备齐全，焖鸡腿只需要不到 1 小时就能做好，而且几乎可以与任何香草、香料和蔬菜混合。鸡肉滑嫩多汁，酱汁浓郁美味。鸡腿肉最适合焖制，不过偏爱白肉的人也可以加一些鸡胸肉进去。只是要记得，如果想要鲜嫩多汁的口感，胸肉烹饪时长要比腿肉短许多。

首先用盐和胡椒为鸡腿调味。如果时间允许的话，就提前一天做好。鸡腿可以整只焖，也可以将大腿和小腿分开。用中火加热铸铁锅或其他厚底锅，倒入大量的油，皮朝下，将鸡腿煎至金黄。如果想要更多风味，可以将黄油和植物油混合后煎制，大约 12 分钟后，鸡皮会变得金黄酥脆。进行这一步时要慢慢来，否则最后你会很失望，因为如果鸡皮没有煎出足够的颜色，焖的时候很快就会褪色，让人失去胃口。鸡皮变得焦黄之后，翻转鸡腿，快速地煎另一面，大约需要 4 分钟（因为这一面没有鸡皮，鸡肉焦得很快）。

　　将煎好的鸡腿从锅中取出，倒掉多余的油。加入葡萄酒、番茄、高汤或清水，将食材精华（粘在锅底的焦黄小肉渣）刮起，溶入汤汁。将芳香蔬菜用油稍微炒一下或直接加入锅中。将鸡腿全部皮朝上码放在蔬菜上，倒入溶解了食材精华的汤汁、高汤或清水，大约到鸡腿一半的高度。开火煮沸，然后转微火，盖上锅盖煮45分钟，或放入烤箱以160℃烘烤。

　　从锅中捞出鸡腿、香草枝、月桂叶或香料包（压出里面的汤汁）。将剩下的汤汁过滤一次并撇去油脂。尝一下，按需加盐。将所有食材放到一起，加入分开烹制的蔬菜，立刻上桌或需要时再加热。如果汤汁过多，可以煮到汤汁减少、味道浓缩。盐也会浓缩，因此在汤汁减少之前不要加太多盐。

　　焖制鸡胸肉时要连着皮和骨一起焖；它们会给肉添加风味，让肉软嫩多汁。从关节处将鸡翅的前两段切除，剩下的鸡胸部分可以整块焖，也可以切成两半，较厚的一边切小一些。将鸡胸和鸡腿一起调味，煎至焦黄。等鸡腿焖30分钟后，再将鸡胸渗出的汁水一起加入锅中。

　　还有一种焖鸡腿的方法：将鸡腿放进烤炉，加盖，烤至变软，开盖，再煎黄。这种方法适合一次性大量烹调，但不适合做鸡胸肉。将调好味的鸡腿皮朝下，和香草、香料一起摆放在芳香蔬菜上（生熟皆可，视所选用的菜谱而定）。倒入足量葡萄酒、高汤或清水，直到没过鸡腿一半的高度。想节省一些时间的话，可以将高汤煮沸后再倒入。盖好锅盖，送进预热至175℃的烤箱，烤40分钟至鸡腿变软。打开锅盖，将鸡腿翻面。如果锅中汁水没过鸡腿，可以倒出一些，让鸡皮完全露出来，倒出的汤汁可稍后使用。将鸡腿放回烤箱，不要加盖，烤大约20分钟，至鸡皮焦脆。将酱汁过滤后盛盘。

番茄洋葱大蒜
焖鸡腿

4 人份

将：

4 只鸡腿

用：

盐和现磨黑胡椒

调味，可能的话提前 1 天。中火加热厚底锅。倒入：

2 汤匙橄榄油

将鸡腿放进锅中，鸡皮朝下，煎至焦脆，约 12 分钟后翻面，继续煎 4 分钟。取出鸡腿，加入：

2 个洋葱，切厚片（或大块）

烹煮约 5 分钟至透明。加入：

4 瓣大蒜，切薄片

1 片月桂叶

1 枝迷迭香枝

煮 2 分钟。加入：

4 个番茄，切大块，或 1 小罐（340 克）整颗的番茄罐头，切块（包括里面的汁水）

煮 5 分钟，将附着在锅底的焦脆小肉渣全部刮起来。

将煎好的鸡腿码放在锅，鸡皮朝上，将静置时渗出的汁水一并加入。倒入：

1 杯鸡高汤

液体高度应该到鸡腿一半，如果需要可以加入更多。煮沸，转小火煮。盖上锅盖，用微火煮开，或送进 160℃的烤箱烤 45 分钟。完成之后，将焖煮的汤汁倒进小碗，撇去油脂。捞出月桂叶和迷迭香，尝一尝味道并加盐调整。将汤汁倒回锅中，上菜。

剩下的焖鸡腿可以切成小块，做成美味的鸡肉沙拉（非常适合作为午餐便当）。

变化做法

◆ 在洋葱中加番茄之前，倒入 ⅓ 杯干白葡萄酒，煮至酒量蒸发一半。

◆ 完成后撒上 1 汤匙切碎的欧芹和 1 瓣切碎的大蒜。

◆ 用 2 块鸡胸代替 2 只鸡腿。先煎至焦黄，等鸡腿焖 30 分钟后再加入一起焖。

◆ 用罗勒、牛至或牛膝草代替迷迭香。

炖肉

炖带骨头的肉时，每人约450克；不带骨头的炖肉约340克。

适合炖煮的肉有牛尾、牛腱、牛颈、牛小排、猪肩、牛脸、羊肩和羊颈。这些部位有很多结缔组织和脂肪，非常柔软美味。炖肉的时候要将肉切成小块。带骨头的部位，如牛小排和羊腿，可以请肉商帮忙切成5厘米长的块。不带骨头的部位，如牛颈或牛肩，则切成三四立方厘米的小块。如果想要乡村风格的炖肉，可以将肉块切大一些，小于这种尺寸的话容易在烹调过程中碎掉。如果你买的是已经切好的肉，问清楚肉的部位。大多数肉柜会将牛腿肉切成小块，但我认为这个部位的肉过瘦，会越炖越干，难以做得美味。你可以买一些牛颈肉，请肉贩帮忙切成肉块，或买一大块自己在家切。

用盐和胡椒给肉调味。如果有时间，尽量提前一天调味。如果用腌泡汁调味的话，要不时搅拌，这样才能吸收得更加均匀。放入腌泡汁中的任何蔬菜我都会事先用点油炒一下，这样味道更浓郁。放凉之后再加到炖肉里。

用大量的植物油、猪油或脂肪将肉煎至上色。不要将肉码得太挤，如果需要的话，可以分批煎。只要锅内的油没有烧焦，就可以重复使用。如果烧焦的话，则需要将油倒掉并把锅擦拭干净，加入新鲜的油继续煎。肉全部煎好之后，将锅内多余的油倒掉，加入葡萄酒、番茄、鸡汤或清水，溶解锅底的食材精华焦块。牛小排和牛尾是我最爱的炖肉，因为它们的酱汁非常可口。煮之前可以先用烤箱烤，将烤箱预热至230℃，将肉块平铺在烤架上，烤架放入浅锅，送入烤箱烤至肉变焦黄。不过，使用这种方法的话，就没有可以溶解食材精华的酱汁了，但比在炉火上煎更为简单快捷。

如果要把芳香蔬菜留在锅里，可将它们切成中等大小的均匀的块状；如果最后要扔掉，则保留大块，以便取出。将蔬菜、肉、溶解食材精华的酱汁一并倒入锅中。选择一口足够大的锅，将肉摆放成两层或三层。如果将肉堆放得更高，上层的肉还没炖熟时底层就已经煮烂了，就算搅拌也帮助不大，而且还会大大增加粘锅和烧焦的机会。按照菜谱的要求加入高汤或清水，大约到肉的顶部，但不要将肉全部浸没。如果用大半由酒组成的腌泡汁的时候，我会先烧开蒸发掉一半水分，再加入锅中。这样做可以去除酒里的刺鼻气味，也能够留出更多空间给肉汤，做出更加浓郁的汤汁。

将液体煮沸，转至微火，然后盖上锅盖。如果需要，在火上放一个隔火器，以免炖肉过度沸腾。你也可以将锅送进预热至 160℃的烤箱。炖的时候，火开得太大则肉很容易炖烂破碎，汤汁也会乳化（脂肪和液体混合在一起，变成浑浊的乳白色）。要不时观察锅内液体是否减少，需要时加入更多鸡汤或清水。

炖到肉质酥软，需要 2～4 小时，具体取决于肉块本身。用长叉子或小刀戳到肉上时，应该没有任何反弹阻力。炖好之后，尽可能撇去汤汁里的油脂。最好等到汤汁已经不再冒泡，稳定下来再撇去油脂。可以将汤汁过滤，不过要小心，因为炖好的肉非常细嫩，一碰就散。如果不是当天食用，可以将炖肉放进冰箱冷藏，等油脂凝固之后再轻轻舀出。

如果汤汁过于寡淡或水分太多，用一份面粉兑一份软化的黄油，搅拌均匀后加进去，能够使汤汁变得浓稠一些。将混合物一点一点地搅进煮开的汤汁中，每次加入后煮 1 分钟，只需要让酱汁稍浓就可以了。我认为这种方法胜过煎肉时撒面粉。

加热炖肉时，试吃并用盐调味，加入分别煮好的蔬菜。这样一锅炖肉就制作完成了！上桌前可以撒上一些香草（也可以不撒），同时准备一些可以蘸酱汁吃的食物。

快要炖好时要多观察几次炖锅内的情况。确认肉是否炖够时间、肉质是否变软的最佳方法就是尝一小块。

炖牛肉

4 人份

有香气的整瓣大蒜能够为炖锅中的其他食材增添微妙的风味。

将：

1360 克草饲牛颈肉

切成约 4 立方厘米的小块。

用：

盐和现磨黑胡椒

调味，尽可能提前 1 天准备。

取厚底锅，用中高火烧热：

2 汤匙橄榄油

加入：

3 片培根，切成 1 厘米长的小段

煎至微黄但不至脆硬。取出培根，加入肉块，煎至每面焦黄酥脆，如需要可分批煎。将煎好的肉放入厚锅或烤盘，倒掉多余的油，将火转小，加入：

2 个洋葱，削皮并切成 4 瓣

2 瓣大蒜（塞进洋葱块中）

2 根胡萝卜，削皮并切成 5 厘米大的小块

2 枝百里香、2 枝香薄荷、2 枝欧芹

1 片月桂叶

几颗胡椒粒

加热至微黄，倒入装牛肉的锅中。将锅放到炉火上加热。倒入：

3 汤匙白兰地（可选）

此时可能产生火焰，因此要格外小心。加入：

1¾ 杯红葡萄酒

用旋转式刀刃很容易削出像纸一样薄的橙皮。

加热至液体蒸发 2/3，将粘在锅底的焦黄小肉渣刮下来，淋在牛肉和蔬菜上。加入：

3 个番茄，新鲜或罐装的皆可，切块

1 小头大蒜，掰开蒜瓣，剥皮，大致切碎

1 小片橙皮

2 杯牛肉高汤（或鸡高汤）

检查液体的深度，应该要到牛肉的 3/4。如果不够，可以再加。将锅盖盖紧，以微火炖煮，或置于预热至 160℃ 的烤箱里烤两三个小时。不时检查，确保不要煮沸，且锅中有足够的液体。肉炖软之后，关火，静置几分钟。撇去油脂，捞出月桂叶、蒜瓣和胡椒粒。尝一下味道，根据需要加盐调整。

上菜前撒上：

1 汤匙切碎的欧芹

一两瓣大蒜，切碎

变化做法

◆ 煮好前 30 分钟，拌入半杯带核的小黑橄榄。如果使用去核橄榄，在关火之后加入即可。

◆ 用 ¾ 杯白葡萄酒替代红葡萄酒，煮至水分蒸发一半。

- 做整块炖肉时，让牛肉保持完整，不要切成小块。牛下臀、腩肉都可以和牛颈肉一起焖炖。液体应该有牛肉的一半高。烹调时间要延长 1 小时。
- 用半杯清水泡发 ¼ 杯的牛肝菌，约 10 分钟。沥干后大致切碎，和 2½ 汤匙番茄酱（取代番茄）一起放入锅中。如果泡牛肝菌的水中没有什么沙土的话，可以用来代替一些鸡汤。省略橙皮。

焖烤猪肩

　　这是烹制猪肩、羊肩、牛肩的绝佳方法。它将烤和焖的优点结合在一起，做出使人垂涎欲滴的金黄色烤肉，入口即化，酱汁浓郁。将浸泡在少量液体中的肉放置在烤箱中，不加盖，干热的烤箱使肉的大部分表面变成金黄，脂肪熔化，同时底部在风味十足的汤汁中慢炖。大约 1 小时后将肉翻面，使焦黄的部分浸在汤汁中吸收水分和风味，同时将另一面烤至焦黄。从这时起，将烤肉在汤汁里反复翻面，有时烤，有时焖。肉浸在液体中时，会吸收蔬菜和酒中的糖分，这些糖暴露在干热的烤箱中时会变成焦糖，形成迷人的金黄色脆皮，再次翻转至酱汁中时，这层皮会防止肉烧焦。

　　任何肩胛部位的肉都适合焖。想要更多的风味的话，尽可能选择带骨头的肉（叫作"带刃肉"）。这种肉煮过后质地很软，很容易从骨头上拆下来。如果肉店没有处理脂肪的话，将肉块表面多余的脂肪切除，然后用盐和胡椒调味。还可以在肉上涂抹干燥调味料增添风味，例如香草、磨碎的香料、混合了盐和胡椒的辣椒。或者用磨碎的大蒜、香草、香料，以及一点橄榄油做成调味酱，抹在调过味的肉上。这一步要提前完成，时间允许的话最好提前一晚，使风味渗进肉里。

　　将芳香蔬菜切成大块，码放在比肉块略大一些的厚底烤盘上。加入需要的香草和香料，将调好味的肉放在蔬菜上，有脂肪的一面朝上。倒入液体（葡萄酒、高汤或清水）到肉的四分之一。不加盖，在 190℃ 的烤箱中将焖过的肉撕碎，用来做三明治的馅料、鸡蛋面酱汁、意大利面饺、小圆面饺的馅都很不错。

烤约 1 小时。将肉翻面，继续烤 30 分钟，然后再翻面一次烤 30 分钟。此时检查肉的熟烂程度，用长叉子或尖刀戳进肉里时，没有任何反弹即可。如果需要煮更长时间，则继续每隔半小时翻一次面至煮熟。烹调时间可能会长达 3 小时 30 分钟，视烤肉大小而定。

烹饪期间要留心观察锅内的液体，视需要随时添加。有时液体会有一些欺骗性，因为烤肉熔化的脂肪会使液体表面看起来比实际高。用汤匙测量并估计真实的深度，如有需要立即添加。如果锅中的水分全部蒸发，蔬菜和肉会粘在锅底烧焦，上菜时也没有酱汁可以配肉吃。

煮好之后，将肉从锅中取出。将酱汁过滤，如果蔬菜已经失去味道或你不想吃的话，可以捞出丢掉；或者用食物研磨机打碎后放回撇去油脂的酱汁中。重新加热酱汁，将肉切片盛盘，将酱汁倒在肉上或盛在小罐或酱碗中，和肉一起端上桌享用。

干辣椒焖猪肩

4 人份

安可辣椒有强烈的甜味且辣度不高，墨西哥烟熏干辣椒则有烟熏风味且辣度相当高。

不加辣椒的焖猪肩也相当美味。

混合下面的干燥香料：

　　1 汤匙盐

　　¼ 茶匙现磨黑胡椒

　　1 汤匙切碎的新鲜牛膝草或牛至

　　1 茶匙磨碎的安可辣椒粉

最好提前一天用干燥香料涂抹并腌制：

　　1800 克带骨猪肩肉，切除表面多余的脂肪

盖好并放进冰箱冷藏，烹饪前 1 小时取出。

取大小合适的厚底烤盘或烤锅，加入：

　　2 个洋葱，去皮并粗粗切碎

　　1 根胡萝卜，去皮并粗粗切碎

　　3 根安可辣椒干，切半，去籽

　　1 根墨西哥烟熏辣椒干，切半，去籽

　　1 头大蒜，去皮并粗粗切碎

　　几粒黑胡椒

　　几枝新鲜牛膝草或牛至

预热烤箱至190℃。将调好味的肉放置在蔬菜上，倒入：

2 杯鸡高汤（或清水）

检查液体量，高度应该在烤肉的四分之一处，不够的话按需要添加。烤 1 小时 15 分钟后，将肉翻面继续烤 30 分钟，然后再一次翻面。在这个过程中不时检查液体量，如果太少则加入更多高汤或清水。继续烤 30 分钟，检查肉的熟烂程度，持续翻面，直到烤熟。将烤好的肉从盘中取出。过滤汤汁，撇去油脂。将蔬菜放入食物处理机磨碎，然后倒回过滤好的汤汁中。除去骨头，将肉切片，摆放在温热的盘子里。上菜时，将汤汁倒在肉上或盛在小罐或酱碗中，和肉一起端上桌。

变化做法

◆ 使用不同种类的干辣椒组合。

◆ 上菜前撒上切碎的新鲜牛膝草或牛至。

◆ 将 4 瓣大蒜捣碎，搅入干燥香料，加入 2 茶匙橄榄油，抹在肉上调味。

微火煨煮

水波蛋苦菊沙拉
浅煮鲑鱼
水煮餐

　　微火煨煮和水煮都是将食物浸泡在液体中小火加热的烹调方法。水煮法是用最微弱的火力细细地加热，锅中液体的表面不会冒泡。用这种方式烹调的鸡蛋味道棒极了，鲑鱼块也是。微火加热时，火力稍微调大一些，使液体表面能偶尔冒出泡泡。这种方法非常适合将鸡肉、雪花牛肉、一两条香肠及一些可口蔬菜一起煮。这道菜被美国人叫作"水煮餐"，不过更浪漫的名字也许是法式菜肉浓汤（pot-au-feu）或意大利蔬菜烩杂肉（bollito misto）。不过，不管在哪里吃到，不管叫什么名字，这种用微火煮出的味道浓郁的肉汤和鲜嫩多汁的肉都绝对不容错过。

水波蛋

水波蛋既容易做又营养丰富、经济实惠，可以搭配任何菜肴。将水波蛋摆在涂过黄油的松软面包上就是一份完美的美式早餐；浸在一碗微微冒泡的鸡汤中就是一份营养丰富的午餐，令人感到温暖幸福；摆在用温热的油醋汁和培根调拌的法式皱叶菊苣上就是我最爱的晚餐沙拉，鸡蛋使包裹在菜叶上的油醋汁更为浓郁。

打破蛋壳，将蛋滑入清水、高汤或酒中，煮至蛋白渐渐凝固、蛋黄热透就好了。煮的时候，液体温度应该很高，接近但略低于沸点，液体表面不能冒泡。用这样的温度加热，能使蛋白保持柔软，也能让蛋在烹煮过程中保持完整。新鲜的鸡蛋最好，打进盘子里时，啫喱状的厚实蛋白紧贴着深橘色的蛋黄，丰盈饱满。放置了一段时间的鸡蛋，风味会变淡，蛋白变得稀薄，边缘像水一样，很难煮好。

使用导热均匀的厚锅煮蛋能够防止粘锅。如果没有厚锅，则在火炉上放隔火器。用较浅的锅子，从热水中捞出鸡蛋时会容易一点。我通常使用浅缘汤锅，在锅中倒入 5～7.5 厘米深的水，然后加 1 大瓢醋，用中火加热。醋能够加速蛋白凝固，防止它们被水冲散。要选择味道好的醋，因为你会在蛋上尝到一点它的味道。我会在 4 杯水中加入 1 汤匙醋，不过如果你非常喜欢鸡蛋上有醋味（醋的味道很好），可以加更多。如果水波蛋是放在浓汤或肉汤中，则不要加醋。

将鸡蛋一个个分别打进杯子或小碗中，小心不要碰破蛋黄，这样可以轻松取出碎蛋壳，如果不小心碰破蛋黄，可以将它放在一边另做他用。当水已经很热但还没有开始冒泡时，将杯子举到和水面同高，然后缓缓滑入水中。这种轻柔的入水方式能够帮助鸡蛋保持完整。1 分钟之后，可以轻轻搅一下水，以防鸡蛋粘到锅底。不过要十分小心，因为在蛋白完全凝固之前鸡蛋是非常脆弱的。如果水面开始沸腾，则将温度调低一些。

烹调时间视鸡蛋的数量、大小及入水前的温度而定。平均说来，一只刚刚从冰箱中取出的大个鸡蛋大约需要煮 3 分钟，此时蛋白会开始凝固而蛋黄还保持柔软。想要硬一些的鸡蛋，可以煮 5 分钟。

检查鸡蛋的熟度时，用漏勺将鸡蛋舀起，用手指轻轻按压，看蛋白和蛋黄的凝结程度。小心将煮好的鸡蛋捞出，放在纸巾上沥水，再轻轻吸干表面的水。一次做多个水波蛋时，可以将刚出锅的蛋放在温热的水或高汤中保温，同时煮下一批。

水波蛋苦菊沙拉

4 人份

将：

2 大棵苦菊

表面深绿色的叶片去除。将每片叶子分开，洗净、沥干。

将：

2 片培根

切成 7 厘米的小段。取小厚锅，用中火加热：

2 茶匙橄榄油

放入培根并煎至焦黄变软，不要焦脆。从锅中盛出。将锅中的油倒出并留待后用。

制作酱汁，拌匀：

1 汤匙红葡萄酒醋

1 汤匙第戎芥末酱

盐

现磨黑胡椒

1 瓣大蒜，压碎

搅入：

2½ 汤匙橄榄油

1½ 汤匙培根油

品尝味道并按需要加入盐和醋。

在一口厚烧锅中倒入 4 杯清水，加入：

1½ 汤匙红葡萄酒醋

加热至将要沸腾，滑入：

4 个鸡蛋，去壳

煮 3 分 30 秒到 4 分钟。用漏勺捞出并保温。在大碗中倒入油醋汁（捞出压碎的蒜瓣），加入培根，然后将大碗放在盛满热水的锅内加热。加入沙拉叶并搅拌均匀。将拌好的沙拉分盛在 4 个温热的盘子中。轻轻将水波蛋表面的水分吸干，每盘沙拉上放 1 个鸡蛋。在蛋上磨一点点胡椒，立即上菜。

变化做法

◆ 很多绿叶蔬菜都很适合做这道沙拉，菠菜、宽叶莴苣、蒲公英叶、柔软

　　的意大利红叶菊苣（例如卡斯泰尔弗兰科红叶菊苣或糖棒红叶菊苣）。

◆　　这种温沙拉也可以不加水波蛋。

◆　省略培根，在酱汁中多加点橄榄油，代替培根油。

◆　做一些乡村面包干，趁热拌入蒜泥。在面包干上加点油醋汁，然后和
　沙拉叶一起搅拌均匀。

煮鱼

　　鱼尤其适合水煮，因为它细腻的味道和质地能够在温热的液体中保存
完好。将鱼浸泡在温度很高但没有沸腾的液体中煮，可以使鱼肉保持湿嫩
且口感清淡。鲑鱼、大比目鱼、鳕鱼、鲽鱼、鳟鱼都非常适合水煮，既可
以整条煮也可以切成鱼排或与鱼块。从简单的盐水到加了葡萄酒的可口蔬
菜汤（法式清汤，见 320 页）都可以用来煮鱼。因为煮鱼味道清淡，食用
时最好佐以简单的酱汁，例如黄油酱、蛋黄酱，或各种青酱。

　　还有另一种煮鱼的方法，与将整条鱼浸泡在液体中煮的经典做法有一
点不同，特别是准备随意的餐饭时，我称之为"浅煮"。这种方法不需要
制作特别的高汤，从将鱼放入锅中到捞出上桌不过几分钟的时间，而且还
可以将煮鱼水制作成简单美味的酱汁。在一口浅缘厚锅中倒入 5 厘米高的
水，或鱼的一半高即可。加一大匙优质白葡萄酒（或少量葡萄酒醋），一两
枝欧芹、小茴香或百里香，或混合使用，再加一大把盐。有时我会放一两
片柠檬，沸腾后立即转小火。将事先用盐腌过的鱼放入，煮几分钟。小心
翻面，将鱼煮熟。烹煮期间确保水没有沸腾。约 1 厘米厚的薄鱼排需要煮
5～7 分钟，厚切鱼排可能需要 12 分钟才能煮熟。可以戳进鱼身检查熟度。

　　煮好之后，用漏勺将鱼盛到温热的盘子上。制作快捷酱汁，转大火，
将锅内的液体蒸发掉一半。准备好 2 块切成小块的黄油，一点一点搅打或
搅入水中。关火，将锅从火炉上移开，再将最后一点黄油溶解在汤汁中。
品尝味道，根据需要挤几滴柠檬汁或加一把盐，或一起加入。将酱汁倒在
温热的鱼上就可以上菜了。

　　很薄的鱼排，例如鲽鱼排可以用更少的水烹煮，并且在一开始就放入
黄油。在厚锅中倒入 0.5 厘米深的水，加盐调味，然后放入一两枝新鲜香
草。倒入一些葡萄酒或葡萄酒醋和 2 汤匙黄油，用中火加热至将要沸腾，

放入调过味的鱼排并且盖上锅盖，煮四五分钟至熟，不时查看火候和温度。将鱼捞出，转大火，将酱汁煮沸变稠。品尝味道并按需要调味。将酱汁倒在鱼上就可以上菜了。

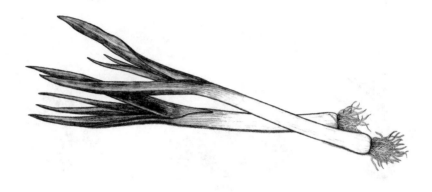

浅煮鲑鱼

4 人份

将：

4 块（140 克）鲑鱼片或

2 大块（340～400 克）鲑鱼排

抹上：

盐

在厚底锅中盛入到鱼一半高度的水。加入：

¼ 杯干白葡萄酒

2 枝欧芹

2 枝百里香

一大撮盐

煮沸后立即转小火。放入鱼排，煮约 3 分 30 秒（鱼排要多煮一两分钟），将鱼翻面，煮熟，约 3 分钟。保持火候，使锅内的液体够热但不沸腾。将鱼盛在温热的盘中。制作快速酱汁，将液体煮沸减半，搅打或搅入：

4 汤匙（½ 条）黄油，切成小块

品尝味道，根据需要加入：

盐

柠檬汁

将酱汁倒在温热的鱼上。

变化做法

◆　用 1½ 汤匙白葡萄酒醋代替葡萄酒。

◆　在水中加入 2 片柠檬薄片。

◆　用其他香草代替，小茴香、罗勒、龙蒿、细叶芹和牛膝草都很美味。

煨菜肉

　　水煮餐，更准确地说叫煨煮餐，是将肉和蔬菜一起用微火煨至软嫩的菜肴。这样煮出的肉汤清澈香浓，肉质软嫩湿润，能轻易用叉子穿透，是抚慰人心的菜肴，让身心得到滋润。锅里可以放入不同种类的肉，其中通常需要一块充满胶质的肉，为汤汁添加浓度，还需要一块带骨头的肉来增添风味。我最喜欢用的是牛小排、牛腩、牛脸、牛小腿、牛尾、牛颈、牛舌、鸡肉（鸡腿或整只鸡）、香肠或白菜叶包香肠。

　　水煮餐通常用汤作为第一道菜，然后再端上肉和蔬菜，但我更喜欢整锅一起端上桌，将肉和菜放在一只深汤盘中，然后再倒上一大匙肉汤。用来佐肉的配料通常有粗粒海盐、酸黄瓜和某种辛辣的酱汁，如青酱、第戎芥末酱、山葵泥（磨碎的山葵中加入鲜奶油、一撮盐、几滴白葡萄酒醋），或是用酸豆调味过的番茄酱。

　　肉提前几天用大量盐和胡椒腌制会更加美味多汁。如果有牛舌的话（我喜欢在水煮餐中加入牛舌），要至少提前 8 小时用盐水浸泡，对它进行清理和调味。买肉时，可以买富余很多的量。剩汤能够做出美味的汤和意水煮餐不是只有冬天才能享用的菜肴。我喜欢在一年中的不同季节用当季的蔬菜组合来做。

大利炖饭；剩肉切片后，加不加热皆可，无论佐墨西哥青酱，夹在三明治里，还是切碎都很棒。

在经典菜谱中，水煮餐是用清水做的。但是我更喜欢用鸡汤，或一半鸡汤一半清水，做成更加浓郁清甜的肉汤。这道菜的制作方法很简单，但需要花几个小时慢慢煨煮。让锅子处于刚刚烧开的温度，只是有泡泡冒出水面。如果用沸水煮，会使得肉质变得又干又硬。牛舌、香肠和白菜的味道会盖过肉汤的香味，所以要与牛肉和鸡分开煮。香肠和白菜可以用另一种做法，用白菜叶将香肠包起来非常好吃。在肉即将煮好的时候加入蔬菜，这样可以为肉汤带来新鲜清甜的味道。

水煮餐

8～10 人份

以下是 1 份水煮全餐的菜谱，传统的意大利蔬菜烩杂肉包括不同部位的牛肉、1 条牛舌、鸡腿、香肠、酿白菜（包馅的白菜）。这道丰盛的菜肴也可以简化成最简单的水煮牛肉和胡萝卜。虽然食谱有点长，但其中很多步骤都可以提前准备，牛肉和牛舌可以分别提前煮好，保存在它们的汤中；而香肠、酿白菜和蔬菜则最好留待最后准备。烹煮的时间并不重要，一旦所有食材都烹调完成，准备吃之前，将所有肉和蔬菜和汤一起加热后端上桌享用。

提前一两天，将：

1.4 千克草饲牛小排、牛腩或牛颈

4 只鸡腿

以：

盐

现磨黑胡椒

调味。混合：

4 汤匙盐

2.3 升清水

将：

1 条草饲牛舌，约 1 千克

放入盐水中浸泡一夜。烹调牛舌时，先将它从盐水中捞出，放入厚锅中，

倒入 5 厘米高的清水。煮沸，然后转微火，撇去浮沫。加入：

1 颗洋葱，切厚片

1 根胡萝卜，削皮

¼ 茶匙黑胡椒粒

3 颗多香果梅

4 枝百里香

1 片月桂叶

½ 杯白葡萄酒或 3 汤匙白葡萄酒醋

一大撮盐

煮至软烂，大约需要 5 小时。根据需要不断加入清水以使牛舌完全浸在微微冒泡的液体中。完成之后，静置降温，将厚外皮撕掉。倒掉液体。

与此同时，将调好味的牛肉放入一口 13.5 升容量的汤锅中，倒入：

2.3 升鸡汤

2.3 升清水

水应该没过肉 5 厘米。如果不够，可根据需要继续添加。煮沸，转小火，撇去浮沫。加入：

1 颗洋葱

2 颗丁香，塞入洋葱中

1 根胡萝卜，削皮

1 片月桂叶

用微火煨煮约 2 小时。不时撇去浮沫。

同时准备白菜。小心剥开：

1 个皱叶甘蓝

取 10 片完整的菜叶，在盐水中煮软，大约 4 分钟。

沥干水分并静置降温。将：

½ 杯新鲜面包屑（见 60 页）

⅓ 杯鲜奶油

混合均匀，浸泡 10 分钟。

同时，在另一个碗中轻轻混合：

340 克绞碎的猪肉或鸡肉

红色、黄色、白色的传统品种的胡萝卜可以丰富冬季菜肴的色彩。

2 块鸡肝，洗净并切碎

1 个鸡蛋

1 茶匙盐

¼ 茶匙现磨黑胡椒

1 茶匙切碎的新鲜百里香

搅入面包屑和鲜奶油混合物。在一口小锅中试着煎一小块肉馅，品尝味道并根据需要加盐。

将白菜叶上的粗茎清除，铺平摊开，然后盛一大匙肉馅，放在菜叶下端三分之一处。将叶子卷起，同时将两端分别沿卷起的方向向内折。用棉线轻轻捆住。

牛肉炖煮 2 小时后，加入鸡腿并继续炖煮 30 分钟。捞出开始烹饪时加入的洋葱和胡萝卜。

加入：

8 根小胡萝卜，削皮；或 4 根大胡萝卜，削皮并切半

4 大根或 8 小根大葱，修剪并清理干净

4 个中型洋葱，削皮并切半；或 24 个小型煮食洋葱，削皮

以微火煨至蔬菜变软但尚未成糊状，约需 30 分钟，煮好后一一捞出。

舀一点肉和菜的汤到一口小锅中，加热至将沸未沸，放入酿白菜以及：

四五根大蒜香肠

煨 20 分钟至熟。关火并保温。如果你喜欢的话，可以保留这些肉汤，另做他用。

等所有食材都煨好之后，将肉汤用细孔筛过滤，仔细撇去浮沫和油脂。准备上菜时，将肉和香肠切片，和蔬菜、酿馅白菜重新加热，淋上一些肉汤以保持湿润。热好后码在深盘或汤碗中，淋上 1 汤匙肉汤。根据需要和粗粒海盐、青酱、芥末酱一起端上桌。

变化做法

◆ 只用牛肉。选择 3.6 千克带骨肉，例如牛尾、牛小排；或 2.7 千克无骨肉，例如牛腩、牛脸、牛颈。使用无骨肉时，可以加几块带髓的骨头一起煮。

◆ 用 1 只整鸡代替鸡腿，省略牛舌。用微火煨约 45 分钟，静置降温。卸下鸡腿，如果还有些生的话则单独在肉汤中再多煨煮几分钟。准备上菜时，将鸡胸切片，鸡腿从关节处分成两半。用一点肉汤加热回温。

- 如果不准备酿馅白菜，可将 1 小棵白菜切块，跟肉分开用肉汤或清水煨熟。取出，上菜前和肉、蔬菜一起重新加热。

- 除胡萝卜之外的根茎类蔬菜都很适合煨煮及配肉吃，例如欧防风、芜菁甘蓝或芜菁等。

- 将肉汤加热并作为第一道菜，端上桌时加入煮熟的意大利面或烤面包干和刨碎的帕玛森干酪，将肉和蔬菜作为第二道菜。

炭火烧烤

香草烤西冷牛排
烤全鱼
烤杂菜

　　在篝火上烧烤是最原始的烹饪方法。火有转化食物的魔力。对于我和其他很多厨师而言，炭烤是我们最爱的烹调方式。它和用炉火、天然气或电烤箱烹调完全不同，有不可预测的野性和即时性，因此独具特色。所有的因素都要考虑好，炭火要时时看好。喜爱炭烤的厨师都本能地被火吸引，因为它温暖又带有社交属性，可以让人闻到烹饪食物的香气。我们都有一种与生俱来的本能，想拨炭火，嗅闻烟味，看着食物在炭火上炙烤。

学会烧烤

用烟囱形打火器点火非常容易，完全不需要用火机油助燃。

如果你能够找到葡萄藤、无花果或其他果树的木柴，会为烤架上的肉类、家禽、鱼类添加独特的风味。

我爱从点火、添煤到烤制的整个烧烤过程。准备一些上好的煤非常关键，用余火未尽的煤炭的辐热将食物烤熟，热源能持续在所需烹饪时间内提供适当的温度时，食物烤得最好。对我来说，烧烤食物的时候能接近炭火至关重要。我需要随时调整烤架下的炭火来控制热度，所以我每次使用无法接触炭火的封闭式火匣时都感到很沮丧。

我推荐带有厚重炉栅的烤架，可以在火上调节高度，让你调整下面的炭火。这种装置可以简单到只是用两摞砖头架起一个烤架，下面留出生火的空间即可。我用的是托斯卡纳烧烤架，这是一种简单的铸铁装置，可以架在火上，调节为三种不同高度。它几乎适合任何室内壁炉，在户外使用也很方便。我是在自家后院一块砖铺区域架设烤架的。这样的厚重烤架，功能与铸铁锅差不多，能够在表层保持高温，将食物烹饪均匀，同时还能烙出漂亮的十字花纹。

燃料我通常使用木炭块、硬木，或两者混合在一起。木炭块是不含任何化学添加物的碳化的纯木头，烧起来又热又快，大约20分钟就能做出可用的热煤块。仅使用硬木的话，需要40～50分钟才能烧出可用的炭。用木炭起火时，我会用烟囱形起火器。在上半部分中装木炭，然后用一张卷起来的报纸在下半部分点火。（它不会像火机油那样让食物沾上令人不愉快的汽油味。）当烧得通红发亮的木炭变成灰烬的颜色时就说明已经烧好。这些余烬大约会持续30分钟。我喜欢在烤架下面保留一块燃烧的木炭，当其他木炭烧完时可以作为补给，根据烤制的食物和所需的烹饪时间而定。煤炭烧好后，要么在主炭床周围加几块新炭，要么用两个烟囱起火器，在点燃第一个15～20分钟后再点燃第二个。一床好炭大约5厘米深，比烧烤的食物的边缘多2.5～5厘米。

一旦炭火均匀蔓延，就可以将烤架放上去烧热，同时要用钢丝刷将烤架仔细清理干净。放上食物之前，要在烤架上多涂点油，以免食物粘在烤架上，尤其是烤鱼的时候。可以用厨房纸或干净的抹布沾上油，擦拭烤架的表面，也可以用夹子抹。烤之前要检查一下火的温度。不同的食物需要用不同的温度烧烤。牛排最好用高火炙烤，鱼排也需要相当高的温度，但是鸡肉、香肠、汉堡肉饼、蔬菜、面包片最好用中火烤。如果火过大，食物很容易在烤熟之前就烧焦了。把手放在烤架上方约2.5厘米，如果你只能忍受 2 秒钟，就是大火；如果可以忍受 4 秒钟，就是中火。通过移动下面的炭块来调整温度，将炭块拨散能够降温，集中在一起或多加一点能够升温。你也可以通过调节烤架高度来调整温度，食物距离炭火越近，温度越高。

烤牛排　　　牛排和烧烤是完美组合，因为它肉质软嫩，分布有均匀的大理石花纹，切得又薄又平，简直就是为了在热木炭上烤炙而设计的。一块烤得恰到好处的牛排令人垂涎欲滴，外部焦黄酥脆，内里粉嫩多汁。难道还有比烤牛排加蔬菜沙拉更容易、更简单的晚餐吗？此外，清理时一点也不费力，轻松愉快。

各个部位的牛排基本都可以烤。最经典的有肉眼牛排、纽约牛排、菲力牛排、嫩牛排及丁骨牛排。也有许多其他更加经济的选择，烤起来同样美味。牛肩肉排、侧腹横肌牛排、腹肉牛排、侧腹牛排都是颇具风味的部位，西冷牛排、上腰肉排、三角肌牛排也同样美味。牛排可以单份烧烤，也可以将大块牛排烤好之后再切割分食。烤绑线的牛排时，最好切成 2.5～5 厘米厚。过薄的话很容易在表面还未焦黄时内部就已经熟了；过厚的话则很容易外焦里生。将多余的脂肪修剪掉，只留下 0.5 厘米厚的脂肪层；因为烧烤时熔化的脂肪越少，木炭爆燃的机会就越少。

牛排的调味很简单，只用盐和现磨黑胡椒即可，不过我很喜欢裹一层香草。我会将百里香、牛至、牛膝草等很多新鲜香草混合，什么样的组合都可以，但是一定要加入迷迭香，然后将它们和粗粒盐及现磨黑胡椒混合均匀。在烤前 1 小时左右，用一点橄榄油将它们涂在牛排表面。想烤得均匀，就要提前 30 分钟到 1 小时从冰箱中取出牛排，在室温下静置。

准备高温炭火，预热烤架并用钢丝刷清理干净。将手伸到烤架上方，可以忍受的时间不应超过 2 秒钟。在烤架上涂油并放上牛排，烤两三分钟，如果你想烤出漂亮的十字交叉花纹，就将牛排旋转稍微超过 90 度，然后继续烤。过两三分钟后，将牛排翻面。（如果牛排的边缘有脂肪，用烤夹夹住，让脂肪面在烤架上烤一两分钟，然后再翻至另一面继续烤。）另一面烤两三分钟后，旋转超过 90 度继续烤。再过 2 分钟开始检查熟度。

检测热度

2 秒钟 = 高温

4 秒钟 = 中高温

6 秒钟 = 中温

用食指或烤夹背面按压牛排，如果很软，就表示牛排还很生，有一点弹性时大约为三分熟，很有弹性时就是全熟了。你可以试着将牛排切开确认，但还是持续用按压方式检查。当你烤过几块牛排之后，不用切开你就能够判断了。在牛排快要烤到你想要的熟度前，就把它取下来，牛排内部的余温会在静置时继续烹煮。2.5 厘米厚的牛排烤一分熟需要 8 分钟，烤五分熟需要 10～12 分钟。

　　在烤牛排的过程中要控制好炭火，视需要移动炭块，让温度更高或更低。如果下面燃起火焰，必须立即将牛排移开，否则牛排表面很容易烧焦，形成一层苦涩的黑色硬皮。将牛排从烤架上取下之后，静置几分钟稳定内部汁水，然后端上桌，这样切割的时候汁水就不会流失太多。如果不是立即享用的话，可以用一张锡纸轻轻盖上保温，但是注意密封，否则牛排内部会继续加热。

对我来说，理想的牛排表面焦黄，满溢着香草味，内部只有一分熟。要烤出这样的牛排需要相当热的火。

香草烤西冷牛排

4 人份

我最喜欢用长柄夹为食物翻面。长柄夹轻便易用，也不会戳坏食物。

将：

　　1 块西冷牛排（570 克）

切成 4 厘米厚。

去除脂肪，只留厚约 0.5 厘米的脂肪层。在牛排上涂抹：

　　3 汤匙切碎的混合香草（迷迭香、百里香、牛至或牛膝草）

　　1½ 茶匙粗粒盐

　　1 茶匙现磨黑胡椒

淋上：

　　1 汤匙橄榄油

在室温下静置 1 小时。

准备些高温炭火。给烤架预热、清理及涂油。将牛排放在烤架上烤 3 分钟，如果想烤出十字花纹，可将牛排旋转约 110 度，继续烤两三分钟。将牛排翻面，重复以上步骤。在总共烤 8～10 分钟后检查烤熟程度。如果还未熟，则翻面继续烤。将牛排烤至一分熟需要 8～10 分钟，三分熟需要 10～12 分钟，以此类推。烤好之后，将牛排从烤架取下，静置 5 分钟后上桌。

烤鱼和
甲壳类海鲜

略带弹性的长柄金属抹刀
最适合翻转娇嫩的鱼肉。

　　鱼类和甲壳类海鲜都非常适合烧烤。灼热的炭火能够迅速锁住海鲜的汁水，同时炭烟能给肉提香。鱼可以切成块、肉排或整条烧烤；甲壳类海鲜，例如扇贝、生蚝，可以带壳烤也可以去壳烤；虾既可以剥皮烤也可以带皮烤。这些都可以用盐、黑胡椒调味，再滴几滴柠檬汁，简单又美味。不过也可以提前用橄榄油、香草、香气扑鼻的桃子莎莎酱（见 221 页）或新鲜番茄莎莎酱（见 221 页）、香草黄油酱（见 46 页）、伯纳西酱（见 219 页）或热黄油酱（见 218 页）制成的腌泡汁来调味。

　　热火烧烤对于任何食物来说都是最好的烹饪方法，不过整条的烤鱼是个例外。用手掌测试温度，将手掌举到烤架上方约 5 厘米高的地方，如果你只能忍受不到 2 秒钟就说明已经够热了。你应该预热、清理烤架，最重要的是涂油、然后放上鱼，这样可以防止粘连。鱼肉和鱼排应先用盐和黑胡椒调味，然后刷上一层油，再放到烤架上烧烤。或者可以用香草、香料、柑橘皮丝和橄榄油混合制成的腌泡汁浸泡调味。将鱼在腌泡汁中浸泡至少 1 小时，使味道渗进肉里。一块约 2.5 厘米厚的鱼排需要烤 6～8 分钟。如果连皮烤（鱼皮烤过后会变得香脆美味），将带皮的一面朝下放在烤架上，用大部分时间烤这一面。约 6 分钟之后开始检查是否烤熟，最后 1 分钟时翻面，将另一面也烤一下。去皮的鱼排每面需要烤三四分钟，约 2 分钟后转一下，这样可以烤出十字形花纹。约 6 分钟后检查是否烤熟，最后 1 分钟时将鱼翻面，将另一面也烤一下。用手指或金属抹刀按压鱼肉表面，或将刀戳进肉里查看是否烤熟。当鱼肉按下去有点硬但又有点湿润就烤好了。鲑鱼和鲔鱼烤至外部有点焦而内部半生、呈半透明状且带有光泽时最美味。要记得从烤架上取下后，鱼肉内部还会持续加热一阵。因此如果烤的时间过长，鱼肉很快会变干。

　　鱼排是横切的连皮带骨鱼块，至少 2.5 厘米厚。烤的方式和去皮鱼肉是一样的，不过需要在 5 分钟后翻面，8 分钟后开始检查烤熟与否。检查时可用手指按压鱼肉或在靠近脊刺处切入以观察内部。烤好的鱼肉应该很容易从骨头上分离，但仍然保持湿润。

　　整条鱼需要刮鳞并清除内脏，所有鱼贩都可以帮你做。可以的话，烤的时候尽量不要将整条鱼剔骨，也不要切掉头部，这样烤出来更加美味多汁。用盐和黑胡椒为鱼调味，或用上面介绍的腌泡汁腌渍，不时翻转以均

匀入味。在高热炭火上烤鳀鱼和沙丁鱼之类的小鱼时，可以穿在烤肉叉上，这样翻动更加方便（我喜欢用切碎的薄荷腌制新鲜鳀鱼，再置于高热炭火上炙烤）。烤较大的鱼时，要将鱼鳍和鱼尾剪掉（用厨房剪能够快捷地完成这项工作）。你可以在清空的鱼腹内塞入柠檬切片和香草。烤制整条鱼所需的时间较长，因此要使用中高温的炭火。翻转整条鱼时要小心，轻轻翻几次，以免鱼皮烧焦。在鱼身最厚的地方测量尺寸，每2.5厘米大约需要烤10分钟。我的一个好友会将抓到的大鱼清理干净并去鳞，再用茴香叶或香草枝整条包裹起来，放在烤架上烧烤，有时候是用自家柠檬树上的软枝叶包裹后再用湿润的棉绳捆起来烤。烧烤时这层绿叶的植物香气渗入鱼肉，美味极了。当鱼肉很容易从骨头上剥离下来时，整鱼就烤好了。如果外面包裹了绿叶，则在解开之后，将两块鱼排轻轻地从鱼脊骨的两侧分开，挑出鱼排中的骨刺。

去壳的扇贝、生蚝、鱿鱼、大虾（去壳或不去壳皆可）串在扦子上烧烤非常方便。将串好的海鲜用调味料、腌泡汁按个人喜好调味。以高温炭火快速烧烤的海鲜鲜嫩多汁。重复一遍，烤架经过预热、清理、刷油后能够使粘连的可能性减至最低。双壳蚌类，例如蛤蜊、贻贝、生蚝，在吐净沙子和杂质后就可以直接放在烤架上烧烤。大多数蚌类的壳一半较为平坦，另一半略呈圆形或杯形。将呈杯形的一面朝下放在烤架上，这样可以收集烤出的汁水。当壳打开后就烤熟了。

不要怕切开鱼肉检查烤熟与否，看看是否达到你想要的效果。

烤全鱼

4人份

鱼可以分离下来的肉占整条鱼重量的40%～45%。

请鱼贩帮忙刮鳞、去除内脏、修剪鱼鳍和鱼尾：

1条1.4千克的鱼，或2条0.7千克的鱼（例如石斑鱼、红鲷鱼、青鱼或银花鲈鱼）

在鱼表面和内部抹上：

盐

现磨黑胡椒

在鱼腹腔内塞入：

柠檬片

一大把茴香叶（野生或栽培的茴香，羽毛状叶片）或其他香草枝

尽可能购买最新鲜的鱼。询问鱼贩哪些是当天到货的。

在鱼的外部也撒上一些茴香叶或香草枝。

涂抹：

橄榄油

静置 1 小时左右。

准备中火。预热并清理烤架。用毛巾蘸油抹在烤架上，然后将鱼放在烤架上烤熟，烤制过程中不时翻转以免鱼皮烧焦。以鱼身最厚部位每 2.5 厘米烤 10 分钟的标准来测量并计算所需的烹调时间。当鱼肉可以轻松从鱼骨上剥离下来且肉质保持湿润就熟透了。此时将扦子戳进鱼肉内部，应该没有任何阻力。从烤架上取下，整条端上桌，或在厨房将鱼肉取下再上桌。佐以：

柠檬块

1 罐特级初榨橄榄油

变化做法

◆ 用塞进鱼腹所用的香草调制青酱（见 43 页），佐烤鱼吃。

◆ 烤之前，用茴香叶或香草枝将鱼包住，系上湿润的棉绳固定。

烤蔬菜

烤蔬菜时，炭火的温度至关重要。如果过热，会外焦里生。

蔬菜的风味能够通过烟熏的香气和烤架的辐热得到提升，完全不逊于肉类和鱼类，无论佐简单的青酱或油醋汁，拌进意大利炖饭，还是混合做烤蔬菜炖汤，例如烩杂菜或辣椒炖菜，都很可口。烤马铃薯可以做成美味的沙拉，加上炭烤小葱更加诱人。

不同种类的蔬菜烧烤方式也有所不同，有些蔬菜可以用多种方法烤。一般来说，烤蔬菜要用中温或中高温的炭火，温度太高的话很容易使蔬菜外焦里生。方便的是，刚刚烤过肉或鱼的烤架的温度通常很适合烤蔬菜。你也可以将煤炭分开，让它有几个不同温度的区域，有的区域高热，有的区域中高热，这样就可以同时烤蔬菜和牛排。用手掌测试温度，如果炭火是中高温的话，在烤架上方能停留 4 秒钟左右。清理、预热烤架，抹上油，然后将蔬菜放置在烤架上。

西葫芦、茄子、马铃薯及洋葱应该切成 0.5～1 厘米厚的片，形状、大小尽量一致。甜椒切成两半或者四瓣，除净籽。洋葱可以切片后串到扦子上，这样便于翻转。（扦子要在水中浸泡几分钟以免烧着。）加盐调味。这一步可以提前准备，但要记得盐会加速水分流失，因此当你准备烤的时候，见到渗出的水分不要惊讶。烤之前在蔬菜上多刷点橄榄油，也可以与切碎的香草拌匀。蔬菜片在烤架上烤过几分钟之后，旋转略微超过90度，以烤出漂亮的十字花纹。过几分钟后再次翻转蔬菜，烤出十字花纹。如果需要的话，可再翻转一次。在蔬菜片变软之后立即从烤架上取下。在蔬菜茎的末端检查熟度，因为这里通常需要烹调久一点才会熟。（再提一次，长柄夹是我最喜欢的烧烤工具，为蔬菜翻面十分轻松。）

　　叶片多的蔬菜，如小葱及菊苣块，最好先湿润一下，再放上烤架烤。刷油，然后洒一些水或用喷壶喷上一些水。烤的时候不时翻转，以免烧焦，你需要持续洒水或喷水以保持湿润。要加快烤的速度，可以在上面反扣一个金属碗，碗内集聚的蒸汽可以使蔬菜熟得更快。

　　有些蔬菜适合先用滚水煮软再放到烤架上烤，例如芦笋、大葱、小洋蓟和马铃薯，无论是整个烤还是切半皆可。为了便于翻转，可以用扦子将马铃薯和洋蓟串起来，要注意的是，串的时候尽量将切面保持在一个平面上，这样才能保证与烤架均匀接触。

　　番茄也可以烤，但要用大火烤。将番茄切半，放到烤架上，切面朝下。烤约3分钟，使切面烤炙，再翻转。烤完后记得将烤架清理干净，因为番茄通常会留下一些残渣和汁液。

　　茄子、西葫芦、甜椒等夏季蔬菜可以整个烤，但由于所需的烹调时间较长，应该使用中热的炭火，而不要用中高热的。在侧面切几道深口可以缩短烹调时间，同时防止它们因为内部集聚蒸汽而爆裂。玉米经过一番准备可以烤得非常成功。剥开外皮，但仍连在玉米棒尾部，清除玉米须。用盐和胡椒为玉米调味，如果你喜欢，也可以加一点辣椒或香草，刷上一层黄油或橄榄油，然后淋上一点水。再把外皮包回去以保护玉米的根部，用中温或中高温烤，不时翻转，烤约10分钟。大蘑菇可以切成厚片烤，小一些的可以整个烤或切半串在扦子上烤。烤之前刷一层油，再用盐和胡椒调味。在篝火上烤的野蘑菇可是令人难以忘怀的美味。

　　和蔬菜一样，面包也最适合用中热到中高热的炭火烤。如果切片较厚的话，则烤好之后再淋上油，不过如果切片较薄的话则最好在烤之前刷上

刚从火上拿下来的热乎乎的烤面包美味极了，可以淋一些橄榄油，然后再涂上一瓣量的大蒜末。

油。要烤的面包可以提前几小时切片并均匀刷上油，不过要将面包用毛巾包紧，以免面包片掉落和变形。

烤杂菜

4 人份

烤杂菜是一道色彩鲜艳、蒜香满满的菜肴，将夏季蔬菜在橄榄油和蔬菜自身的汁水中炖煮，最后加上罗勒。这里介绍的食谱改编自传统食谱，同样的夏季蔬菜先烤熟，再切成一口大小的块，与大蒜、罗勒、橄榄油混合。

准备所需的蔬菜，同时用盐调味。

将：

1 个中等大小的茄子

2 个中等大小的西葫芦

切除末端。将：

1 个大洋葱

削皮并横向切成 0.5 厘米厚的片。

将：

2 个甜椒

纵向切成两半并且清除茎和籽。

将：

3 个熟透的番茄

去蒂并横向对半切开。

准备中高温炭火，将烤架放在炭火上预热。炭火准备好了之后，将烤架清理干净并用毛巾或纸巾为烤架刷油。在部分烤架下多堆几块炭，使火温更高些。

为所有的蔬菜刷上：

橄榄油

将番茄切面朝下，放在烤架上炭火温度最高的地方。烤三四分钟后翻面，再烤 4 分钟后从烤架上取下。与此同时，将其他蔬菜放在中高火的烤架上，每面烤 4 分钟左右。持续翻转以免烧焦，检查蔬菜根部熟度。烤软之后从烤架上取下，在一旁静置冷却。当所有蔬菜都冷却至可以触碰后，将它们切成约 1 厘米大小的块。在 1 只碗中混合并拌入：

2～3 瓣大蒜，切细末

盐

10 片罗勒叶，切碎或切成细丝

3 汤匙特级初榨橄榄油

品尝味道并根据需要用油、盐、罗勒或大蒜调味。趁热或冷却至室温后食用。

煎蛋卷和蛋奶酥

乳酪煎蛋卷

甜菜肉馅煎蛋饼

山羊乳干酪蛋奶酥

　　煎蛋卷和菜肉馅煎蛋饼有许多变化样式，并且都很受欢迎，不过主题通常很简单，就是将新鲜鸡蛋搅匀，用黄油或植物油快速烹饪。煎蛋卷基本就是一层蛋皮包着肉、蔬菜或乳酪馅料，而煎蛋饼更像蛋糕，其中蛋的作用是把煮熟的蔬菜黏合起来，就像西班牙马铃薯煎蛋饼"托提亚"（tortilla，并非同名的墨西哥玉米薄饼）。蛋奶酥则很戏剧化，将蛋黄和蛋白分开，先用蛋黄做成浓稠的基底，再将蛋白打成高高的泡沫，加入蛋黄稀释。这种混合物经过烘焙会膨胀成轻盈飘逸的"高塔"。我很喜欢蓬松的蛋奶酥那种戏剧化的效果，无论甜咸，都非常美味。甜味蛋奶酥是我最爱的甜点之一，温暖轻盈又风味十足。

煎蛋卷

我尤其喜爱吃煎蛋卷配上蒜泥的天然酵母烤面包片，以及能够跟鸡蛋浓郁味道形成鲜明对比的清爽绿叶沙拉。

煎蛋卷口味清淡，经济营养，制作简便，作为早餐、午餐、晚餐都不错，是很抚慰人心的餐点，因为它质地软滑，味道简单，只用新鲜鸡蛋、黄油和少许乳酪或其他馅料来增添风味和些许变化。我经常做煎蛋卷，在蛋液中搅入新鲜香草（欧芹、小香葱、酸模、龙蒿或细叶芹），并在出锅前加入一些瑞士格吕耶尔干酪或意大利芮科塔乳酪。煎蛋卷馅料还有许多不同样式，例如一汤匙前一天晚上吃剩的炒蔬菜或烤甜椒，或是一小片炖羊肉或炒火腿。

不言而喻，用吃有机饲料、自由放养的母鸡产的新鲜鸡蛋做的煎蛋卷最美味。这种鸡蛋通常可以在农夫市集买到。在杂货店里要尽量找那些本地产的自由放养的带有有机认证的鸡蛋。1人份的煎蛋卷需要两三个鸡蛋。我喜欢不太厚、滚卷得很精致的内部保持湿润的煎蛋卷。想要达到这样的效果，选用煎锅时有几项重要原则：2个鸡蛋用15厘米的煎锅，3个鸡蛋用20厘米的煎锅，6个鸡蛋用25厘米的煎锅，30厘米的煎锅内不要放超过12个鸡蛋。打好的蛋液在煎锅内的深度不要超过0.5厘米。煎锅本身要厚重并带有光滑或不粘的表面。在倒入蛋液之前用中小火预热煎锅3~5分钟。这是最重要的一步，这样烹煮才会快速、均匀且不粘连。将鸡蛋打进1个碗中，下锅前再加入适量盐（太早加入蛋液会变得像水一样稀薄），然后用叉子或打蛋器轻轻搅打。如果搅打均匀，煎出来的蛋卷会很轻盈松软，但是不要打到完全混合成一种质地。

在热锅中放入一小块黄油，它会慢慢熔化、起泡。将锅旋转一下，让泡沫破掉，等黄油开始发出类似坚果的香味但还没有变焦时，倒入蛋液。如果要煎大蛋卷，这时应将火转成中热（小蛋卷则不需要调大火力）。蛋液倒入时应该会产生令人满足的声音。蛋卷的边缘几乎立刻开始凝固（如果没有的话，就将火调大一些）。用叉子或抹刀将蛋饼的边缘往中央拉，让还没熟的蛋液流到锅底没有覆盖的地方。不断调整，直到锅底的蛋液全部凝固，然后提起边缘，使锅子倾斜，让蛋液流到底下。当全部蛋液基本凝固时，撒上乳酪或其他馅料。再煎久一点，然后把蛋卷对折，滑到盘子上。如果要做圆筒形的蛋卷，将煎锅向远离自己的一边向下倾斜，同时晃动煎锅，使蛋卷向较远的边缘滑，然后从靠近你的一边开始向下卷。把最远的边缘折到上面，然后滑到热盘子上，折缝朝下。整个过程应该不超过1分钟。最后用一片黄油在上面拖过，使蛋卷表面发亮。

乳酪煎蛋卷

4 人份

在 1 个大碗中打入：

8～12 个鸡蛋

加入：

2 汤匙切碎的欧芹

2 汤匙混合切碎的香草（小香葱、细叶芹、龙蒿或牛膝草）

一点现磨黑胡椒

轻轻搅打，直到刚好混合。准备开火时，加入：

盐

取 30 厘米的厚底不粘煎锅，用中低火预热 3～5 分钟。当锅均匀预热后，放入：

1 汤匙黄油

当黄油的泡沫开始消散时，倒入蛋液。将火调至中热，将蛋的边缘往中央拉，让未熟的蛋液流到露出的锅底。当锅底的蛋液全部凝固时，继续将边缘提起，并倾斜煎锅，使未熟的蛋液流到锅底。当蛋液大致凝固后，撒上：

115 克磨碎的瑞士格吕耶尔干酪或切达乳酪

再烹煮一下，加热乳酪。将蛋卷对折，然后滑到 1 个大盘子上。涂抹一点黄油。

变化做法

◆ 用 115 克意大利芮科塔乳酪代替瑞士格吕耶尔干酪或切达乳酪。

◆ 省略香草。

◆ 制作 4 个小蛋卷，每个用两三个鸡蛋。

菜肉煎蛋饼

意大利菜肉煎蛋饼是在入锅前将馅料拌入蛋液中的扁圆形煎蛋卷。我喜欢馅料中蔬菜丰富的煎蛋饼，就像一块没有派皮的派。煎蛋饼馅料可以用的材料很多，例如炒洋葱、嫩青菜、烤甜椒、马铃薯片、蘑菇，甚至意大利面。煎蛋饼可以趁热食用，也可以冷却至室温后食用。单独吃或加酱汁，作为头盘或主菜均可。而且也很适合做三明治或野餐食物。

作为馅料的所有食材在混入蛋液前都应该先煮熟。如果想要风味更加浓郁，可以将蔬菜烹制得焦黄一些，或用香草和香料调味。有些食谱会建议你先将蔬菜做好，再把蛋液倒在上面，可是我认为增加蛋饼翻面成功率的方式是打蛋时先在蛋液中加入一点油和盐，然后再加入其他食材，例如蔬菜、香草或乳酪，最后倒进预热过的干净煎锅中。

　　煎的时候使用中到大火，再热的话很容易烧焦底部的蛋液。边缘开始凝固后，将其挑起来并倾斜锅子，使未凝固的蛋液流到底下。当蛋饼大致凝固后，用 1 个与煎锅大小相仿或大一点的盘子，朝下盖在煎锅上，用力按住，再把煎锅倒扣在盘子上（用 1 条毛巾或隔热手套垫在盘子上以保护手）。然后往锅中再倒入一些油，将煎蛋饼再次倒进去。煎两三分钟后再次将蛋饼滑到盘子上。这时的煎蛋饼应该已经熟透，但内部依然湿润。

　　另一个制作菜肉煎蛋饼的方法是用烤箱烤，但是要用能够放入烤箱的耐热煎锅。首先将烤箱预热至 175℃，然后按照上面的步骤用灶火煎蛋饼。几分钟之后，将煎锅整个放入烤箱烤 7~10 分钟，直到蛋饼表面凝固。

甜菜肉馅煎蛋饼

4 人份

洗净并沿茎部分开：

1 棵甜菜

将茎部切成 0.5 厘米厚的片，叶片大致切碎。取厚底煎锅，用中火预热：

1 汤匙橄榄油

加入：

1 个中型洋葱，去皮，切细丝

炒 5 分钟，加入茎部厚片，用：

盐

调味。4 分钟后加入叶片，翻炒至软，加入几滴水以免干锅。最后倒入盘中。在 1 个大碗中打入：

6 个鸡蛋

加入：

盐

2 汤匙橄榄油

现磨黑胡椒

一小撮卡宴辣椒粉

4 瓣切碎的大蒜

搅打均匀。轻轻挤一挤甜菜中的汁液，但不要完全挤干，然后将甜菜拌入打好的蛋液中。用中火预热 20 厘米的厚底不粘锅。倒入：

2 汤匙橄榄油

几秒钟后，倒入打好的蛋液混合物。当锅底的蛋液大致凝固时，提起边缘，让尚未凝固的蛋液流到热锅底部。继续煎至大部分蛋饼凝固。然后在煎锅上倒扣 1 个盘子，将锅和盘子一起翻转过来，让煎蛋饼扣在盘上。之后在煎锅中倒入：

1 汤匙橄榄油

让蛋饼再次滑回锅中，煎两三分钟。滑到盘子上，趁热或放凉至室温享用。

变化做法

◆　在翻炒甜菜叶的最后 1 分钟加入一把酸模。

◆　用西蓝花、芥蓝、荨麻或其他绿叶菜代替甜菜。

◆　将煎蛋饼放在新鲜番茄莎莎酱（见 221 页）上，趁热食用。

◆　想要制成美味的三明治，将一角煎蛋饼和一片火腿或几片番茄夹在两片稍微烤过并涂了蒜泥的面包中间。

蛋奶酥

蛋奶酥如羽毛般轻盈松软，加上微微颤动的镀了金般的顶盖，总让人觉得它有着一层神秘的面纱。令人难以相信的是，这层神秘的面纱下其实是简单巧妙的做法。基本的蛋奶酥是用面粉、黄油、牛奶做成的白酱，加入蛋黄增加浓稠度，然后再加入其他食材增添风味，例如乳酪（如果想要甜蛋奶酥的话，可以用水果或甜酒），再加入打好成几倍大体积的蛋白，使混合物的质地变轻盈。蛋白里的空气会在烤箱的烘烤下膨胀，让蛋奶酥的体积变得更大。唯一要注意的是，蛋奶酥需要一出烤箱就立刻上桌。因为出了烤箱之后，热气腾腾的蛋奶酥很快就会冷却塌陷下来。

以下是做咸味蛋奶酥的基本方法。首先制作白酱或法式奶油白酱。在

经验法则
1¼ 杯白酱，1¼ 杯乳酪或蔬菜泥，4 个鸡蛋

厚底锅中熔化黄油，然后搅入面粉，加热一两分钟（这种混合物叫奶油炒面糊），之后分次少量地加入牛奶，每次都要将牛奶彻底搅拌均匀。一开始面粉和黄油会粘在一起，加入牛奶后不断稀释。因此，如果一次加入太多牛奶，白酱中会有许多化不开的面疙瘩（有面疙瘩的话需要过筛）。牛奶全部加入搅匀之后，将酱汁加热至沸腾，同时不断搅拌。这样能够将面粉和牛奶煮成一片，使酱汁变浓稠。将火力尽可能调至最小，以微火加热约 10 分钟，不时搅拌一下，这样可以去除酱汁中生面粉的味道。最后用盐、黑胡椒、肉豆蔻和墨西哥辣椒粉调味。稍微冷却一下。

将蛋黄与蛋白分开，将蛋黄一次一个拌入白酱，然后将蛋白全部倒进大碗中，稍后打发。分离蛋白的时候注意不要将蛋黄弄破。蛋白中只要混入一点点蛋黄，就无法打成高高坚挺且稳定的泡沫。如果你看到蛋白里混入了一点蛋黄，可以用蛋壳舀出来；如果舀不出来的话，可以将打破的鸡蛋留作他用，另外再打一个，将蛋黄蛋白分开。如果是已经放置了几个星期的鸡蛋，蛋白会像水一样稀，蛋黄也会很脆弱。新鲜的鸡蛋，蛋白比较浓厚，蛋黄也比较饱满。

用铜碗打蛋白效果尤佳。金属与蛋白之间的化学反应能够更好地保持泡沫的稳定性。

在法式奶油白酱里加入乳酪粉或其他食材提味，例如蔬菜泥（芹菜、芦笋或大蒜）、切碎的贝类或各种香草。这种混合物是蛋奶酥的基底，可以提前准备好放入冰箱冷藏。不过要记得在烘焙前至少 1 小时将基底混合物和蛋白从冰箱中取出，置于室温。

将烤箱预热到 190℃（如果要做多个小蛋奶酥而不是一大块，则需要 200℃）。蛋奶酥需要放在烤箱中央烘烤。如果需要的话，重新码放烤架，给蛋奶酥顶部留出足够的膨胀空间。将软黄油厚厚地涂在烤盘表面。可以选用传统的蛋奶酥专用烤锅、做奶油烤菜的浅盘或其他合适的烤盘，也可以用单个的可以放入烤箱的杯子或陶瓷碗，甚至浅边烤盘也可以，用它的话，蛋奶酥可能不会膨胀到那么高，而且表面可能有些焦黄。用钢丝打蛋器用力打蛋白，直到形成高高坚挺的泡沫，但仍然湿润光滑。用电动打蛋器的话很容易将蛋白打发过度，因此一定要注意，当蛋白开始变浓稠时，要不时停下来检查泡沫（打发过度的蛋白，会出现许多块状颗粒）。

将三分之一打好的蛋白搅在蛋奶酥的基底上，使它发亮。然后用橡皮抹刀将剩下的蛋白泡沫抹在发亮的基底上面，轻轻将蛋白泡沫和基底混合在一起，注意不要用力搅拌或搅打，否则很容易搅拌过度，导致蛋奶酥塌陷。这一点很重要，因为蛋白泡沫会决定蛋奶酥最终的高度。混合的时候，将抹刀的边缘作为刀锋从碗的中央垂直切到碗底，然后从碗底往碗的边缘铲，转动抹刀带起边缘和底部，把边缘往上部铲。接着用另一只手微微转动碗，同时重复以上画圆般的混合动作，往下铲再往上混合，每铲一下就将碗转动一下，直到碗内只剩下一些白色条纹。轻轻将混合物倒进涂好黄油的烤盘中，直到装满约 3/4。送入烤箱，不要动它，烤至膨胀金黄。大的蛋奶酥需要 35～40 分钟，单个的小蛋奶酥则需要 10 分钟左右。烤好的蛋奶酥应该有金黄色的脆皮和柔软的中心。

　　甜味蛋奶酥的制作过程稍有不同。所用的基底不是法式奶油白酱，而是蛋奶甜酱（见 362 页），同时将水果、巧克力或甜酒加入冷却的蛋奶甜酱中增添风味。准备烘焙时，按照上述方法加入打发的蛋白泡沫。

山羊乳酪蛋奶酥

4 人份

用中火在厚底锅内熔化：

5 汤匙黄油

搅入：

3 汤匙面粉

加热约 2 分钟。分次加入：

1 杯牛奶

每次都搅打均匀。在这道法式奶油白酱中加入：

盐

现磨黑胡椒

一小撮墨西哥辣椒粉

1 小枝百里香，只取叶片

用小火加热约 10 分钟并不时搅拌。关火冷却。将：

4 个鸡蛋

的蛋黄、蛋白分离。将蛋黄搅拌进白酱中。加入：

1100 克淡味软山羊乳酪

搅拌均匀并加适量盐调味，应该偏咸一些，以弥补之后加入的没有咸味的蛋白泡沫。预热烤箱至 190℃。将：

**　　　1 汤匙软黄油**

涂抹在 950 毫升的蛋奶酥烤锅或其他合适的烤盘上，例如用来做奶油烤菜的烤盘等。将蛋白打成湿润坚挺的泡沫，1/3 蛋白泡沫抹在蛋奶酥基底上，剩下的蛋白轻轻混合到基底混合物中。注意不要让混合物塌陷。将混合物倒在抹有黄油的烤锅中，烤 35～40 分钟，或烤至膨胀金黄，但中间仍然柔软，轻轻摇晃时会有些许晃动。

变化做法

◆　用较浓较老的山羊乳酪代替淡味软山羊乳酪。

◆　以 200℃预热烤箱，取 8 个 120 毫升左右的烤碗，抹上黄油，代替 950 毫升的蛋奶酥烤锅。装至四分之三，烤 10 分钟，或烤至膨胀金黄。

◆　用 ¾ 杯磨成粉的瑞士格吕耶尔干酪和 ¼ 杯磨成粉的帕玛森干酪代替山羊乳干酪。

◆　在乳酪中加入 ¼ 杯蒜泥（见 296 页）。

◆　在涂好黄油的烤锅中，均匀撒上烤过的细面包屑或帕玛森干酪粉。

甜挞与咸挞

洋葱挞
苹果挞
迷你巧克力挞

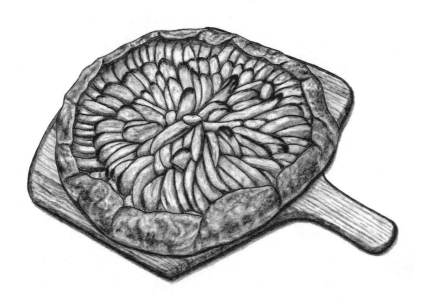

挞饼和三明治或比萨一样，是用一层黄油酥皮加上咸的或甜的馅料制作而成的完美食物。我最爱的挞饼叫法式格雷派饼，是一种扁平酥脆的圆形开放式小挞。将挞皮擀得很薄，上面铺满水果或蔬菜馅料（只有挞皮的两倍厚），然后送进烤箱，不用在意烘焙形式。格雷派饼是风味与质地的理想结合，要烤到外皮金黄酥脆，馅料湿润柔软，风味浓郁。

制作挞皮

我发现做出好挞皮的唯一秘诀就是不断练习。

挞皮决定了任何挞饼的最终成果。做法、擀法，以及烘焙的时间都很重要。我最常制作的挞皮用来做咸挞、甜挞都不错。材料很简单，只需要面粉、黄油和水，做出来却松软又酥脆。我曾经逃避自制挞皮很多年，因为觉得很难做，而且成果总是令人失望。后来，我的一位非常出色的甜品师朋友耐心地向我解释了如何混合面粉、黄油和水。经过几次练习，我开始学会观察面团并找到手感，从那之后就总是能够做出很棒的挞皮了。

就像前面有关面包的章节解释过的，面粉里有一种蛋白质混合物，叫谷蛋白。与水混合之后，这些蛋白被激活并且开始形成分子的网状组织，使面包产生弹性。面团搅拌揉搓越多，谷蛋白就越多，这对于面包来说很好，因为面包需要强大的网状组织支撑才能够发起来，但是对于挞皮来说就不太理想了。面团揉搓得越多，挞皮就越硬。因此，不要过度揉捏面团，这一点很重要。中筋面粉最适合用来做挞皮，做面包用的高筋面粉所含的谷蛋白过高，而制作蛋糕和甜点的低筋面粉的谷蛋白又含量过低（会使挞皮呈粉状）。只有中筋面粉含有的谷蛋白的量能够做出酥脆的挞皮。

黄油能够为面皮增加风味和浓度，并能对质地产生很大影响。加入黄油后，会覆盖在一些面粉的表面，使面粉与水隔开，这样可以减缓谷蛋白的激活，使挞皮质地更加柔软。当一些较为大块的形状不规则的黄油被擀平后，会在烘焙时产生蒸汽，分开不同层次的谷蛋白，从而形成酥脆的质地。黄油越多，面团越柔软。黄油块的形状越不规则，挞皮质地越酥脆。

混入面粉中的黄油，温度应该足够低，以冷藏温度为宜。如果黄油开始变软或融化，则面团容易变得油腻。开始动手前，准备好所有需要的食材：黄油切成约 0.5 厘米大小的块，面粉量好，水要冰凉。首先，用指尖快速将黄油混入面粉。如果有一台和面机的话就更好了。重要的是动作要快，轻轻将黄油用指尖揉进面粉，或用和面机拌在一起，大约 1 分钟（你也可以使用直立式搅拌机，装好搅拌桨，以中低速搅拌约 1 分钟）。这时就可以开始加水了。

水的作用是湿润面粉，从而激活谷蛋白。要用足量的水才能够做出具有凝聚力的面团，不会过于松脆或黏软。松脆易碎的面团很难擀开，吃起来也干巴巴的；潮湿黏软的面团吃起来会很硬。由于面粉和黄油的性质各不相同，因此冰水的用量也要根据需要变化调整。量出所需的用量后，不要一次性倒入面粉中。首先倒入用量的四分之三，同时用 1 个叉子混合搅拌。不要揉搓或按压面团（如果用和面机的话，一边低速搅拌一边将水顺着碗边倒入，搅拌时间不要超过 30 秒）。水加到面团刚刚开始结块即可。如果形成球状则说明水已经加得过多了。测试的方法是抓起一小撮面团挤一下，如果能够粘在一起，则说明水已经多了；如果面团仍然干燥易碎，则说明还需要继续加水。加的时候一次倒入几滴，并且在每次加入后轻轻搅拌均匀。

等面团质地均匀后，用手指快速揉搓，将它轻轻合拢成球形（手掌温度会高出手指很多）。若要做多个面团，则将面团分成几等份，再分别拢成球形。将面球用塑料袋包好（这是回收利用市场塑料袋的好方法），用力压成圆饼，同时注意将边缘出现的裂缝捏合。这样做能够使擀面团变得容易些。擀之前，要将用塑料袋包好的面团放入冰箱冷藏至少 1 小时。这样可使面团内部的水汽达到平衡，使谷蛋白缓和，擀面团会更加轻松。面团冷藏可保存 2 天，冷冻可保存 2 个月。使用的前一天晚上将面团从冷冻室取出，放入冷藏室。

挞皮和派皮

2 个 280 克的面团，可以做 2 个直径 28 厘米的挞或 1 个 23 厘米的双层派。

这道食谱很容易把分量减半或加倍。

量出：

　½ 杯冰水

均匀混合：

　2 杯未经漂白的中筋面粉

　½ 茶匙盐（如果使用有盐黄油的话则省略）

加入：

　12 汤匙（1½ 条）冷黄油，切成约 1 厘米大小的方块

用指尖或搅拌器将黄油混进面粉，保留一些不规则块状，需要一两分钟（或使用带搅拌桨的直立式搅拌器，以中低速混合不超过 1 分钟）。倒入四分之三的冰水，同时用 1 个叉子不断搅拌至面团开始结块（如果使用搅拌器，开低速并沿碗的边缘倒入冰水，搅拌约 30 秒）。如需要则继续加水。将面团分成两等份，分别揉成球状，用塑料袋包好，按成饼状。放入冰箱冷藏至少 1 小时。

擀挞皮

面团既有一定的延展性又不会太软的时候最容易擀。如果已经在冰箱中冷藏了数小时，可以拿出来静置约 20 分钟使面团软化，视室温而定。选个平坦、凉爽且有足够空间的操作台来擀面团。

准备擀的时候，将包裹在塑料袋中的圆形面饼用手按平，同时轻拍并捏合边缘出现的裂缝。轻轻将干面粉均匀撒在台面，然后将面饼取出放在中间。在面饼上也多撒些干面粉。用擀面杖在面饼的表面用力压几下，使面饼变得更加扁平，然后就可以擀了。

将擀面杖由面饼的中间开始向四周持续稳定地擀开。擀过几下之后，将面饼翻面，然后在另一面也撒上干面粉，然后拿起面饼，重新在操作台上撒一层干面粉。随着面团不断展开，注意将边缘出现的裂缝都捏合起来。要将面团在擀面杖下面平滑地展开。随着面团越擀越大，要注意不断从中心向外擀，而不是来回擀。将面团想象成自行车的轮子，散射状的辐条就是擀动的方向。然后将面团旋转 90 度，并根据需要在面团上面或下面撒上干面粉，以防粘黏。

如果面团开始有点粘着，用刮面板从边缘的下面轻轻滑入，将面团从台面上抬起来，轻轻翻折面团，然后在台面上撒一些干面粉（干粉撒得多没有关系，只要最后将多余的干粉掸掉就可以了）。然后将面团展开，并轻轻滑动一下以保证充分接触到台面上的干粉，方便移动。最后将面团擀至平坦均匀。检查一下是否有太厚的部分，将这些地方擀平。

如果你经常做挞或派，准备一个圆形烤盘或比萨烤盘会十分方便。

做开放式的挞时，挞皮厚度不要超过3厘米，如果要做派或双层脆皮挞，则可以稍微厚一些。擀好之后，用软刷子将多余的干面粉刷掉（也可以用厨房纸轻轻擦去）。要移动挞皮时，向内对折再对折，然后拿起，这样做可以防止提起时拉扯或撕破挞皮。将挞皮移到放有烘焙纸的浅烤盘上，沿着对折的地方展开（烘焙纸能够保证挞皮不会粘着。我非常推荐使用烘焙纸）。另外一种移动挞皮的方法是，将挞皮滚到擀面杖上提起，然后再放到烘焙纸上展开。将挞皮连烤盘一起放回冰箱，这样做可以在加入馅料之前使挞皮变得结实一些。如果需要继续擀另一块面团，则先将工作台上的干面粉重新刷匀，然后再开始擀。不要将两张擀好的挞皮叠放在一起，要用烘焙纸隔开，或分别放在不同的烤盘中。

如果需要预烤不加馅料的挞饼或派饼，在挞皮上放一层铝箔纸，然后在上面放一层干豆子（或压挞皮用的重石）。送入190℃的烤箱烤15分钟，直到挞皮边缘略微呈金黄色。从烤箱中取出，拿走重石和铝箔纸，再将挞皮放回烤箱烤5～7分钟，直到整张挞皮略呈金黄色。

咸挞

一块酥脆的挞饼配上新鲜浓郁的沙拉，就是一顿美味的午餐或清淡的晚餐。

咸挞的多种做法可以列出一张长长的单子，其中大多数都是从炒洋葱开始。炒洋葱是酥脆的黄油挞皮最好的保护层，跟其他蔬菜混合在一起时，炒洋葱会给烤箱里的挞皮提供湿润的保护层和浓郁的味道。你也可以将挞皮擀成薄薄的长方形，然后切成小块，这是聚餐宴会上非常受欢迎的餐点，以手取食。

令人惊讶的是，洋葱的种类其实千差万别，而且差别不只体现在外表。有时洋葱很快就能煮熟，并产生很多汁水，需要先沥干才可以使用；而有时却需要花一些时间才能煮软，也不会产生多少汁水。薄皮洋葱通常较为清甜多汁，表皮厚一些的金色洋葱需要烹饪更长的时间。虽然所有的洋葱最终都会软化，变得美味，但是如果可以选择的话，我推荐使用个头大一些、表皮薄一些的。夏天最当季的品种"瓦拉""维达利亚""百慕大"，都非常适合用来做咸挞，烤过之后和蜂蜜一样香甜。春季则有新鲜的洋葱或青蒜，没有经过干燥处理，有的还连着绿色的茎叶。将它们剥皮、去茎并切成粗片，然后煮软即可。青蒜的味道细致，没有晒干的成熟如果有重石，可以放在烤箱底部的烤架上预热，然后把挞皮和烤盘放在重石上，这样烤出的挞皮比较酥脆。

的甜洋葱那么甜。

　　分量恰到好处且煎得浓稠适宜的洋葱是成功做出咸挞的关键。取浅口厚底锅，加入大量油，然后放入洋葱与香料，小火煎软，大约需 30 分钟。注意，洋葱要放凉后才能铺在挞皮上，否则洋葱的高温会导致挞皮里的黄油在进烤箱前就熔化了。此时的洋葱应该是有些湿润但又不会滴水的状态，否则挞就会变得湿乎乎了。如果你煎好的洋葱太湿，则需把汁水控干再使用。控出来的洋葱汁不要倒掉，可以进一步收干，做成配挞的酱汁，也可以加入油醋汁中。

　　如果洋葱在控水后还是过于湿润，可以在放洋葱之前先往挞皮上略撒一点面粉（注意避开边缘位置），面粉会在烤制过程中吸收一部分洋葱里的汁水。将挞放在烤箱的最下层，烤至顶部酥脆且底部呈浅棕色。若要检查挞底部的烤制情况，可用一柄抹刀轻柔地把挞抬起来。完全烤好后，小心地把它从烤盘里挪到一个常温的架子上晾凉。如果把挞留在烤盘里放凉，会产生蒸汽，挞皮就不酥脆了。

　　成功做出一个最基础的洋葱咸挞后，你就可以尝试很多变化做法了。例如在洋葱煎到一半时，放入甜椒或辣椒；在煎洋葱的最后几分钟里，刨一点西葫芦进去并翻炒均匀；或者在包馅之前，往正在晾凉的洋葱里放一点切半的小番茄或去皮切片的烤甜椒。你还可以先往挞皮上铺一层洋葱，再放上一些切片的番茄或略微烤过的茄子。如果你想做一个咸甜风味的挞，可以在洋葱粒中混入切碎的无花果干。还有一种做法，在铺洋葱之前先往挞皮上撒一些碎乳酪或抹一点香料和橄榄油。你可以切一些洋蓟心跟洋葱一同煎炒；也可以先将其切片并烤熟，包馅时再铺在煎好的洋葱上。从烤箱里取挞饼后，立刻刷上蒜泥和香草黄油。一年中的大多数时间，你都可以往洋葱里加入绿叶菜，例如羽衣甘蓝、甜菜叶、菠菜、球花甘蓝或芥菜。或者在出炉前 10 分钟在挞上放一些鳀鱼和黑橄榄。

洋葱挞

8 人份

在浅口厚底锅里加热：

4 汤匙橄榄油或黄油

加入：

6 个中等大小的洋葱（约 900 克），去皮并切薄片

3 枝百里香

用中火加热至柔软出汁，需要 20～30 分钟。

加入：

盐

再煎几分钟。把洋葱倒进碗里晾凉。如果洋葱汁水太多，就把它们倒进过滤盆控干。

将：

1 个约 280 克的挞皮或派皮面团（见 163 页）

铺成 1 个直径 35 厘米的圆形。

刷掉多余的面粉，把挞皮摆在铺好油纸的烤盘上，先放进冰箱冷藏 10 分钟左右，令其更加硬挺。把放凉的洋葱铺在挞皮上（撇掉百里香枝），挞皮四周留出大约 4 厘米。把挞皮的边缘折起来，盖在洋葱上。如果想要洋葱挞更加美观，还可以在折起的挞皮处刷上：

1 个鸡蛋

1 汤匙牛奶或水

置于预热至 190℃的烤箱最下层，烤制 45～50 分钟，或烤至挞底变成金棕色。从烤盘挪到架子上晾凉。趁热或冷却移至室温后食用均可。

水果挞

提起甜品，我很喜欢水果。虽说我可能第一时间还是会选择简单的熟透的水果，但水果挞也实在是叫人无法抗拒。几乎所有的水果都可以用来做水果挞，不管是单独制作还是与其他水果混合都可以。苹果、梨子、梅子、杏、桃子、黄桃、蔓越莓、榅桲、树莓、黑莓、越橘……几乎所有的水果都是理想之选，根本列举不尽。

成熟的水果是最佳选择，但不要选用已经熟至发软的果子。有疤或有瑕疵的水果也不要紧，把受损的部分丢掉就好。一般需要先把水果切块

再使用，莓果和樱桃除外（通常去核后整颗使用）。杏子、小李子（去核）和无花果可以对半切开，切面向上，放在挞皮上。大李子和油桃最好切薄片。桃子、苹果和梨需要削皮、去核后再切成薄片。还有些水果，例如榅桲和干果，则需要先在糖水里煮一下并切片后再放进挞皮里。大黄可以切成细条或片状。切片的厚度在6～8厘米最佳。

把水果放在挞皮上，边缘处留下4厘米左右的空间。你可以把水果均匀地铺满一层，也可以整齐地摆成一个个同心圆。苹果和其他比较干的水果最好放得密一些，一片叠一片地铺成圆圈。李子、桃子等汁水较多的水果则应平铺成一层。无论哪种方式，水果都应该紧紧排在一起，中间不要留太多空隙，因为它们烤熟之后会缩水。

含水量高的水果在烤制过程中会流出更多汁水，让挞皮变得湿乎乎的。为了改善这种状况，你可以试试下面这几种方法。最简单的办法，是在铺上水果以前，往挞皮上撒一两汤匙面粉，只需撒在铺水果的地方，不需要撒在边缘。你还可以往面粉里加一些糖、干果碎或香料，使水果挞的味道更加丰富。另一种方法是往挞皮上抹一层杏仁奶油（杏仁酱、糖与黄油的混合物），每个挞铺半杯左右即可。如果你使用的水果含水量只是稍微有点高的话，也可以在挞皮上抹两三汤匙果酱。

把挞皮的边缘折过来盖在水果上，再轻柔地刷上熔化的黄油。撒一点糖，不要超过2汤匙。轻轻地往水果表面再撒一点点糖。大部分水果只需要加两三汤匙糖即可，大黄、李子和杏则要多加一点。水果越甜，需要的糖越少，你可以先尝一下再决定。整理完毕后，可以放进冰箱冷藏或冷冻，待需要烤制的时候再取出使用。吃晚饭的时候把水果挞放进烤箱是个不错的主意，这样一来就有一个热腾腾的水果挞作为餐后甜品了。把水果挞放在烤箱下层，待底部变成金棕色就可以出炉了。跟咸挞一样，确保挞的底部变成棕色且口感酥脆非常重要。

下面这些建议适用于任何简单的水果挞。在烤制30分钟后，往水果挞上撒一点软莓果，例如蔓越莓、越橘或黑莓（先拌一点糖进去）。这样一来，莓子就不会变干。如果想撒葡萄干的话，则需要在铺水果之前进行。（如果葡萄干太干的话，先放进水和干邑白兰地里浸泡一下，滤干后再铺在挞皮上。）取出水果挞时，撒一些糖渍橘皮或柠檬皮。

对于我来说，水果挞主要是水果。挞皮上铺的水果越多越好，只需在边缘留一点空间即可。

也可以试试接下来做的苹果挞。

水果挞出炉后，可以刷一层糖浆来增添色泽与风味。如果水果的汁水够多，你也可以把烤制过程中溢出的果汁再次刷到水果挞上。另外，无论水果是否汁水充沛，你都可以刷一点加热的果酱。

苹果挞

8 人份

煮过榅桲后的液体进一步熬制便可得到美味的赤褐色糖浆，你可以将其刷在苹果挞上。

将烤箱预热至 200℃。

将：

　　约 1400 克苹果（"锡耶纳美人""皮平""青苹果"都是不错的选择）

削皮，去核，切成 0.5 厘米厚的片。

将：

　　1 个 280 克的挞皮面团（见 163 页）

擀成直径约 35.5 厘米的面饼。

刷掉多余面粉，把面饼放进铺了烘焙油纸的烤盘里，放进冰箱冷藏 10 分钟左右，让其冷却成形。取出面饼，先沿着圆周铺上一圈苹果，在边缘留下大约 4 厘米的空隙。再把余下的苹果一片叠一片地铺到圈里，摆成同心圆，应该大约有一层半苹果。把挞皮边缘折起来盖到苹果上。熔化：

　　3 汤匙黄油

在折起来的挞皮边上轻柔地刷一层黄油，然后将余下的黄油淋到苹果上。

撒：

　　2 汤匙糖

在苹果上撒：

　　2～3 汤匙糖

将苹果挞放进烤箱下层，烤 45～55 分钟，直至底部呈金棕色。轻轻移除烤盘，把苹果挞放到架子上晾凉。

变化做法

◆　将一半左右的苹果换成榅桲片。

◆　将苹果削皮、去核、切片，取大约 2 个的量放入锅中，加少许水煮软，打成泥并晾凉后抹在挞皮上，边缘留出 4 厘米的空隙。把余下的苹果片铺上去。

◆　在铺苹果片之前，先往挞皮上抹几汤匙杏果酱。待苹果挞出炉，刷上一层加热过的果酱，以增添色泽与风味。

◆　将一杯苹果汁熬煮成浓稠的糖浆，再加入少许干邑白兰地和柠檬汁来增添风味，然后把糖浆刷在烤好的苹果挞上。

制作甜挞皮

　　甜挞皮跟本章前面提到的挞皮截然不同。它是甜的，口感酥软，没有分层。我一般用活底烤盘烤制。这种挞皮一般都预先烤过，因此在放入多汁的内馅后仍然可以保持酥脆。我喜欢用这种挞皮来烤柠檬奶油挞、杏仁挞和巧克力挞。

　　甜挞皮虽然也是用面粉和黄油制作，但还需要额外加入鸡蛋和糖。跟面皮相比，甜挞皮的制作方法更接近曲奇饼干。实际上，这种面团的确可以做出美味的指印饼干。只要把它们分成一个个小面团，轻轻用拇指按一下，再放入柠檬奶油或果酱即可。

　　甜挞皮之所以如此酥软，有几点原因。首先，黄油和糖是打发的（搅拌至柔软蓬松），因此它们会跟面粉充分混合，阻止面团起筋，让面团更加柔软。其次，这种面团以蛋黄取代水，因此更难起筋。另外，为了防止面团揉过头，需要先将蛋黄和黄油混合，搅拌均匀后再加入面粉。在打发黄油以前，先置于室温环境下 15 分钟进行软化。你既要保证黄油够软，以便与蛋黄均匀混合，又不能让它完全熔化，否则会熔化进面粉里，使面饼出油。使用木匙（或搅拌器）将黄油打发至柔软蓬松，然后加糖进一步打发。放入蛋黄和香草精，搅拌至完全混合。加入的蛋黄最好是室温，这样搅拌起来会容易得多。冷蛋黄可能会让黄油结块。（如果鸡蛋温度较低，可以先放进一碗温水里浸泡几分钟，再拿出来分离蛋黄和蛋白。）最后将面粉翻拌进黄油蛋液中，面团不要留下任何粉块，否则这些地方烤制后会开裂。面团会又软又黏（糖会让面团很黏），需要放进冰箱冷藏至少 4 小时才能变得结实。把面团揉成球状，裹上一层保鲜膜，压成圆饼后放进冰箱冷藏。面团在冷藏室里最多可以保存 2 天，在冷冻室里可保存 2 个月左右。从冷冻室取出后，需要放在冷藏室里解冻一夜后再使用。

　　待一切就绪，便可以从冷藏室里取出面团了。如果此时面团仍然太硬，可以在室温下软化 20 分钟左右。如果面团非常软黏，最好把它夹在两张烘焙油纸或保鲜膜之间擀薄成面饼，那样会容易得多。

　　把两张纸都剪成约 35 厘米见方的正方形。先往底下的一张上撒一些面粉，将去掉油纸或保鲜膜的面饼放上去，在面饼表面撒一些面粉，再盖上另一张油纸或保鲜膜。从中间往外擀成一个直径约 30 厘米的圆饼。如果面饼粘在纸上，先把纸去掉，往面饼上多撒一点面粉，换一张纸，再翻过来，揭掉另一面的纸并重复上述步骤。如果擀的时候面饼太软，可以连饼带纸放进烤盘，送到冰箱冷冻室中静置几分钟，等它够硬后再继续操作。

　　继续擀面饼，适时撒一点面粉，擀成约 3 毫米厚的挞皮为止。把它放回冰箱再冷冻几分钟。直径 30 厘米的挞皮需要用直径 23 厘米的烤盘（建议使用活底烤盘，出炉后脱模会容易得多）。把挞皮上的油纸揭掉，如果此时你要直接烤，需要用叉子轻轻地在整张挞皮上戳一遍。戳出来的小洞能够帮助挞皮在烤制过程中排气，以免鼓泡。把挞皮翻过来，把另一面的油纸也揭掉。把挞皮轻轻放进烤盘，用大拇指沿着烤盘的边缘压一圈，抹掉多余的挞皮。把烤盘里的挞皮压紧，边缘贴着烤盘壁（这样可以防止挞皮在烤制过程中回缩）。如果此时你发现挞皮上有小洞或裂缝，可用多余的面团填补。把挞皮放进冰箱冷藏至少 15 分钟再烤制。如果你做的挞比较小，挞皮的直径需要比烤盘大 1 厘米左右。用抹刀把挞皮盛进烤盘，底部和边缘都按压均匀，再按照上述步骤去掉多余部分，并把边按紧。多余的挞皮可以再擀，或做成小饼干。

活底烤盘更容易脱模。

　　只要提前扎孔并醒面，挞皮在烤制过程中就不会回缩，上面也不需要压任何重物。将烤箱预热到 175℃，烤 15 分钟左右，直至挞皮底部呈现均匀的浅金色。在烤制时间过半时，将挞皮从烤箱里拿出来观察一下，轻轻地把可能会起泡的位置压回去。挞皮烤好之后，需要先进行冷却再脱模和填馅。

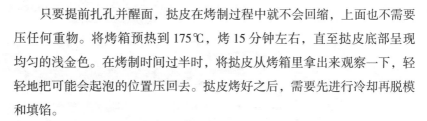

甜挞皮面团

360 克面团，够做 1 个直径
23 厘米的挞，或 6 个直径
10 厘米的迷你挞，
或 30 块饼干

打发：

8 汤匙黄油

⅓ 杯糖

加入并拌匀：

¼ 茶匙盐

¼ 茶匙香草精

1 个蛋黄

加入：

1¼ 杯未漂白的中筋面粉

翻拌至没有结块。放入冰箱冷藏 4 小时或一夜，直至冻硬。

变化做法

◆ 在面粉中加 1 茶匙肉桂粉。

◆ 如果要做指印饼干，把面团分成一个个直径约 2.5 厘米的小球，放进糖里滚一圈，再摆在铺了烘焙油纸的烤盘上，中间留出约 2.5 厘米的空隙。用拇指在面团上压个小坑。放进预热至 175℃的烤箱，烤 12 分钟后取出，往小坑里注入柠檬奶油酱或果酱。再放回烤箱烤 5 分钟，直至饼干呈浅金色。出炉冷却后再食用。

迷你巧克力挞

可做 6 个 10 厘米的小巧克力挞或 18 个 4 厘米的迷你挞

最好选择美味的有机巧克力。你所选择的巧克力会决定巧克力甘纳许的味道。

简单浓郁、苦中带甜的迷你巧克力挞看起来非常诱人，表面发亮，外皮金黄。烤好的挞皮中填满了巧克力甘纳许，即热奶油和巧克力的混合物（冷却浓缩的甘纳许是松露巧克力的原材料）。

把一个甜挞皮面团（见 172 页）擀成：

直径 30 厘米的挞皮。

用叉子轻轻在挞皮上扎一些小孔，切成 6 个直径 13 厘米的小挞皮（用于直径 10 厘米的挞）或 18 个直径 5 厘米的小挞皮（用于直径 4 厘米的迷你挞）。把这些挞皮放进直径 10 厘米或直径 4 厘米的烤模里，轻轻按下去。用拇指沿着模具的顶部边缘按压一圈，去掉多余的挞皮。按压一下，让挞皮紧紧贴在模具上。留意挞皮上是否出现裂缝或小孔，如果有的话可以用多余的面团修补。把挞皮放进冰箱，冷藏至少 10 分钟。取出挞皮，放进预热至 175℃的烤箱，烤 15 分钟或直到呈现均匀的浅金色。烤至一半时，取出挞皮检查一下，把任何可能鼓泡的地方轻轻拍下去。挞皮出炉后需要先冷却再脱模。

巧克力甘纳许的做法如下：把 170 克切碎的黑巧克力放进一个中等大小的耐热碗中。煮沸 1 杯奶油，倒进巧克力中，等待 30 秒，搅拌至巧克力完全熔化，但注意不要过度搅拌，否则内馅会出现气泡。趁甘纳许温热时倒进挞皮。轻弹挞皮并稍微晃几下，以确保内馅分布均匀。把巧克力挞置于室温下至少 1 小时，直至内馅凝固成形。

变化做法

◆ 这个配方也可以做出 1 个大巧克力挞。把挞皮放进直径 23 厘米的烤盘里，烤制之后再按上述步骤倒入巧克力甘纳许。

◆ 在巧克力奶油混合物中加入 2 茶匙白兰地或朗姆酒。

◆ 搭配鲜奶油食用。在巧克力挞的边缘装点一圈鲜奶油会更加诱人。

水果甜品

蜜桃脆片和蜜桃馅饼
煮梨
柑橘冰沙

　　没有比成熟的水果更能表现季节的事物了。本地采收的水果不仅甜美、新鲜，往往还能充分体现当地的特色。在加糖的甜食尚罕见的时期，甜品几乎等于未经加工的成熟水果。对我来说，再没有其他食物比新鲜清甜、香味馥郁的水果更适合来给一餐饭画上完美的句号了。令人欣喜的是，如今的农夫市集上出现了越来越多的罕见品种，它们大多出自本地农民的小菜园。在农夫市集上，你也很可能会找到成熟后采摘的果子，这些水果非常脆弱，经不住大多数商家的包装和处理。每个地区都有当地特产的水果，无论直接食用，还是做成冰沙，都会给一餐画上完美的句号。

水果甜品

你可以简单将水果洗一下，整个上桌。如果想要显得更精致，可以在盘子里装点一圈葡萄或无花果叶。当然，如果带着几片新鲜叶子或连着茎，这道水果拼盘会更加美观。当你把新鲜的果盘端上桌时，每个人都会被其质朴的生命之美所折服。你可以在每顿饭前都准备一盘水果，如果需要的话再配一把刀。

如果你喜欢，可以把多种水果切成小块做成拼盘，也可以只选用一种水果切片。在切好的水果上撒一点糖、橘子汁或葡萄酒。橘汁草莓或红酒浸桃片都是非常精致的甜品；将无花果对半切开，放一小把树莓作为点缀，再洒上少许蜂蜜也是不错的选择。另一类令人难忘的甜品是蜜瓜，它们甜美多汁，种类繁多，无论食用其中一种还是把不同品种搭配着吃都非常美味。每种蜜瓜都有独特的花纹，搭配在一起时叫人赏心悦目。你还可以任意搭配组合夏天的莓果和带核水果：黑莓配桃子，树莓配李子……梨跟苹果也一样，分开吃和配着吃都非常棒。到了冬天，成熟的柑橘类水果和蜜枣会给漫长黑暗的冬夜带来一抹亮色。柑橘和蜜枣也是一对经典组合。烘烤过的坚果或原味坚果往往是水果的良好伴侣，例如核桃配无花果和梨，杏仁配苹果和蜜枣。乳酪也是水果的好朋友，我尤其喜欢用它配苹果和梨子，但你也可以试试与无花果、蜜枣或其他水果搭配。

水果是时节的最佳代言人，因为它总是应季而生，需要当季采摘。在市场上选购水果的原则是选择当天看起来最漂亮、尝起来最好吃的。你应该挑那些熟透的、没有损伤、基本上没有瑕疵的芬芳馥郁的水果。先闻一闻，询问摊主是否能尝一下。不过梨子是例外，因为这种偏硬的水果永远也不会软熟到最佳状态。如果你买的水果已经熟透了，最好马上吃掉。如果你没法立刻吃完，就把它们放进冰箱，以免过熟变质。不过非到不得已，不要冷藏水果。时刻谨记，水果在室温下香气和味道都是最棒的。某些水果，例如熟透的草莓，在刚刚摘下来的时候有一股浓郁的香气，这股香气只有在采摘当天最浓。放进冰箱冷藏一两天后，这股香气就消散了。

腌渍水果

你可以品尝、比较同一类水果的不同品种，找到你最喜欢生吃的品种和适宜烹饪的品种。

水果在成熟高峰期，也就是大批量上市时一般是最好吃且最便宜的。你应该抓紧这段时间多准备一点水果，把它们保存起来，为冬天做准备。你可以从邻居家的果树上或附近的农场里亲手采摘；如果你自己种了果树，那就更好不过了。孩子们都很喜欢摘水果。对他们来说，没有比踩着梯子爬到樱桃树上或是在果实累累的树莓园里穿梭更有意思的事了。

水果可用不同方式保存数天至数月。最简单的办法是冷冻。所有的莓果都非常适合冷冻。先检查果实是否完好，挑出并扔掉发霉的，把余下的放在盘子里，放进冰箱冷冻一两个小时后再放进可以密封的盒子或塑料袋里重新放回冷冻室，最多可保存 3 个月。将带核水果在糖水里简单煮过之后打成泥，可以用来做蛋奶酥或冰激凌。水果泥也可以在冷冻室里存放数月。如果你发现有些水果可能马上就要变质了，可以将其切成小块，放一点糖加热至果汁渗出。我和家人很喜欢吃这种糖渍水果，我们会单独食用或把它们放在冰激凌上吃，也很喜欢把它们抹在松饼上当早餐，或者拌进燕麦粥里。这种糖渍水果一般能在冰箱里冷藏保存一周左右。

水果糖浆、果酱和果冻一般需要更长的制作时间，但它们的保质期也更久。你可以少量制作，也可以叫上朋友来大批量制作。这些瓶瓶罐罐会让你的橱柜变得闪亮诱人。水果膏，也叫水果乳酪，是将果泥煮至非常浓稠的状态再放到模具里冷却的甜品。水果膏配乳酪是非常完美的餐后甜品。水果膏可以在冰箱里冷藏数月。如果你和家人吃不完的话，也可以分给亲朋好友享用，一罐果酱或一包水果膏都是非常受欢迎的小礼物。

脆片和馅饼

水果脆片和馅饼都是非常质朴的甜品，不会太甜，却滋味丰富。它们的做法很简单，在水果上盖一层脆粒或奶油饼干再送入烤箱烘烤即可，很像顶部酥脆、馅料很厚的水果派。每个季节都有水果适合做成这类甜品，例如秋冬的苹果和梨子，春天的大黄和草莓，以及夏天的核果与莓子。

脆片是将面粉、黄糖、坚果、香料和黄油混合均匀，揉搓到酥松，很容易做。你可以一次多做一些，放进冰箱长期备用，置于冷冻室可保存 2 个月左右。

水果馅饼的顶部是饼干，比脆片的甜度低，比较适合用汁水丰富的水果来制作。我做的饼干很简单，只用黄油、糖、泡打粉和淡奶油。把面团擀薄，再切成喜欢的形状。切好之后的饼干可以先放在冰箱里，在烘焙前一两个小时拿出来即可。

制作水果脆片和馅饼的秘诀是把水果堆高。首先将水果切成适口的小块（0.8 厘米厚的片或 2.5 厘米大小的小块），跟制作水果挞的馅一样，撒上一点面粉和糖。做水果脆片时，馅里的糖不能放太多，因为脆片很甜。如果内馅是大黄，要多放一点糖，苹果则少放；更甜的水果，例如桃子，则几乎不需要放糖。在切水果的时候先尝一尝，再判断加糖的分量，放糖之后再尝一次，随时调整。加面粉的目的是吸收一部分果汁，以免烤成水果汤。不要加太多面粉，一两汤匙就足够了。

水果脆片和馅饼出炉后都是直接端上餐桌，所以最好选一个漂亮的容器。陶瓷烤盘最为理想，因为金属烤盘可能会跟水果里的酸性物质发生反应。烤盘需要约 7.5 厘米深，这样水果馅才能铺得够厚。将这个小烤盘放在更大的烤盘里，以接住溢出的汁水。当脆片变成金棕色，水果开始从烤盘边缘冒泡时，就可以出炉了；而馅饼则需要烤到全熟且通体金黄。如果脆片在水果还没有烤好时已经变得焦黄，可以在顶上盖一层锡箔纸。在最后几分钟的时候去掉锡箔纸，把顶部烤脆。

这两道甜品都应该在出炉后立即上桌，或再次放回烤箱里保温，食用时再拿出来。水果脆片和馅饼本身已经非常可口，但配上鲜奶油以后会更加美味。

水果脆片
苹果和梨
苹果和越橘
油桃和黑莓
水蜜桃和树莓
大黄
草莓和大黄
苹果白兰地渍黑加仑和李子
奥拉里莓
苹果和榲桲

水果馅饼
杏子和树莓
杏子和樱桃
混合莓子
蓝莓

蜜桃脆片和
蜜桃馅饼

8 人份

将：

1.8 千克成熟蜜桃

削皮。可将桃子放进沸水中烫 10～15 秒，将皮撕掉。

把桃子对半切开，去掉桃核，把桃肉切成约 0.8 厘米的厚片。这些桃肉总共应该约 7 杯。先尝一下，再加入：

1 汤匙糖（如果需要的话）

1½ 汤匙面粉

把这些水果铺进约 1.9 升的烤盘里，在顶部盖上：

3 杯脆片（食谱参见本页"脆片"）或

8 块未烘烤过的奶油饼干

在预热至 190℃的烤箱里烤 40～55 分钟（烘烤期间可以给饼干或脆片翻面一到两次，以保证上色均匀），直到烤成金棕色，水果在烤盘边缘冒泡。

变化做法

◆ 将 1.4 千克桃子切片，掺入一两杯树莓、黑莓或蓝莓。

◆ 把白桃、黄桃或油桃混合起来使用。

◆ 搭配鲜奶油、冻奶油或冰激凌食用。

脆片

约 3 杯

如果你不喜欢坚果的话，可以不放。

烤箱预热 195℃。将：

⅔ 杯坚果（碧根果、核桃或杏仁）

放进烤箱烤 6 分钟，冷却后切成粗粒。

把坚果粒放进 1 个碗中，加入：

1¼ 杯面粉

6 汤匙黄糖

1¼ 汤匙砂糖

¼ 茶匙盐（使用咸味黄油的话就不加）

¼ 茶匙肉桂粉（选用）

混合均匀。加入：

12 汤匙（1½ 条）黄油，切成小块

　　用手指、厨师机或打蛋器把黄油拌进面粉混合物中，持续搅拌至形成较粗的颗粒，注意不要过度搅拌成沙粒大小。冷藏到需要用时。你可以提前一周左右制作脆片，放进冰箱冷藏保存。如果放进冷冻柜的话，最多可以保存两个月。

煮水果

　　简单的煮水果是将水果放入淡糖浆里慢煮、收汁，直至软熟。这样煮出来的水果形状完好，味道更加浓郁。为了增添风味，煮水果的糖水里可以加入香料、柑橘类果皮或葡萄酒。梨、桃子、梅子、杏、榅桲、樱桃、柑橘和葡萄干、西梅干、樱桃干、杏干之类的果干，都可以煮。煮水果本身已经是很棒的甜品了，如果再搭配香草冰激凌、饼干、树莓酱或巧克力酱，就足以成为特殊日子里的精致甜点。若直接和糖水一起端上桌，便是一道清新爽口的应季甜品。煮水果还可以用来点缀蛋糕，或作为水果挞的配料。

　　用于炖煮的水果不能太软，因为它需要在煮熟后仍然保持完好的形状。事实上，尚未成熟或略有瑕疵的水果煮过之后的风味会更上一层楼。另外，如果你有很多吃不完的水果，也可以拿来煮，这样可以延长它们的保存期限。有些水果煮之前需要经过预处理，例如梨子需要削皮，出于美观的考虑，我一般会将整颗梨下锅煮，但你也可以将其对半切开，去核后再切成小块。扁桃整颗炖煮后非常可爱。（敲碎几个桃核，取出中间的桃仁放进锅里一起炖煮，会给糖浆增加杏仁精的味道。）樱桃可以去核，也可以不去核。适合煮的苹果有"金元帅""皮平""锡耶纳美人""青苹果"。榅桲在入锅前需要削皮并去核，而且它们需要的炖煮时间比其他水果更长。果干可以直接放入糖水炖煮。

　　煮水果的汤汁一般是淡糖浆。首先在一杯水里加入 ¼ 杯糖，尝一下味道，根据要煮的水果决定是否加大糖的比例。偏酸的水果需要放更多糖。糖水需要完全没过水果，所以你最好用一口比较大的锅，以确保能够轻松装下所有的水果和糖浆，注意选用不会跟水果发生化学反应的材质的锅。首先把糖水烧开，搅拌至糖溶化后把火调小。加入各种喜欢的调味料。无论煮什么水果，我一般都会加入柠檬汁和柠檬屑。你还可以放入半个香草荚、一枝肉桂、黑胡椒粒、丁香或其他香料，也可以放入百里香、罗勒或迷迭香。在水果即将出锅时，加入少许薄荷或柠檬马鞭草，不要放得太早，否则香气会挥发掉。生姜、橙皮和茶叶也会给炖水果带来馥郁的香气。葡萄酒无论干型或甜型，红酒或白酒，都会增添果香和酸度。水和酒的比例大约是1：2。如果你使用的酒比较甜，例如波特酒或苏玳甜白葡萄酒，则需要减少糖的用量。如果你使用蜂蜜、黄糖或枫糖浆作为甜味剂，糖浆颜色会比较深，味道也会更浓。另一种给煮水果增添风味的方式是加入一点莓果酱，例如树莓酱或黑加仑酱。

如果你打算在糖水里加入香料或其他比较辛辣的调味料，要时刻谨记：一小撮香料就会产生非常浓重的味道，尤其是那些浓缩了精华的果干。

糖水调制好之后，便可以放入水果了。有些水果接触空气后会迅速氧化变色（例如梨和榅桲）。你可以在下锅前再削皮，然后一小块一小块地放进锅里。取一张烘焙油纸，剪个小洞，然后盖在锅里的水果上。这种办法可以帮助水果在炖煮过程中入味。如果有水果在炖煮时浮到水面上，轻轻隔着油纸把它们按下去，否则水果可能会上色不均或尝起来口感不一。使用最小火炖煮水果至软而不烂的状态。将筷子或牙签轻轻插入水果，若感觉可以穿透但略有阻力，水果便煮好了。每种水果需要的炖煮时间都不一样。水果的成熟度也会影响炖煮时间。水果越成熟，越容易煮软（各种水果的炖煮时间可能会天差地别，因此你需要在开始炖煮不久便检查一下水果的状态，预估所需时长）。如果你需要煮不止一种水果，最好分开进行，但可以使用同一份糖水。

水果煮好之后，把锅从炉灶上移走，让水果在糖水里自然冷却。如果水果有点过软了，最好从糖水里捞出来，以免它在余温作用下继续变软。待冷却之后，把糖浆倒回水果上。你可以出锅以后立刻享用，也可以和糖水一起装进密封容器，放入冰箱，最多保存一星期。随着时间的推移，水果的味道会越来越浓。你可以将冷藏后的煮水果加热食用，也可以直接冷吃。

煮水果的糖水可以浓缩成酱汁。滤掉糖水里的杂质，倒入不会跟所含成分发生反应的厚底锅中。开火将糖水煮成浓稠的糖浆。挤入一点新鲜柠檬汁，或滴几滴酒增添风味。

煮梨

4 人份

将浓缩的煮水果的汤汁刷在挞或馅饼上会很漂亮。

将：

4 杯水

1¼ 杯糖

倒进厚底锅里煮沸，转小火，保持微微沸腾的状态。

加入：

1 整个柠檬的果汁和皮屑

取：

4 个梨

削皮，去蒂，放入糖水。如果糖水未没过梨子，再加一点水进去。根据梨子的品种和成熟度，炖煮 15～40 分钟，直到梨子变得酥软透明。将锋利的水果刀轻轻插入梨子最厚的位置，判断是否煮好。将锅离火冷却。这道煮梨冷吃、热吃皆可，可以搭配糖水，也可以把糖水进一步熬成糖浆再食用。

把梨子泡在糖水里放进冰箱，让它进一步入味。

变化做法

- 用 3 杯果香型葡萄酒（红葡萄酒和白葡萄酒均可）取代其中 3 杯水。
- 在放入柠檬汁和果皮屑的同时，加入半根肉桂棒、半根约 5 厘米长的香草荚。
- 用 ¾ 杯～1 杯蜂蜜替代糖。
- 把 1 颗梨分成 4 份。将梨削皮去核，纵切成 4 条，放入糖水里炖煮 10～20 分钟至酥软。
- 把梨换成榅桲。削皮、去核，分成 4 份，再切成 0.6～1.2 厘米厚的片，炖煮 45 分钟左右直至酥软。
- 搭配鲜奶油、法式酸奶油或巧克力酱食用，树莓酱也是不错的选择，还可以切一点新鲜树莓粒加进去。

水果冰沙和雪葩

水果冰沙和雪葩是用水果泥或果汁做成的冷冻甜品，果味浓郁，口感清爽。水果冰沙有一种沙沙的美妙口感，而雪葩是用冰激凌机做成，口感细腻丝滑。

冰沙和雪葩的基本原料都是水果和糖。为了增添风味，可以加入一点香草精、利口酒和盐。需要选用熟透、味浓的水果。制作之前先尝一尝，味道寡淡的水果做出来的冰沙和雪葩会淡而无味。任何能打成泥或榨汁的水果都可以用来做冰沙或雪葩。如果选用的水果比较软，则先在食物处理机里打成泥并滤掉籽。但我一般会先将莓果类拌少许糖微微加热，待果汁开始渗出时再打成果泥。梨子和榲桲这类较硬的水果则需要先煮软再使用。柑橘类水果不需要过滤，只需把籽挑出来，留下果肉，这样口感和味道都会更好。

糖不仅会给冰沙和雪葩增加甜度，还会降低果泥的冰点，抑制冰晶形成。如果你打算制作的是口感细腻的雪葩，这一点就格外重要。低温会降低人对甜味的敏感度。因此如果你想获取甜得恰到好处的冷冻甜品，那么它在室温状态下就需要过甜一些。（你可以通过实验找到理想的甜度和口感，准备 3 汤匙果泥或果汁，在每把汤匙里加入不同分量的糖。冷冻之后分别品尝，比较它们的甜度和顺滑度。）

水果冰沙的做法非常简单，只需将水果汁或果泥冷冻即可。把放了糖的果汁或果泥倒进一个浅口杯或不锈钢盘里，放进冷冻室。在加糖的时候注意要少量多次，一边搅拌一边试一下甜度。你还可以在冷冻整份甜品之前先做一小份测试品，看看它在冷冻之后味道如何。把果泥或果汁放进冰箱后，要不时取出搅拌，在阻止大块冰晶形成的同时也可以避免分层。冷冻过程中的搅拌频率越高，冰沙的颗粒就越小。我一般会在果泥的上层和边缘开始结冰的时候搅拌一下，然后待其半结冰的时候再搅拌一次。等冰沙看起来变硬但戳下去仍感觉松软时，从冰箱取出。用一把叉子或刮刀沿着容器的边缘刮一圈，并把冰沙从上到下彻底翻搅一遍，直至完全搅松。把冰沙放入冷藏室，食用时再取出。装进杯子，不要压得太实。你可以额外准备一点水果，上面撒一点糖或煮一下，再搭配冰沙食用。这样一来，就能体验到同一样水果的不同味道和口感了。

雪葩的做法与冰沙大同小异，但它是用冰激凌机制作的。两者最大的区别是，雪葩需要的甜度更高，对口感的要求也更精确。

在大量制作之前，你可以先冻一小份尝一下，以确定自己喜欢的甜度。多做几次之后，你自然而然就知道糖的比例了。把果汁或果泥冷藏一

冰沙无须用冰激凌机制作。

段时间，再放进冰激凌机里，这样可以让雪葩更快地结冰，也能够让冰晶颗粒更细。你可以一次做几种不同的水果雪葩，搭配食用。

柑橘冰沙

4 人份

刨皮刀是很简单的工具，但是刨水果皮屑时很好用。

洗净并擦干：

1.4 千克柑橘或橘子

把其中 2 个柑橘的皮刨成屑倒进平底锅里。

榨取橘汁，大约会得到 2¼ 杯。把半杯橘汁倒进之前的平底锅，加入：

⅓ 杯糖

开火加热，同时不断搅拌，直到糖全部溶解。把余下的橘汁倒进去。

尝一下锅里的混合物，挤入：

1 个新鲜柠檬的汁液（可选）

一小撮盐

再次尝一下，如有需要，可以加入更多糖。把锅中的混合物全部倒进 1 个较浅的容器里，放进冰箱冷冻。注意选取材质不会跟水果发生反应的容器。1 小时之后或见到果汁的边缘和顶部开始结冰时，把冰沙拿出来搅拌一下。2 小时以后或果汁半结冰时再搅拌一次。待果汁结冰但尚未变硬的时候，取出搅松。倒进另一个容器中冷藏。

变化做法

- 如果要做水果雪葩，可多加 ½ 杯糖。将混合物冷藏至完全冷却，倒入冰激凌机中，根据机器指示制作雪葩。

- 在混合物里加入 1 茶匙左右的阿玛涅克白兰地或干邑白兰地。

- 把橘子剥成一瓣瓣，拌一些做好的雪葩或冰沙，放进冰箱里冷冻，需要食用时再取出。

卡仕达酱和冰激凌

香草卡仕达酱

柠檬凝乳

草莓冰激凌

  本章中甜品的做法都很容易掌握。通过简单却力求精细的处理方法，把鸡蛋加工成丝滑绵密的甜点。学会这些基本方法后，你可以做出无数种以鸡蛋为基底的卡仕达酱、布丁、甜酱和冰激凌。只要学会了冰激凌和卡仕达酱的基础做法，你就可以随心所欲地把它们变成任意喜欢的口味，从蜂蜜、焦糖、薄荷到各种不寻常的味道。当然，选择本地的新鲜有机鸡蛋是最好的。

制作卡仕达酱

把牛奶、蛋黄和糖放进锅里小火慢煮，便可得到最基础的卡仕达酱（也叫英式蛋奶酱）。冷藏后的卡仕达酱本身就是一道简单的甜点，但大多数时候会作为佐餐酱料，搭配新鲜水果、烤水果或煮水果及蛋糕食用。

制作卡仕达酱时只需用到蛋黄。经过缓慢加热，蛋黄会逐渐凝固，从而让酱汁变得浓稠。卡仕达酱里牛奶和蛋黄的比例为 1 杯牛奶加 2 个蛋黄。把蛋黄和蛋白分开，蛋白留作他用。蛋黄打入一个小碗，轻柔搅拌至完全打散，用力过度或搅拌次数太多会产生气泡。取一口厚底锅，加热牛奶、糖和切开的香草荚（也可以用香草精替代香草荚，但味道会略有差别。另外，使用香草荚的话，卡仕达酱表面会有可爱的香草籽）。

加热牛奶是为了将糖完全溶解，香草荚的味道进入牛奶，同时令蛋黄凝固。当牛奶微微冒气，且锅的边缘开始出现小气泡时即可，不要让牛奶沸腾。先舀一汤匙牛奶稀释蛋黄，用打蛋器边搅拌升温边把蛋黄全部倒进热牛奶中。

下面就是最重要的一步了。如果温度太高，蛋黄会迅速凝固，无法与牛奶融为一体。为了避免这种情况发生，需要始终以中火烹煮，并不停搅拌锅里的液体。我喜欢用平底木匙在锅里画 8 字，以确保搅拌到锅底的部分。因为锅底是温度最高的地方，也是最容易过热的位置，因此使用厚底锅非常重要。不要忘了刮一下锅底。我发现使用深色木匙更加方便。提起木匙，如果此时匙背能挂住一层，并且手指从中间划过时，酱汁持续分开，不会淌过指痕，卡仕达酱就做好了。此时它的温度在175℃左右。另一个明显的信号是，卡仕达酱开始大量冒气，看起来马上就要沸腾了。在搅拌过程中，随时查看它的状态，在刚开始的一段时间里可能毫无变化，但一旦温度到达时，就会迅速变稠。

制作卡仕达酱之前，先备好滤网和碗。在卡仕达酱稠化之后，迅速离开热源，用力搅拌一两分钟，然后透过滤网倒进碗里。继续搅拌降温，防止进一步烹煮。用力挤压滤网里留下的香草荚，把香草籽和汁液挤进卡仕达酱。你可以立即使用卡仕达酱，也可以待其冷却后倒入密封容器，再放进冰箱冷藏。在食用之前搅拌均匀。

　　你还可以用水果泥、意式浓缩咖啡、焦糖、巧克力或朗姆酒、干邑白兰地等酒类给卡仕达酱调味。在调过味的卡仕达酱里加入奶油，再放进冰激凌机里，就可以做出美味的冰激凌了。卡仕达酱里多放一个蛋黄，或把蛋奶比例调成1∶1，会更加浓厚。

　　除了用炉火煮，卡仕达酱也可以用烤箱制作。例如法式蛋奶糊，它的基础材料是蛋黄和奶油（或一半奶油一半牛奶），比例仍然是2个蛋黄对应1杯液体。把蛋黄和奶油的混合物倒进耐高温的烤碗里，在预热至175℃的烤箱里以水浴法烘烤。当蛋奶糊的边缘凝固，但中央未完全凝固、仍在晃动时，就烤好了。把烤碗从热水中取出冷却。

　　还有一些卡仕达酱甜品在烤好之后可以脱模，例如布丁。它们是用蛋黄和整颗鸡蛋做成的。蛋白会给卡仕达酱提供一定的支撑力，因此在脱模后仍然可以保持完好的形状。经典的布丁是用牛奶和鸡蛋制作的，相对来说比较清爽。布丁原料的基本配比为1个蛋黄对应1个鸡蛋和1杯牛奶。

香草卡仕达酱

2½ 杯

用奶油制作的卡仕达酱是法式冰激凌的基本原料。

取：

4 个鸡蛋

分离蛋白和蛋黄。把蛋黄打散，蛋白留作他用。

取厚底锅，倒入：

2 杯牛奶

3 汤匙糖

把：

1 根 5 厘米长的香草荚

纵向切开，先把香草籽刮到锅里，再把香草荚加入锅中。

准备 1 个碗，上面放 1 个滤网。

中火加热牛奶，不时搅拌，直至糖全部溶解。舀 1 汤匙热牛奶到蛋黄液里，搅拌均匀后再把所有液体倒回锅中。继续用中火加热，不断搅拌，直至液体浓稠到可以挂在匙壁上，不要让蛋奶液沸腾。迅速把蛋奶液滤入碗中。直接食用或冷藏均可。

变化做法
◆ 用稀释牛奶取代部分或全部牛奶，做出更浓稠的卡仕达酱。
◆ 多加 1 个蛋黄，让卡仕达酱稍微浓厚一点。
◆ 用 1 茶匙香草精替代香草荚，需要在卡仕达酱冷却后加入。

水果凝乳

水果凝乳就是水果卡仕达酱，但是不加牛奶或奶油。其中最常见的是柠檬凝乳，基本做法是小心加热柠檬汁、柠檬皮屑、糖、鸡蛋和黄油至浓稠。柠檬凝乳在冷却状态下比较厚重，可以直接抹在其他食物上。虽然香甜浓郁的柠檬凝乳是面包和司康的完美伴侣，但它的用法远远不止这些。填充在挞皮内放进烤箱，可以烤出美味的柠檬挞，还可以在表面加一点蛋白糖霜。柠檬凝乳还可以用作饼干、蛋糕和泡芙（我很喜欢柠檬酱闪电泡芙）的馅料，也可以挤在法式冰激凌上。

柠檬是做凝乳的传统水果，但你的选择远远不止这一种。你可以使用青柠、橘子、葡萄柚等柑橘类水果，也可以使用莓果泥，例如黑莓泥或树莓泥。

按照卡仕达酱的做法加热果皮和果汁（对于柑橘类水果凝乳来说，果皮和果汁对于提味同样重要）或莓果泥、糖、鸡蛋与黄油。用厚底锅煮，开中火持续搅拌，直至凝乳可以挂在匙壁上。注意不要过度加热，否则鸡蛋会凝固。将凝乳倒入碗中或玻璃罐中冷却。在冷却过程中，凝乳会进一步变稠。盛入密封容器，放进冰箱冷藏，最多可以保存 2 个星期。

柠檬凝乳

2 杯

洗净、擦干：

4 个柠檬

把其中 1 个柠檬的皮刨成屑。挤出柠檬汁，大约 ½ 杯。

取：

2 个鸡蛋

3 个蛋黄

2 汤匙牛奶

⅓ 杯糖

¼ 茶匙盐（如果使用咸味黄油就不需要放盐）

混合均匀。加入柠檬汁和果皮屑并搅拌。

加入：

6 汤匙切成小块的黄油

把液体倒进一口厚底锅，开中火加热并持续搅拌，直到液体能够挂在匙壁上不滴落，不要煮沸。把煮好的凝乳倒进玻璃罐或碗里，冷却后加盖冷藏。

变化做法

◆ 梅耶柠檬的汁水偏甜，果皮清香，非常适合做柠檬凝乳。你可以使用 1 个普通柠檬和 3 个梅耶柠檬来制作柠檬凝乳，加入 2 个梅耶柠檬的皮丝。

◆ 在柠檬凝乳里加入等量的鲜奶油。

◆ 制作柠檬凝乳挞。预先烤一张直径 23 厘米的甜挞皮，加入 2 杯柠檬凝乳。把馅料抹平，放进 190℃ 的烤箱里烤制 15～20 分钟，直至内馅凝固成形。

制作冰激凌

冰激凌无人不爱，自家新鲜制作的冰激凌更是个中绝品。一般来说，冰激凌有两种，一种是加了糖和调味料的冷冻甜奶油，第二种是以甜奶油和蛋黄为原料的冷冻卡仕达酱，后者味道更浓郁，口感更细腻。这两种冰激凌都很好吃，我个人偏爱第二种。

冰激凌可以完全用奶油来做，也可以按照一半牛奶一半奶油的比例来制作。后者口感较为轻盈，味道更浓一些。加热奶油，让糖（或蜂蜜）完全溶解。此时可以加入其他调味料，例如香草荚、咖啡豆、香草或坚果碎。让这些调味料在奶油中浸泡 20 分钟左右，然后滤出，等待奶油冷却。水果泥和浓缩果汁都需要在奶油冷却后再加入。而坚果粒、水果粒或巧克力等固体配料则需要在冰激凌冷冻之后再加入，如果放得太早，会影响冷冻过程。如果你要制作卡仕达酱基底的冰激凌，可以在奶油里加入蛋黄，然后加热至稠，待冷却后再放进冷冻室。

你可以用浅锅或托盘冷冻冰激凌，但使用冰激凌机制作口感更加细腻。因为冰激凌机里的搅拌器会持续工作，随时打散冰晶，并能给冰激凌注入少量的空气。市面上的冰激凌机种类很多，传统的冰激凌机由一个木桶和一个金属搅拌罐组成。金属罐和木桶之间放满了盐和冰块，因为盐会降低冰块的温度，从而加速冰激凌的冷冻过程。金属罐里有一个搅拌头，以把手或电动器运转。使用之前，最好先把搅拌头和金属罐冷藏一下，以达到理想效果。市面上还有一些较小的冰激凌机，带有冷却液的双层搅拌罐。你需要先把金属罐放在冷冻室里让冷却液凝固。冷却完成后，就可以把它和马达还有搅拌棒组装起来。

双层冰激凌机更加方便，但是冷却液的冷冻时间较长。如果你的冰箱空间充足，最好把冷却罐放在冷冻室里，以便随时取用。在组装的时候，要确保蛋奶液非常凉，否则会导致冷却液融化，影响机器工作。在倒入蛋奶液的时候，要留下约 1/3 的空间，因为冷冻之后蛋奶液体积会膨胀。用冰激凌机制作冰激凌需要 30～35 分钟。

在刚刚冰冻时，冰激凌还非常软，此时你可以加入固体配料，例如坚果或糖渍水果。小型冰激凌机的顶部一般会有个洞，专供使用者添加配料。如果你使用的是传统冰激凌机，就需要关掉机器，打开盖子。冰激凌做好之后可以马上享用，也可以先放进冰箱冷藏一段时间，令它更加扎实。如果你使用的是传统冰激凌机，可以直接放在金属罐里，靠它外部的冰块冷藏（还可以在顶部加盖一些冰块）。如果你使用的是冷却液型冰激凌机，就不要把冰激凌留在机器里，因为它的温度不够低。你得把冰激凌转移到一个冷却容器中，然后放入冰箱冷冻室。注意要把容器密封严实，以防冰激凌里产生冰晶。冰激凌的风味最长可以维持一周，但是口感会发生微妙的变化。如果冻得太硬，从冰箱里拿出来以后可以先放置几分钟，待其稍微软化后挖起来更容易。

草莓冰激凌

约 950 毫升

在 1 个小碗里打散：

3 个蛋黄

将：

¾ 杯牛奶和奶油（1∶1）混合物

½ 杯糖

倒进一口厚底锅。

取 1 个碗，上面加盖滤网。使用中火加热牛奶奶油混合物，不时搅拌让糖完全溶解。舀 1 汤匙到蛋黄液里，搅拌均匀后再把所有蛋黄液倒回混合物中。用中火加热，不停搅拌，直至蛋奶液稠至可以挂在匙壁上。注意不要煮沸。迅速把蛋奶液倒进碗里。加入：

¾ 杯淡奶油

盖上盖子，让混合物自然冷却。

洗净、擦干：

830 毫升草莓

用料理机或马铃薯压泥器处理成果泥。加入：

¼ 杯糖

不时搅拌，直至糖全部溶解。

把草莓酱倒进冷却的蛋奶液里，加入：

几滴香草精

一小撮盐

待混合物完全冷却后放进冰激凌机，按前文步骤制作。

变化做法

 要增添风味，可以在加香草精的同时再放一两茶匙樱桃酒。

◆ 将830毫升树莓、黑莓、桑葚（个人最爱）或其他较软的莓果打成果泥，滤掉籽，替代草莓。在制作果泥之前，需要稍微加热一下莓果，让其出汁，但树莓除外。如果需要的话，还可以挤入1个新鲜柠檬的果汁。

◆ 用1½杯桃肉泥代替草莓。

◆ 用1½杯梨子或梅子肉取代草莓。但在制作果泥之前，需要先把梅子和梨放在少量糖水里煮软。

◆ 不加蛋黄的话，以上配方仍然成立。制作出的冰激凌会更清爽，但会略带颗粒感，不如原配方丝滑。

饼干和蛋糕

姜饼

茴香杏仁脆饼

1234 蛋糕

　　每个人都有生日，也都应该吃上一个自家制作的生日蛋糕，至少是几片自家制作的生日饼干。而生日只是诸多适合烘焙甜点的节日之一。对孩子们来说，参与一次简单的家庭烘焙是最好的厨艺入门课。他们会学到基本的统筹步骤，学会测量、混合，学会使用烤箱以及打扫厨房。对很多厨师来说，饼干都是让他们爱上烹饪的起点。就算是那些对烘焙缺乏自信的人（就是像我这样的人），也能轻轻松松学会烤饼干和蛋糕。

饼干做法

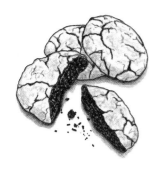

虽然饼干的配方千变万化，但它们都离不开一个最基本的套路：打发黄油和糖，加入鸡蛋，最后加入面粉。不同饼干面糊的稠度大相径庭，有的扎实到能直接擀薄切片，有的稀到得用工具舀到烤盘中；还有一类只加了蛋白的饼干，面糊非常湿润，需要用裱花袋挤在烤盘上，再用刮刀抹平。（有一种很好吃的饼干叫兰朵夏，又叫猫舌饼干，就是用这种面糊做出来的。）

打发黄油和糖，形成松软乳化的状态。打发的过程会为黄油注入空气，使其变得轻柔蓬松。在烘焙过程中，这些气泡会进一步膨胀，让饼干变得松软。你可以手动打发黄油，也可以使用搅拌器。如果使用搅拌器的话，可以同时加入黄油和糖。使用中高速搅打两三分钟（如果你使用的是厨师机，需要换上扁桨）。在搅拌过程中停下一到两次，把边上的糖和黄油刮到中间，确保所有的糖都和黄油混合均匀。只有在室温下充分软化的黄油才能成功打发。如果时间紧张的话，你可以先把冻得硬邦邦的黄油放进搅拌器里，单独打发一小会儿，等它充分软化后再加糖。

黄油和糖打发之后，加入鸡蛋并搅拌均匀。如果使用搅拌器的话，注意随时把边上的混合物刮到中间。鸡蛋也必须提前恢复到室温，如果温度太低，黄油就会凝固、消泡，饼干面糊会结块。在放入鸡蛋的同时，可以添加香草精、利口酒、糖浆和蜂蜜等调味剂。

面粉要在最后加入。最好在每次做饼干的时候都用同一种方式量取面粉，这样会让你的出品更加稳定。我推荐这种方法：把面粉搅拌蓬松。取一个平口量杯，装满一杯面粉；然后用锅铲或刮刀抹平最上层。不要用力按压，否则面粉的体积会被压缩。将面粉倒进黄油蛋液里，搅拌均匀。既要确保面粉和油蛋液混合均匀，又不能过度搅拌，否则会起筋，导致饼干过硬。若需要加盐、香料粉、泡打粉或苏打粉，需要提前跟面粉混合均匀，再一起倒进黄油蛋液里。

学会先把面粉搅拌蓬松，再坚持用同一种方式量取面粉后，我的烘焙水平大大提高了。

如果要加入固体配料，例如坚果碎、巧克力或干果，则需要在面粉和蛋液搅拌均匀后再加入。

饼干面团可以直接烤，也可以冷藏过再烤。需要做造型或擀开的面团往往需要通过冷藏变硬。很多饼干面团都可以卷成长条形后冷藏，烘烤前再切成整齐的形状。长条可以是椭圆形、正方形或长方形等不同形状。饼干面团可以冷冻保存 2 个月，切块的饼干烘焙前无须解冻，所以应切好后再冷冻。

为了做出美味的饼干，花钱购置一两个厚烤盘是值得的。它们能让饼干受热更加均匀，特别是底部颜色不会太深。烤箱温度计也很实用，可以让你了解自家烤箱的确切温度。我喜欢在烤盘里铺一层烘焙油纸或硅胶垫，既能防止饼干粘底，又会使烤盘更容易清洁。烘焙纸可以在分批烤饼干时重复利用。

一半大小的专业用烤盘效果拔群，它会让饼干受热更均匀，避免底部颜色太深。

预热烤箱，确保饼干位于烤箱中央。每个烤箱里都有最热的地方，这个位置的饼干会烤得较快。为了改善这一点，在烤制时间过半时，把烤盘前后上下调过来，更换烤架位置。如果饼干的底部上色太快，可以在原有的烘焙纸下面再垫一层烘焙纸，降低受热速度。烤盘边上的饼干可能熟得较快，如果存在这种情况的话，先把这部分饼干拿出来，将剩下的送回烤箱继续烤。饼干需要完全冷却后再储存。

姜饼

（30 块 5 厘米大小的饼干）

姜饼可以做美味的冰激凌三明治。

将烤箱预热到 175℃。

将：

> **2 杯面粉**
>
> **1½ 茶匙苏打粉**
>
> **½ 茶匙盐**
>
> **2 汤匙肉桂粉**
>
> **1½ 茶匙姜粉**

放进碗里搅拌均匀。

取另一个碗，加入：

> **1 汤匙软化的黄油**
>
> **⅔ 杯糖**

搅拌至松软乳化。

加入：

> **½ 茶匙香草精**
>
> **¼ 杯糖浆**

1 个鸡蛋（室温）

搅拌均匀。

把干材料倒入混合液，搅拌至完全融合，但不要过度搅拌。把面团用塑料膜包起来，放进冰箱冷却 2 小时。

取 1 个砧板，撒一点面粉，把面团擀成三四厘米厚，切成需要的大小，摆放在铺了油纸或硅胶垫的烤盘里，彼此之间留出 4 厘米的间隔。放入烤箱烤 10 分钟左右，直至饼干成形且松软。取出烤盘，先让饼干在烤盘里自然冷却一两分钟，再夹出来。

变化做法

◆ 把面团擀成 2 个直径 4 厘米的圆柱，用塑料膜包起来放进冰箱冷藏 2 小时，或放进冷冻室冷冻 30 分钟。待面团冷却之后，切成 0.6 厘米厚的圆片，摆在烤盘里，块与块中间间隔 4 厘米，按上述步骤烘烤。

◆ 把面团滚成直径 2.5 厘米的小球，摆在烤盘里，中间留出 8 厘米左右的间隔，用平底玻璃杯压扁，撒少许糖。

◆ 在面糊里加入 ½ 茶匙新鲜磨制的黑胡椒粉，可做出辛辣口味的饼干。

意大利脆饼

脆饼（Biscotti）在意大利语里有"烤两次"的含义。做法是先烤一长条饼干，出炉后切成薄片后再烤一次。这些饼干又干又脆，非常容易保存；而且它们并不是非常甜，我很喜欢这一点 。脆饼里会加入各种材料增加味道，例如坚果、巧克力、香料、利口酒和干果等。我喜欢用浅焙过的杏仁和茴香来制作。这样的脆饼用来配茶、咖啡或葡萄酒都很棒。

我在制作意大利脆饼时一般不加黄油。首先将鸡蛋和糖打到质地蓬松、颜色发白，用打蛋器挑起会形成 1 个小尖，并且不会马上消掉。室温下的鸡蛋只需要三四分钟就能打发，但冷冰冰的鸡蛋需要将近 10 分钟才能打发。如果你忘记提前把鸡蛋从冰箱里拿出来，可以放入 1 杯略烫的水里浸泡几分钟。

在打发的过程中，蛋糖液中会注入很多空气，这会让杏仁脆饼口感更加轻盈。打发完毕后，需要马上加入面粉，然后小心加入其他材料，否则鸡蛋会逐渐消泡。将面团揉成条形，放在铺了烘焙油纸的烤盘上。

脆饼蘸巧克力（可选），配上樱桃或柑橘，是一顿饭的完美尾声。

此时的面团应该又湿又黏。你可以先把手打湿，以防面团粘手。用双手和 1 把汤匙小心地把面团表面整理平滑，放入烤箱烤至成形且颜色金黄。刚出炉的面团非常易碎，需冷却之后才能进行下一步。你得小心地连着烘焙纸一起把面团转移到冷却架上。待面团彻底冷却之后，使用 1 把锯齿形面包刀切成薄片。把这些薄片放回烤盘，重新烤至金黄酥脆。意大利脆饼可以在密封容器里保存 1 个月。

茴香杏仁脆饼
40 块

烤箱预热到 180℃。

将：

> **1½ 杯杏仁**

铺在烤盘里，烤 5 分钟，冷却后切成粗粒。

取：

> **2¼ 杯未漂白的中筋面粉**
>
> **1 茶匙泡打粉**
>
> **¾ 茶匙茴香籽**

混合均匀。

另取 1 个碗，打发：

> **3 个鸡蛋（室温）**
>
> **1 杯糖**
>
> **¼ 茶匙柠檬皮屑**

立刻将面粉混合物倒进去搅拌，加入杏仁粒。

把面团揉成 2 个 8 厘米宽的长条，放进烤盘，中间间隔 8 厘米左右，用湿手把面团抹平滑。放入烤箱烤 25 分钟，直至面团呈浅金色。把面团从烤箱里取出，冷却 10 分钟左右。将烤箱的温度调到 150℃。把面团切成约 1 厘米厚的饼干，放回烤箱烤 10 分钟，取出翻面后再烤 10 分钟，直至饼干呈金棕色。

变化做法

◆ 用 1 杯葡萄干和 1 杯核桃替代杏仁。也可以使用其他干果和坚果，分量同上。

- 加入 ½ 杯切碎的糖渍柑橘皮。
- 用其他香料替代茴香籽，例如小茴香、香菜等，或不使用香料，将柠檬果皮的分量增加到 1 茶匙。

制作蛋糕

从零开始学做蛋糕是件非常有成就感的事。1234 蛋糕是一种传统蛋糕，它的名字便体现了材料——黄油、糖、面粉、鸡蛋的基本配比。这种蛋糕湿润柔软，香甜可口。1234 蛋糕配上几片新鲜水果，就是一顿美好的茶点；加上精美的装饰后，它又可以变身为华丽的生日蛋糕和婚礼蛋糕，或可爱的杯子蛋糕。

相比其他大多数烹饪方式，烘焙对精确度的要求更高，预先准备并称量好所有的材料会让接下来的步骤轻松许多。制作蛋糕的第一步是准备烤盘、预热烤箱和备齐材料。首先，你需要用一块软化的黄油把烤盘内部擦一遍。为了防止蛋糕粘底，可以取一张烘焙纸，剪成烤盘底部的形状，然后铺在烤盘里。别忘了在这张烘焙纸上刷一遍黄油。有些配方可能还会要求你在烤盘底部撒一层面粉（巧克力蛋糕需要撒可可粉），旋转烤盘，让面粉均匀地散布在黄油上。完成以上两步之后，把烤盘倒扣过来，抖掉多余的材料。

蛋糕送入烤箱后的头几分钟会决定它的膨胀状况。烤箱温度过低会导致蛋糕无法完全膨胀。因此烤箱至少要预热 15 分钟，并用温度计测量一下内部的实际温度。

提前在室温下称好所有的材料会顺利和轻松许多，也会大大降低出错的概率。所有的材料必须处于室温状态。如果材料温度太低，会导致黄油

1234 口诀
1 杯黄油
2 杯糖
3 杯面粉
4 个鸡蛋

泡打粉是一种发酵剂，它会在受热时和液体环境发生反应，产生二氧化碳，从而让打发黄油时产生的气泡体积变大，帮助蛋糕膨胀升高。泡打粉的保质期通常是半年到一年，因此最好在购买时检查一下生产日期，或者自己标上生产日期。

结块，蛋糕回缩消泡，降低蛋糕的蓬松度。要至少提前 30 分钟把黄油从冰箱里取出。切成小块的话，黄油软化速度会加快。量出需要的牛奶，提前分离蛋白和蛋黄，让它们有足够时间回温。

面粉需要提前跟盐、苏打粉或泡打粉混合均匀。如果你想要做出更加轻盈的蛋糕，可以使用蛋糕粉。它由低筋小麦制成，蛋白质含量较低，颗粒非常细，其次的选择是烘焙粉。你也可以使用中筋面粉，但是做出来的蛋糕口感会比较结实粗糙。按重量称面粉是最精确的，但北美的很多配方是根据体积称量材料。使用的面粉量对蛋糕口感影响很大，因此为了保持口感一致，最好每次都使用同一种方式称量面粉。若需要做比较精致的蛋糕，我建议先取用比所需数量多一些的面粉并过筛，增加面粉的蓬松度，使其更容易与其他材料混合，从而令蛋糕更松软。最好使用干燥的平口量杯，不要用那种有尖嘴的量杯，装进面粉，用锅铲或刀把顶部抹平。不要敲打量杯或在桌子上磕量杯，这样会让面粉压得过于紧实。然后将其他材料加入面粉中，搅拌均匀。很多配方会建议你将其他材料和面粉一起过筛混合。但是搅拌能让它们混合得更加均匀。

制作面糊的第一步是加糖打发黄油。不断搅打黄油和糖，直至乳化蓬松。如果使用电动搅拌器，可以在打发黄油时加入糖。如果是手动搅拌，先将黄油搅打一会儿再加糖继续搅打。打发黄油和糖需要 5～10 分钟。这一步千万不能马虎，这是做出柔软、蓬松、细腻的蛋糕的关键步骤。糖会与黄油结合成一个个气泡，随着黄油越来越轻盈，这些气泡也会不断膨胀。这种充气的混合物是蛋糕的基础。将室温下的蛋黄逐个加入混合物中，注意要等前一个蛋黄完全与黄油和糖融合之后再加下一个。在加入所有的蛋黄之后，混合液看上去可能会有点结块，不要担心，加入面粉后会恢复正常。

接下来，把面粉混合物和室温下的牛奶交替着加入油蛋糊里，确保开始和最后放入的都是面粉。为了达到最佳效果，用面粉筛或细孔滤网分三次筛入面粉。不需要等面粉与油蛋糊混合均匀后才加牛奶，将所有材料放入后再搅拌均匀即可。牛奶会让面粉起筋，过度搅拌会促进面筋形成，从而使蛋糕偏硬。

把蛋白打发至硬挺但顶端湿润的状态。先把 1/3 的蛋白倒入面糊稀释，然后把剩下的也倒进去。把面糊倒进事先准备好的烤盘里，此时烤盘里至少要留出三分之一的空间，以便蛋糕膨胀升高。

为了实现最佳效果，应把蛋糕放在烤箱中央烘烤，可根据需要调整烤架的位置。如果有可能的话，在烘烤的前 15 分钟不要检查蛋糕。因为一旦打开烤箱，内部的温度就会迅速下降，可能会导致蛋糕制作失败。15 分钟过后，蛋糕的结构已经基本形成。如果你发现蛋糕已经明显膨胀，颜色变黄，并且开始与烤盘壁分离的时候，可以将其取出检查是否熟透。将 1 根牙签插进蛋糕的中心，如果拔出时没有粘上面糊，说明蛋糕已经烤好了。待蛋糕冷却再取出烤盘。

1234 蛋糕是一种非常湿润的蛋糕，可以提前 1 天制作。为了保持最佳风味，将其留在烤盘里，尽量严实地盖好。要吃的那天再脱模并装饰。用 1 把刀沿着烤盘壁转一圈，蛋糕便可脱模。将蛋糕转移到 1 个盘子里。撕下烘焙油纸，再把蛋糕放进另一个盘子里。

1234 蛋糕

（可做 2 个直径 23 厘米的
圆蛋糕）

这个配方可以轻松减半或翻倍。做单层蛋糕时，我一般会把配方里的材料减半。

把烤箱预热到 180℃。

在烤盘内部抹一遍黄油，铺上烘焙油纸。在烘焙纸上再抹一层黄油，撒上面粉，抖掉多余的部分。

取：

4 个鸡蛋

分离蛋白和蛋黄。

取：

　　1 杯牛奶

过筛、量取：

　　3 杯低筋面粉

加入：

　　4 茶匙泡打粉

　　½ 茶匙盐（如果使用咸味黄油，则加入 ¼ 茶匙盐）

在另一个碗里打发：

　　1 杯软化的黄油

加入：

　　2 杯糖

打至轻盈蓬松。

依次加入：

　　4 个蛋黄

　　1 茶匙香草精

混合均匀，交替加入面粉和牛奶。面粉分成 3 份加入，确保开始和最后加入的都是面粉，搅拌至与蛋糕完全融合。再取 1 个碗，将蛋白打发至发硬但顶部微软的状态。先把三分之一的蛋白加入面糊，然后轻轻加入剩余部分。把面糊倒进准备好的烤盘里，放进烤箱中烤制 30～40 分钟。将 1 根牙签插入蛋糕中心，如果没有粘上面糊则表示可以出炉。

变化做法

◆ 把蛋糕糊分成 3 份，倒进 3 个烤盘里，做成 3 层蛋糕。如果使用马芬杯，可以烤出 24 个杯子蛋糕；或使用纸杯烤出 30 个杯子蛋糕。你也可以把它倒进 30 厘米×46 厘米的烤盘里，做成 1 个薄蛋糕。杯子蛋糕和薄蛋糕需要烤约 20 分钟。

◆ 如果要做柠檬蛋糕，在蛋糕糊里加入 1 汤匙磨细的柠檬皮屑和 2 茶匙柠檬汁。在蛋糕外以 1∶1 的比例抹上柠檬奶油酱和鲜奶油。

◆ 如果要做橘子蛋糕，加入 1 汤匙磨细的橘子皮屑和 2 茶匙橘子汁。配鲜奶油和草莓切片食用。

下 篇

餐桌上

日常食谱

家常小食

香草烤杏仁

1½ 杯

将烤箱预热至 190℃。

将：

1½ 茶匙热水

1½ 茶匙盐

放入碗中，搅拌至盐溶解。放入：

1½ 杯杏仁

3 枝百里香（仅放叶子）

1 枝冬香薄荷（仅放叶子）

混合均匀。

将混合物倒入平底铸铁锅或烤盘，尺寸要大到足以让杏仁可以铺成一层。烤 15～20 分钟，每 5 分钟左右翻动一下，直至杏仁内部变成金棕色（可以切开看看）。坚果在颜色变深以后很容易烤煳。千万要小心！把烤好的杏仁从烤箱里拿出来，倒进大碗里。趁热加入 2 茶匙橄榄油。如有需要，可以再加一点盐。

变化做法

◆ 试用不同的香草，例如牛膝草、切碎的鼠尾草等。

◆ 试用不同的坚果，核桃、榛子和碧根果都是不错的选择。

◆ 不放盐水，直接干烘坚果。出炉后再加盐和橄榄油。

热橄榄

1 杯

把橄榄简单冲洗一下，稍稍加热会让香气散发；加入香草、大蒜和少许果皮屑提味。

滤网中放入：

1 杯带核橄榄（不同味道和颜色）

在流水下冲洗后控干。

取小厚锅里，烧热：

2 茶匙橄榄油

加入控干的橄榄与：

1 瓣大蒜，去皮，切成 4 小块

1 个辣椒，鲜辣椒或干辣椒均可

3 枝百里香或山香薄荷

2 条橘皮或柠檬皮（擦成屑）

开小火加热 5 分钟左右，不时翻动一下，直至橄榄热透。关火后等待几分钟再将橄榄从锅中倒出。尽量趁热食用。橄榄冷却后稍稍加热便可回温。

变化做法

◆ 用其他香草取代百里香或山香薄荷。

◆ 加入少许整颗茴香籽、小茴香籽、葛缕子或黑芥末籽。

◆ 加入几撮卡宴辣椒粉或红辣椒粉。

拌莙达菜

3～4 人份

你可以用这种方法处理任何绿叶菜，芥菜、莙达菜、菠菜、芝麻菜或羽衣甘蓝均可，但注意要把每种蔬菜分开处理，因为它们需要的烹煮时间不同。羽衣甘蓝这类较硬的蔬菜需要的时间更长。做好之后，可以将它们任意混合，使用同一种橄榄油腌泡汁调味，趁热堆在酥脆面包丁上，或待冷却后包在生火腿片里吃。

清洗：

340 克莙达菜

一根一根地洗，一手握住茎部，另一只手把叶子剥下来（菜茎可以留作他用，例如奶汁烤菜）。把叶子切成 5 厘米左右的小块。

用中火加热厚底锅。倒入：

1 汤匙橄榄油

加入切碎的莙荙菜并撒少许：

盐

不时翻炒约 5 分钟，直至变软。一般来说不需要额外加水，洗后残余的水就足够保持锅内湿润了；但如果需要的话，可以加少许水。

将莙荙菜从锅中盛出，冷却。挤掉多余的水分，把菜叶转移到另一个碗里。加入：

1 汤匙橄榄油

1 瓣大蒜切碎，

1 个柠檬榨的汁

1 把干辣椒碎

尝一下味道，如有需要，可进一步调味。上桌。

橄榄酱

约 ⅔ 杯

混合：

½ 杯黑橄榄，去核并切成粗粒

1 汤匙酸豆，洗净、滤干并切碎

2 条腌渍鳀鱼，去骨并切碎

1 瓣蒜，剁成蒜泥

1 枝山薄荷，只留叶子并切碎

½ 茶匙白兰地（可选）

¼ 杯橄榄油

如有需要，可额外加盐。

将以上混合物在室温下放置 30 分钟，让所有材料味道融合。

变化做法

◆ 拌入 2 汤匙烤杏仁碎。

◆ 加入 ¼ 茶匙柠檬皮屑。

◆ 把黑橄榄换成绿橄榄，或是以 1∶1 的比例混合两种橄榄。

烤甜椒

4 人份

将烤箱预热至 230℃。洗净、沥干：

3 个中等大小的甜椒

放进有边的浅烤盘里，每个甜椒间隔至少 1 厘米，以便上色均匀。送入烤箱，每 5 分钟检查一次。当甜椒颜色开始变深时就翻面。持续翻面，直至表皮开始鼓泡，颜色发黑但又没有完全脱落，甜椒变软，总共需要约 35 分钟。如果表皮快要脱落但甜椒仍然比较硬，可把甜椒放在 1 个加盖的容器里蒸。烤好之后自然冷却。

把甜椒对半切开，去掉籽和梗，剥掉表皮，然后把甜椒肉切成约 1 厘米的条状。

加入：

1 小瓣蒜（剁成蒜泥）

1 汤匙橄榄油

1 茶匙醋

1 茶匙新鲜牛膝草，切碎

现磨黑胡椒

盐（酌情加入）

拌匀。冷却至室温。可以作为开胃拼盘的一部分，也可以搭配烤肉食用。

变化做法

◆ 如果喜欢烟熏的味道，可以用中温煤炭烤。

香草橄榄油浸乳酪

170 克

这道菜可以用任何味道温和的软质白乳酪来制作，例如圆条或球状的山羊乳酪、菲达乳酪，甚至稠密的酸奶乳酪都可以。油浸乳酪可以抹在酥脆面包丁上，也可以切碎拌进沙拉。

将：

170 克山羊乳酪或菲达乳酪

切成 1 厘米大小。将乳酪放进 1 个不会起反应的容器里，加入：

¾ 杯特级初榨橄榄油

3～4 枝百里香

2～3 片月桂叶

将容器密封，放入冰箱静置 1 天至 1 周。

变化做法

- 用其他香草，例如迷迭香、牛至叶、山香薄荷或牛膝草。
- 加入几根干红辣椒，增加一点辣味。
- 加入几粒整颗的香料，例如黑胡椒、小茴香、八角、小茴香或香菜籽。
- 加入 ¼ 杯洗净沥干的尼斯橄榄。
- 留出一半分量的橄榄油。将两三瓣蒜去皮并对半切开，放在橄榄油里，小火煎至软糯但颜色尚未变棕。待橄榄油冷却后连大蒜一起倒在乳酪上。
- 把乳酪从橄榄油里捞出来，裹上干面包屑，放入烤箱烤 5～10 分钟至酥脆变色。搭配蒜味沙拉食用。

茄子酱

2 杯

将烤箱预热至 200℃。

纵向对半切开：

2 个中等大小的茄子

在切面撒上：

盐

现磨黑胡椒

橄榄油

把茄子切面向下放进烤盘，烤至软糯。如果靠近茄蒂的部分已经软了，整个茄子就烤好了。将茄子从烤箱里取出，自然冷却。将茄肉刮出来，放入碗中搅拌成泥。

加入：

2 汤匙新鲜柠檬汁

¼ 杯橄榄油

盐

现磨黑胡椒

1 瓣蒜，磨成蒜泥

2～4 汤匙欧芹或香菜碎

搅拌均匀并尝一下，酌情加入更多盐或橄榄油。

变化做法

- 用 2 汤匙薄荷碎替代欧芹或香菜。
- 加入 ½ 茶匙磨碎的烤香菜籽。烘烤时，将整颗香菜籽放进厚底锅，中火加热至颜色略微变深。用研钵磨碎，或用厚底锅压碎。
- 加入一两撮干辣椒碎。
- 如果喜欢烟熏的味道，留下 1 个完整的茄子，放在炭炉上烤软后对半切开，挖出茄肉，与其他材料混合。

酿馅鸡蛋

12 个切半的鸡蛋

　　这个配方是经典美食"魔鬼蛋"的简易版。但我不喜欢用一大堆香料和配料盖住鸡蛋本身的鲜味，一般只在上菜之前撒一点现切的香草碎。

　　取中等大小的炖锅，加水煮沸。放入：

6 个室温鸡蛋

　　以小火煮 9 分钟，然后把鸡蛋放进冰水浸泡至冷却。

　　剥壳后把鸡蛋纵向对半切开，然后小心取出蛋黄，放入另一个碗中。

　　把蛋白部分放在盘子里，切面朝上，撒上：

盐

现磨黑胡椒

　　用叉子把蛋黄碾成泥，加入：

3 汤匙蒜泥蛋黄酱（见 44 页）

1 茶匙第戎芥末

盐

现磨黑胡椒

　　如果蛋黄还是太稠，用茶匙一点点加入冰水，直至浓度合适。酌情调味后把蛋黄填进蛋白。如果你不能在 1 小时之内食用的话，先把鸡蛋放进冰箱冷藏。上桌之前，在鸡蛋上点缀一些新鲜香草，如香葱或欧芹。

变化做法

◆ 用软化黄油和橄榄油的混合液代替蛋黄酱。

◆ 在蛋黄泥里加入红辣椒粉，或把辣椒粉撒在做好的酿馅鸡蛋上，也可以两者同时进行。

◆ 在蛋黄泥里加入切碎的新鲜香草，例如欧芹、细叶芹、香葱、薄荷、龙蒿或香菜。

◆ 在蛋黄泥里加入蒜泥，在每个酿馅蛋上放一条腌鳀鱼。

◆ 在蛋黄泥里加入切碎的酸豆和橄榄。

墨西哥牛油果酱

4 人份

　　牛油果种类很多，全都可以用于这道菜，但哈斯牛油果是最理想的选择。这种牛油果味道浓郁，有坚果和香草的气味。它可以存放很久，易于剥皮，而且很好去核。用手轻捏牛油果，如果感觉微软的话就是成熟了。

　　对半切开：

2 个熟透的牛油果

　　去掉果核。挖出果肉，大致碾成泥。放入：

1 汤匙新鲜青柠汁

2 汤匙洋葱，切细

2 汤匙香菜，切碎

盐

　　搅拌均匀。品尝一下，酌情加入更多盐和青柠汁。

变化做法

◆ 加入 1 个去籽并切细的墨西哥青辣椒或赛拉诺辣椒，做成辣味牛油果酱。

醋泡菜

很多蔬菜都适合做成美味的醋泡菜。与需要花费数周甚至数月制作的发酵泡菜不同，醋泡菜只需要几分钟就能做好，并且能保存一周。醋泡菜用途很广，既可以点缀肉食餐盘，也能单独作为开胃菜。在进行准备工作时，你首先需要把下文列出的泡菜水材料全部混合在一起并煮沸。接着分别把每种蔬菜煮一下，在蔬菜熟透但还保有脆度时捞出来。待所有蔬菜、泡菜水冷却至室温，倒进 1 个密封容器，使泡菜水没过蔬菜，放进冰箱冷藏。

使用这种方法可以制作泡花椰菜、泡胡萝卜片、泡洋葱、泡秋葵、泡芜菁片、泡豆角、泡块根芹，等等。有时候我会把紫洋葱切成极薄的片，然后直接将沸腾的泡菜水倒上去。它们会在冷却的过程中被泡菜水的余温焖熟。这道小菜可搭配熏鱼和新鲜马铃薯食用。

泡菜水里的材料可以随意更换，例如以红醋代替白醋，或者加点番红花、其他干辣椒或新鲜的佳勒佩诺辣椒片。

制作 3½ 杯泡菜水，需要混合煮沸：

1½ 杯白醋

1¼ 杯水

2½ 汤匙糖

½ 片月桂叶

4 枝百里香

½ 个卡宴辣椒或一小撮干辣椒碎

½ 茶匙香菜籽

2 颗丁香

1 瓣蒜（去皮并对半切开）

一大撮盐混

乳酪泡芙

40 个小乳酪泡芙或 20 个大泡芙

我的朋友露露住在法国邦多勒，她很喜欢做这种泡芙，一般会做成鳀鱼口味。刚刚出炉的泡芙和冷冽的玫瑰起泡酒是绝配。

在厚底锅里加入：

½ 杯水

3 汤匙黄油（切成小块）

½ 茶匙盐

加热但不要煮沸。

待黄油化开后，一次性加入：

½ 杯面粉

不停搅拌，直至面糊均匀且与锅壁分离。继续加热和搅拌 1 分钟，把面糊倒进大碗里晾凉（搅拌会加速冷却过程）。

待面糊稍微冷却后，分次加入并打散：

2 个鸡蛋

注意要把第一个鸡蛋完全打散后再加入第二个。

加入：

85 克格吕耶尔乳酪（约 ¾ 杯）

将烤箱预热到 200℃。在 2 个烤盘里铺上烘焙油纸（非必要，但这会让清洁过程更简单）。用汤匙一点一点地将面糊舀进烤盘，每块直径约 2.5 厘米或 5 厘米，间隔 4 厘米。你也可以用 1 厘米的平口裱花嘴把面糊挤到烤盘里。

以 200℃烤 10 分钟，中途不要打开烤箱。然后把温度调到 190℃，再烤 15 分钟左右，直至金黄酥脆。用一把锋利的尖刀在每个泡芙上划一道小口，让热气散出，这样有助于让它们保持松脆。最好在泡芙出炉后立刻食用。冷掉的泡芙可以放进 190℃的烤箱加热 3 分钟，它们会再度变脆。

变化做法

◆ 你可以用两三包腌渍鳀鱼替代乳酪。注意要将鳀鱼泡水、去骨并剁碎。

荞麦松饼

4 人份

这种松饼的面糊要分 2 个阶段制作。首先做发面团（混合牛奶、面粉、鸡蛋黄和糖，使酵母开始起作用，形成更有层次的味道），首次发酵后再加入更多的牛奶和面粉。

稍稍加热：

6 汤匙牛奶

拌入：

¾ 茶匙干酵母

在另一个碗中放入：

¼ 杯荞麦面粉

¼ 杯中筋面粉

1 茶匙糖

¼ 茶匙盐

搅拌均匀。在牛奶里倒入：

2 个蛋黄

把这些全部倒进干材料中，搅拌至完全融合。加盖后放在温暖的地方，直至面团发至 2 倍大，大约需要 1 小时。

待面团发好后，一点一点加入：

¼ 杯荞麦面粉

¼ 杯中筋面粉

加入：

6 汤匙牛奶，室温

一次加一点。将所有材料混合至顺滑均匀的状态。让面团再度发至 2 倍大，需要约 1 小时。面团可以在凉爽的室温下存放 4～5 小时。

在下锅之前，将：

2 个蛋白

打发成一座柔软的"小山"，倒进面糊中，翻拌混匀。

用汤匙把面糊滴在加热过的抹了少许黄油的平底锅里。荞麦松饼比其他松饼熟得快很多，一旦边缘变干，就要马上翻面，不要等到表面大范围起泡再翻面。将另一面煎至轻微变色便可出锅了。

荞麦松饼最好趁热配上熔化的黄油和法式酸奶油食用。你也可以搭配咸味配料食用，例如烟熏鲑鱼、乌鱼子、鱼子酱、香葱，或配苹果泥或果酱吃。

变化做法

◆ 荞麦松饼是很棒的早餐。可以提前一天做好面糊，二次发酵后放入冰箱冷藏。第二天早晨，把面糊置于室温下，加入打发的蛋白并煎制。配温热的杏子酱食用。

牡蛎，生吃与熟食

刚从海里捞上来的鲜活无比的牡蛎是最美味的。它们有着大海的活力，海水最冷的时候牡蛎也最好吃，到了夏季，随着水温变暖，进入繁殖期的牡蛎肉会变得过于肥腻。购买牡蛎时要挑选那种壳子紧闭的。把它们放在透气的袋子或容器里再放进冰箱，让它们可以呼吸。

生吃牡蛎的话，要等食用之前再开壳。开牡蛎时要非常小心，最好戴上厚实的手套或者包一层毛巾，以防割伤手。使用牡蛎刀或较钝的刀撬开牡蛎，不要用锋利的刀。把毛巾放在一个坚硬的台面上，将牡蛎放在毛巾上，较平的一半朝上。用毛巾包住牡蛎的前端，用牡蛎刀顺着两片壳闭合处的空隙插进牡蛎后端。前后移动牡蛎刀并转动刀锋，撬开牡蛎。打开壳子之后，把刀平着伸进平壳的内部上方，贴着壳切断连接两个壳子的肌腱。注意要让刀紧贴贝壳，确保只切断肌腱而没有破坏牡蛎肉。丢掉上面的壳，再把刀插进下面的壳里，沿着内部把肉从壳中分离出来。挑出壳子的残渣。把牡蛎放在碎冰上，尽可能保存汁水（制作碎冰很容易，用锤子把一袋冰敲碎或用处理机打碎均可）。

我喜欢把牡蛎放在壳里，搭配柠檬和胡椒酱食用。胡椒酱的做法是将 1 个小洋葱剁碎，加入 3 汤匙白醋、3 汤匙干白葡萄酒或香槟，以及现磨黑胡椒。

熟牡蛎的做法是首先按照上文的做法去掉上部的平壳。为确保受热均匀，把它们放在铺满了岩盐的耐热碟上。你可以用多种方法给牡蛎调味：加入 1 汤匙辣味莎莎酱，加入蒜泥黄油和面包屑，或加入熟培根丁和香葱。我最喜欢的口味是加入碎洋葱、黄油、现磨黑胡椒、欧芹、柠檬皮屑和柠檬汁。在每个牡蛎上浇 1 汤匙调味汁，放入预热 200℃的烤箱烤 6～8 分钟，直至牡蛎肉变得紧实。出炉后搭配新鲜面包或酥脆面包丁食用。

也可以用炭火烤开壳（见 147 页），就壳吃。还可以把肉从壳中取出来，裹上面包屑（见 60 页）炸着吃。

酱 汁

参见

塔塔酱

1 杯

可以搭配炸龙利鱼或牡蛎。

在 1 个大碗里放入：

1 个蛋黄

1 茶匙白葡萄酒醋

½ 茶匙水

一撮盐

用打蛋器搅拌均匀。在 1 个带尖嘴的量杯里倒入：

¾ 杯橄榄油

缓缓将橄榄油倒入蛋黄液，用打蛋器不停搅拌。随着油被蛋黄吸收，酱汁会越来越浓稠，颜色发白，变得不透明。这个过程可能会很快。此时你可以稍微快些地将橄榄油加进去，搅拌至融合。如果蛋黄酱太厚重，可以用少许水或醋稀释。

在橄榄油全部加进去之后，拌入：

1 汤匙酸豆，切碎

1 汤匙小酸黄瓜，切碎

1 汤匙欧芹，切碎

1 茶匙龙蒿，切碎

1 茶匙香葱，切碎

1 汤匙细叶芹，切碎

酌情加入：

盐和现磨黑胡椒

如果有需要的话，再加一点醋。

混合均匀后静置 30 分钟，让所有材料的味道充分融合。

变化做法

◆ 用 2 茶匙新鲜柠檬汁和 ¼ 茶匙柠檬皮屑代替白酒醋。

白酱（贝夏梅尔酱）

2 杯

这是一道基础白酱，适合用来制作千层面、奶汁烤菜和咸味蛋奶酥。

取 1 个厚底锅，加热熔化：

3 汤匙黄油

加入：

3 汤匙面粉

开中火加热 3 分钟。一点一点加入：

2 杯牛奶

不停搅拌。为了避免结块，要确保先前加入的牛奶已经跟面粉完全融合，再继续加牛奶。如果有结块，在全部牛奶都加入后过滤 1 次，把液体重新倒回锅中加热。不停搅拌，让锅里的液体缓慢沸腾。然后将火开到最小，煮 20～30 分钟，不时搅拌，以免粘锅。加入：

盐

一撮豆蔻粉（可选）

一撮卡宴辣椒粉（可选）

要立即使用或保温，因为酱汁在冷却之后会凝固。

变化做法

◆ 做蛋奶酥需要更加浓稠的白酱，你可以增加面粉用量并减少牛奶的用量，调整为 4 汤匙黄油、4 汤匙面粉和 1½ 杯牛奶。

◆ 如果要做奶汁烤菜，用蔬菜汁（焯蔬菜的水或是从烫过的绿叶菜里挤出的菜汁）取代少于 1 杯的牛奶。

肉卤

约 1½ 杯

肉卤通常用烤肉汁做成。这种方法适用于任何烤肉，如牛肉、羊肉、猪肉、鸡肉、火鸡。你可以直接用烤肉的烤盘制作肉卤。

把烤肉从烤盘里取出保温。撇掉大部分油脂，只留下 1 汤匙左右的油。把烤盘放在灶上，开小火，倒入：

1 汤匙未漂白的面粉

加热几分钟，不停搅拌，然后缓缓倒入：

1½ 杯高汤或水

继续搅拌，以免结块。加热至肉卤沸腾，不时搅动。注意把所有粘在烤盘上的焦块刮下来，它们会给肉卤增添浓郁的风味。加入：

盐

现磨黑胡椒

如果肉卤中仍然有较大的面粉颗粒，用滤网滤除。

浓缩牛肉酱

约 1 杯

这种酱汁最好使用不同部位的骨头熬制：关节部分的软骨和筋膜能使汤汁更浓稠；胫骨和颈骨则可以带来浓郁的肉味（可以把胫骨上的肉切下来煎）。肉和骨头缺一不可，它们都会给酱汁带来必要的风味和口感。

在厚烤盘或烤肉盘中放入：

1.4 千克牛骨（最好是带肉的骨头和关节）

送入 200℃ 的烤箱烤至棕色。整个过程需要 40～50 分钟。在烤牛骨的同时，将厚底汤锅置于中火上。趁热加入：

2 汤匙橄榄油

230 克牛肉（牛腿肉、牛腱肉或牛肩肉，切成 2.5 厘米的小块）

将肉煎炒至棕色。倒掉锅里的大部分油，加入：

1 个胡萝卜，削皮并切成大块

1 颗洋葱，切成大块

1 根芹菜

一撮盐

不停翻炒至蔬菜出水，注意千万不要煳底。加入：

¼ 茶匙黑胡椒

1 整颗丁香

2 个多香果

3 枝百里香

几根欧芹

1 杯干红葡萄酒

搅拌均匀，及时把锅底的焦块刮下来。

炖煮至红酒明显变少之后，加入烤好的骨头和：

5 杯鸡高汤或牛高汤

煮沸后转小火，撇掉浮沫。捞出骨头带进来的油脂。如果油脂里有焦块，刮下来放回锅里。继续以小火炖煮 3～4 小时。压出肉和蔬菜中的汁水，尽可能撇掉所有油脂，将肉汤倒进 1 个浅口锅里收汁。将汤汁煮沸并浓缩到 1 杯左右的分量。加盐调味。

变化做法

◆ 用白葡萄酒代替红酒。

◆ 用 1.4 千克羊骨（其中 470 克使用带肉的羊颈）和约 110 克羊肉替代牛肉和牛骨。

◆ 用 1.4 千克猪骨和约 230 克猪肉代替牛骨和

牛肉。

◆ 用 1 个鸡架和两三个鸡全腿代替牛骨和牛肉。在煎炒之前先把鸡架剁成块，从而最大程度发挥味道。

◆ 以 1 个鸭架和约 230 克鸭肉，例如鸭胸脯或鸭腿，代替牛肉。把鸭架剁成块。

博洛尼亚肉酱

约 3 杯

这道肉酱制作起来很费时间，所以可以考虑把材料翻倍，多做一些。它尤其适合搭配手切的新鲜意大利面（见 86 页）或千层面（见 259 页）。

在较大的厚底锅里烧热：

1 汤匙橄榄油

加入：

57 克切碎的意式培根

开中火，翻炒 5 分钟左右至培根呈浅棕色。

加入：

1 个小洋葱，切碎

1 根芹菜，切碎

1 根胡萝卜，切碎

2 瓣大蒜，剁碎

5 片鼠尾草

2 枝百里香

1 片月桂叶

开中火翻炒约 12 分钟，直至所有材料变软。

在炒蔬菜的同时，烧热一口厚底锅，最好是铸铁锅，加入：

1 汤匙橄榄油

调成中高火，分两次放入：

460 克侧腹横肌牛排（切成 3 厘米的小块）

114 克猪肩肉（剁成粗粒）

翻炒至肉呈栗色，然后加入：

1 杯干白葡萄酒

煮至葡萄酒减半，把锅底的焦块刮下来。把肉和汁水倒入变软的蔬菜里，加入：

2 汤匙浓缩番茄酱

适量盐

混合：

2 杯牛高汤或鸡高汤

1½ 杯牛奶

倒进锅里一部分，让汤水高度和肉齐平即可。开小火炖煮约 1 小时 30 分钟，直至肉变得非常软烂。如果锅里的液体减少了，便再加一部分高汤牛奶，让肉和汤水再度齐平，撇掉浮在表面的油脂。

待肉炖软之后，将锅端离热源，加盐调味。如有需要，可加入：

现磨黑胡椒

变化做法

◆ 在蔬菜粒中加入 ¼ 杯泡发滤干的牛肝菌碎。

◆ 用其他部位的牛肉代替侧腹横肌牛排。牛肩肉或腹肉牛排都是不错的选择，但腹肉牛排至少要多炖 1 小时才能变软。由于烹煮时间增加，你可能需要增加牛奶或高汤的用量，防止酱汁过干。

蘑菇番茄酱

2 杯

跟博洛尼亚肉酱一样，这也是一种味道浓郁又有层次的意大利面酱，但是不需要放肉。

取较大的厚底平底锅，烧热：

2 汤匙橄榄油

加入：

1 个大黄洋葱，去皮，切碎

1 个大胡萝卜，去皮，切碎

2 根芹菜，切碎

盐

开中火煮软，有点焦黄或尚未焦黄时，加入：

6 枝百里香，将叶子从茎上摘下来

6 枝欧芹，只要叶片，剁碎

1 片月桂叶

翻炒 1 分钟后，加入：

½ 杯切碎的番茄

煮 5 分钟，关火。

洗净：

900 克蘑菇（可以选用两三种蘑菇）

切片后放进另一个锅里，加少许油翻炒。如果蘑菇很脏，需要认真清洗干净（吃到沙子会让人感觉不快）。此时蘑菇可能会带一些水，但下锅后会迅速蒸发。蘑菇在翻炒过程中会出水，可以让水自然蒸发或把汤汁盛出来，在后续步骤里用它们替代一部分水或高汤。每种不同的蘑菇需要分开翻炒。加入：

橄榄油和少许黄油

继续翻炒至蘑菇微黄。将蘑菇倒在砧板上，剁成跟蔬菜粒差不多的大小，倒进蔬菜锅中，加入：

½ 杯奶油或法式酸奶油

1 杯水或鸡高汤

开小火煮 15 分钟。酌情加盐调味。如果酱汁太浓稠，加少许液体稀释。

变化做法

◆ 在放入高汤和奶油的同时，加入 ½ 杯豆子或烫熟的绿叶菜，例如菠菜、芝麻菜、甜菜菜等。

法式奶油汁（热黄油酱）

1 杯

取厚底小锅，煮沸：

2 个红葱头，切碎

¼ 杯白葡萄酒醋

½ 杯干白葡萄酒

几颗黑胡椒粒

一撮盐

继续煮至液体几乎全部蒸发（随着液体减少，把火调小）。待洋葱仍然湿润但已经不会漂浮在汤汁上的时候，把锅从火上移开（这一步可以提前进行）。

重新把火调到最小，一点一点地加入：

14 汤匙黄油，切成小块

注意要等之前加入的黄油全部熔化且与锅里的洋葱融合后再继续加入。时刻注意火候，在加黄油的时候酱汁应该是温热的，但又不能太烫，否则酱汁会分层。

奇怪的是，加入黄油的时候如果酱汁温度太低，也会分层。待黄油全部与酱汁充分融合之后，尝一下味道并酌情加盐。如果酱汁过于浓稠，加入少许葡萄酒、高汤或水来稀释一下，这样也能防止分层。如果酱汁不够顺滑，可以过滤。酱汁出锅后立刻享用，或放在隔水加热的锅里，用温热但不烫的水保温，也可以倒入暖瓶里保温。

变化做法

◆ 用切碎的香草、酸豆或旱金莲给酱汁调味。

◆ 加入整颗的香料，例如香菜籽、小茴香或黑胡椒粒。

◆ 这道酱汁还有个简单一些的版本：加入 3 汤匙白葡萄酒、柠檬汁或水，煮沸之后再加入 4 汤匙切成小块的黄油和一撮盐即可。

伯纳西酱

约½杯

伯纳西酱是非常高级的酱汁，以洋葱和龙蒿提味，因此味道略带刺激。它能让原本就味道不错的烤牛排或烤牛肉升华为惊为天人的美味。

取厚底小锅，混合：

1 个红葱头，去皮剁碎

2 汤匙细叶芹，剁碎

2 汤匙龙蒿，剁碎

一撮盐

少许黑胡椒粒

3 汤匙白葡萄酒醋

6 汤匙干白葡萄酒

煮沸，将液体收至 2 汤匙左右。用滤网滤进碗里，用力挤压固体材料的酱汁。把榨干的材料扔掉。

取 1 个中等大小的耐热碗，倒入：

2 个蛋黄

加入浓缩酱汁并搅拌均匀。把碗放在一锅很烫但没有沸腾的热水上方，确保碗底没有碰到热水。搅拌 1 分钟，缓缓加入：

6 汤匙熔化的无盐黄油

不停搅动。如果酱汁太过浓稠，加入 1 茶匙温水稀释。酱汁应该处于温热不烫的状态。过度加热会导致酱汁分层或蛋黄凝固。放入所有黄油之后，加入：

1～1.5 汤匙龙蒿，剁碎

一撮卡宴辣椒粉

酌情加盐调味。可以在酱汁出锅后立刻享用；也可以放在隔水加热的锅里，用温热不烫的水保温；或倒入暖瓶里保温。

变化做法

◆ 用其他香草（例如薄荷、罗勒或香葱）替代龙蒿。

◆ 若要制作荷兰酱，则不需要进行第一步，只要在蛋黄里加入 1 汤匙热水和 2 茶匙新鲜柠檬汁，然后按照上述步骤放入黄油即可。可以酌情加入盐和更多柠檬汁调味。

香蒜鳀鱼热蘸酱

1 杯量

香蒜鳀鱼热蘸酱（Bagna Cauda）在意大利语中是"热水澡"的意思。不要被这道酱汁里的腌鳀鱼吓走。鳀鱼和大蒜这两种重口味食物配上温热的黄油和橄榄油会达成完美的平衡，用来蘸生菜非常可口，也很适合用作烤菜、烤鱼或煎鱼的蘸料。

将：

5 包盐渍鳀鱼

放进水里浸泡 5 分钟。去骨，剁碎，大约会得到 2 汤匙鳀鱼肉。

取 1 个双层蒸锅，在外层锅里加水后开微火加热。

把鳀鱼放在隔水加热的锅的上层，或放在 1 个耐热碗中，置于蒸架上。加入：

6 汤匙黄油

⅓ 杯特级初榨橄榄油

3 瓣大蒜，去皮并切成薄片

1 个柠檬的皮丝

¼ 茶匙现磨黑胡椒

加热并搅拌至黄油熔化。酌情加盐调味。

意大利青酱

约 1½ 杯

青酱是我最喜欢制作的酱汁。我很喜欢研磨食材的过程，嗅闻制作时的香气，享受品尝的乐趣。青酱不仅可以作为意大利面酱，也可以抹在切片的番茄上，用作蔬菜蘸汁、比萨酱，或用来蘸烤鸡和烤菜。

取：

一把罗勒，摘下叶子（总共需要约 1 杯）

将：

1 瓣大蒜，去皮

1 茶匙盐

倒进研磨器里捣成泥。加入：

¼ 杯浅焙过的松子

继续研磨。加入：

¼ 杯帕玛森干酪粉

把混合物倒进碗中。将罗勒叶粗粗切碎，放入研磨器里捣成泥。把之前的混合物倒回研磨器中，继续捣。在此期间，可以一点一点地加入：

½ 杯特级初榨橄榄油

酌情加盐调味。

变化做法

◆ 用欧芹或芝麻菜取代部分或全部罗勒。

◆ 将一半分量的帕玛森干酪换成佩科里诺乳酪。

◆ 用核桃替代松子。

格莱莫拉塔酱和欧芹香蒜酱

格莱莫拉塔酱由剁碎的欧芹、大蒜和柠檬皮丝混合而成。欧芹香蒜酱是混合剁碎的欧芹和大蒜。严格来说，它们不算是酱汁。不过我会把它们作为最后一味调料淋在烤肉、腌肉、意面或任何炭烤食物上。

格莱莫拉塔酱的做法是，均匀混合：

3 汤匙欧芹，切碎

1 茶匙柠檬皮丝，切细

2 瓣大蒜，剁细

制作欧芹香蒜酱时，只需混合欧芹和蒜泥，省略柠檬皮丝。

新鲜番茄莎莎酱

约 1 杯

这种莎莎酱做起来非常简单，但吃起来比任何市售的罐装莎莎酱都要美味。夏季使用成熟的新鲜番茄，其他季节可以用罐头装的整颗番茄。

将：

2 个中等大小的成熟番茄或 4 罐整颗番茄

去蒂并切成中等大小的块，放入 1 个碗中。加入：

1 瓣大蒜，去皮并剁成泥

½ 个白洋葱或红洋葱，剁碎

6 棵香菜，剁碎

½ 个青柠榨的汁

盐

轻轻翻动，酌情加入更多盐和青柠汁。静置 5 分钟，让所有材料的味道充分融合。

变化做法

◆ 加入 1 个剁碎的墨西哥青椒或塞拉诺辣椒。

◆ 加入 ¼ 茶匙研磨过的烤小茴香。

◆ 加入 ½ 个牛油果，切成中等大小的块。

桃子莎莎酱

约 1½ 杯

这道莎莎酱非常适合搭配煎鱼、烤鱼或鱼肉塔可（墨西哥卷饼）。

将：

2 个成熟的桃子

用滚水烫 10～15 秒，去皮。把桃肉切成中等大小的块，丢弃桃核。加入：

½ 个小洋葱，切小丁

1 个墨西哥青椒或塞拉诺辣椒，去籽，去筋，切小丁

1 个青柠的汁

盐

1～2 汤匙香菜碎

搅拌均匀，酌情加入更多盐、辣椒、青柠汁。

变化做法

◆ 用其他水果替代桃子，例如木瓜、杧果或青蜜瓜。

◆ 用 2 根大葱取代红洋葱。

◆ 加入 1 个小牛油果，去皮、去核并切成中等大小的块。

绿番茄莎莎酱

2 杯

这种味道清新的酱汁适合搭配一切煎烤食物，如牛排、烤鸡、烤虾或烤蔬菜，作为玉米片或墨西哥粽的蘸料也很棒。

将：

450 克绿番茄

去掉外皮。冲洗干净后放入一口平底锅，加入刚好没过番茄的水。放一小撮盐，待水沸腾之后转小火继续煮 4～5 分钟，至番茄刚刚变软。将番茄捞出，留下煮番茄的水。

在搅拌机中倒入：

½ 杯煮番茄的水

2 个墨西哥青椒或赛拉诺辣椒，去籽，切丁

1 杯香菜碎

1 瓣大蒜，切片

½ 茶匙盐

加入煮过的绿番茄，开搅拌机打碎，注意保留蔬菜的颗粒感，不要打得太细。酌情加盐调味。静置一段时间，让各种食材味道融合。酱汁冷却后会变稠一些，如果需要稀释的话，可添加煮番茄的水。

变化做法

◆ 再加 1 个青椒或赛拉诺辣椒，做成更辣的莎莎酱。

◆ 将 1 个中等大小的牛油果压成泥，加入莎莎酱中会更美味。

◆ 无须煮绿番茄，直接剁碎，添加清水。

◆ 如果条件允许，可以使用罕见的紫番茄，它们更甜一些，直接剁碎更好。

黄瓜酸奶酱

约 1½ 杯

这道酱汁是南亚流行的黄瓜酸奶酱的一种。黄瓜酸奶酱一般用小茴香、肉桂粉和卡宴辣椒粉调味。你可以尝试使用不同品种的黄瓜，例如柠檬黄瓜、美国黄瓜、日本黄瓜等。如果黄瓜的籽太大，可以将黄瓜对半切开后用汤匙挖出来。注意在制作前先尝一下黄瓜。如果生长季节比较寒冷，黄瓜可能会有苦味，会破坏酱汁的味道。

取：

1 根中等大小的黄瓜

去皮，对半切开，切成半月形的薄片。装进 1 个中等大小的碗中，加入：

一小撮盐

抓匀后静置 10 分钟。沥干析出的水分。加入：

¾ 杯全脂酸奶

1 小瓣蒜，剁成泥

1 汤匙橄榄油

2 枝薄荷，只留叶子，切细丝

变化做法

◆ 将黄瓜刨丝而不是切片，可以得到更加顺滑的酱汁。

◆ 加入一小撮卡宴辣椒粉或马拉什辣椒粉，给酱汁增添一点辣味。

哈里萨辣椒酱

¾ 杯

这种北非辣椒酱是用甜椒泥和辣椒泥做成的，可以给汤提味，可以搭配烤肉或烤蔬菜，也可以抹三明治，或作为米饭和蒸小麦粉的酱料。

用烤箱或烧热的平底锅烤：

5 个安祖辣椒（约 60 克）

直至膨胀且散发出香味，注意不要烤焦。去掉籽和蒂，放入 1 个小碗中，浇上没过辣椒的沸水，浸泡 20 分钟后沥干。

将：

1 个大红甜椒

放在明火上烤一下，直至外皮颜色彻底变深并开始鼓泡。放置一边，用毛巾包住或放进密封纸袋中 5 分钟左右，让它的外皮在热气中开始剥落。取出辣椒，剥掉外皮，去掉籽和蒂。

把安祖辣椒和甜椒放进料理机中，加入：

4 瓣去皮大蒜

盐

¾ 杯橄榄油

1 茶匙红酒醋

搅打成泥。需要的话，加入少许水。给辣椒泥表面浇一层油再放进冷藏室，可存放 3 周左右。

变化做法

◆ 加入卡宴辣椒粉，可得到更辣的辣椒酱。

◆ 加入小茴香粉和香菜籽粉各 ½ 茶匙，并加入 ¼ 葛缕子粉。

歇莫拉辣椒酱

约 ¾ 杯

这是北非辣椒酱的一种变化做法，加入了香菜，当地人用它做藏红花饭。

在搅拌机中加入：

约 2.5 厘米的去皮生姜

1 个赛拉利诺辣椒，去籽，去筋

½ 杯特级初榨橄榄油

盐

打至顺滑。加入：

⅓ 杯扁叶欧芹

½ 杯香菜

继续搅拌，把香料全部打碎，但保留一定颗粒。倒进碗中，加入：

½ 个柠檬的汁

1 瓣剁成泥的大蒜

酌情加入更多盐和柠檬汁。静置 10 分钟，让所有食材的味道融合。

变化做法

◆ 把 ½ 个去皮、切块的洋葱跟生姜等一起放入搅拌机。

◆ 如果要用这种辣椒酱腌鱼或鸡肉，则需要把橄榄油的分量减少到 ¼ 杯。

◆ 加入 ½ 茶匙小茴香粉或香菜籽粉。

法式酸奶油

1 杯

　　法式酸奶油是一种非常浓稠的奶油，由活性酶培养浓缩而成。活性酶可以在酪浆中找到。法式酸奶油浓稠顺滑，味道浓烈。和普通酸奶油相比，它的优势是不会随着沸腾而分层。它的制作方法简单，用法多样。加进油醋汁中，口感绵密、味道浓郁；加入香草和一点盐就成了佐汤佳品。它还可以让意面酱变得更浓稠；加入奶汁烤马铃薯，味道惊为天人；加入糖、蜂蜜或枫糖浆后，可以做甜品；打发后可以当成鲜奶油的替代品使用（注意不要过度打发，否则它会跟淡奶油一样产生颗粒感）；与熔化的巧克力混合后，它又会变身成美味的糖霜（见372 页）。此外，它还可以做出很棒的冰激凌。

　　将：

1 杯淡奶油

倒进 1 个干净的玻璃瓶里。加入：

1 汤匙发酵酪乳

　　搅拌均匀。松松地盖住瓶子，在室温下放置 24 小时左右，直至奶油变稠。这个过程需要的时长取决于室内温度。待奶油变稠之后，把瓶子密封起来放进冰箱冷藏。奶油还会进一步稠化，并且味道越来越浓。如果过于浓稠，可以加入少许牛奶或水稀释。法式酸奶油可以在冰箱里冷藏 10 天左右。

沙 拉

芝麻菜沙拉配帕玛森干酪

4 人份

芝麻菜也叫火箭菜，颜色深绿，叶子呈裂片状，吃起来有坚果香气和胡椒的辛辣味。

准备：

4 大把芝麻菜

去除较硬的茎秆。洗净控干，放在阴凉处。

制作油醋汁，混合：

1 汤匙红酒醋（或混合雪莉酒醋和红酒醋）
盐
现磨黑胡椒

加入：

3~4 汤匙特级初榨橄榄油

先加入少量橄榄油，用一片芝麻菜蘸取酱汁尝一下味道，然后再酌情放入更多橄榄油和盐。临上桌前，将油醋汁倒在芝麻菜上，拌开。

用锋利坚固的削皮刀将：

帕玛森干酪或其他硬乳酪

削成卷曲的薄片，上桌前撒在沙拉上。

变化做法

◆ 将 ¼ 杯榛子放入预热至 180℃ 的烤箱烤至焦黄。趁热把榛子包在毛巾里搓掉皮。将榛子剁碎，撒进芝麻菜沙拉里，也可以把榛子换成松子、核桃或碧根果。

◆ 取一两个柿子，去皮后切成薄片，拌进沙拉里。

罗马生菜心沙拉配奶油酱

4 人份

最好用整片罗马生菜心叶做这道沙拉。可能需要剥掉大量的外皮，只留下最中间的浅绿色嫩叶。有两种尺寸较小、口感软嫩的罗马生菜，分别叫小宝石生菜和冬密生菜，用它们来做这道沙拉最合适不过了。留心一下附近的农夫市集里是否有这两种生菜。

取：

2 棵罗马生菜

去掉外部的深色叶子。切掉生菜根部，把菜叶分开后洗净并控干。

在 1 个大碗中放入：

1 汤匙白葡萄酒醋
1 个柠檬的皮丝
1 汤匙新鲜柠檬汁
盐
现磨黑胡椒

加入：

3 汤匙特级初榨橄榄油
3 汤匙淡奶油

搅打至乳化。试吃后酌情加入盐和柠檬汁进一步调味。把调味汁倒在生菜上，轻柔地拌开，确保每片叶子都沾上酱汁。

变化做法

◆ 取几片盐渍鳀鱼，冲洗一下，剁碎后加入调味汁，会给沙拉带来独特的风味。

◆ 可以把罗勒、细叶芹、香葱和龙蒿中的几种或全部剁碎并撒在沙拉上。

◆ 也可以用奶油生菜或比布生菜配这种调味汁，皱叶生菜或紫叶菊苣也是不错的选择。

恺撒沙拉

4 人份

准备：

2 棵罗马生菜

去掉外面的深绿色叶子，留下中间的嫩叶。切掉根部，把叶子分开。将较大的叶片撕成块，菜心部分比较幼嫩的叶子无须撕开。洗净控干，放在阴凉处。

将：

85 克隔日的乡村面包

切成 1 厘米大小，大约 20 个。将面包丁倒进碗里，拌入：

1½ 汤匙特级初榨橄榄油

盐

在 1 个小碗中放入：

1 汤匙红葡萄酒醋

1 汤匙新鲜柠檬汁

2 磅大蒜，捣成泥

2 茶匙盐渍鳀鱼，切碎

盐

现磨黑胡椒

加入：

¼ 杯特级初榨橄榄油

搅拌至乳化。在临上桌前，刨出：

½ 杯帕玛森干酪碎

将：

1 个蛋黄

加入酱汁搅匀。然后再加少量乳酪碎并搅拌至浓稠。用一小块生菜叶蘸取酱汁尝一下，酌情调整盐和酸味调料的用量。

将罗马生菜叶放进 1 个大碗中，倒入四分之三的酱汁并拌匀。将余下的乳酪倒一大半，轻柔翻拌。把沙拉装进 1 个大盘。把余下的酱汁倒入碗里的面包丁中拌匀，然后将面包丁堆在沙拉上。撒上剩余的乳酪，并加入少许现磨黑胡椒。

鸡肉沙拉

约 2½ 杯

首先制作蛋黄酱。在大碗中倒入：

1 个蛋黄

¼ 茶匙白葡萄酒醋

一撮盐

搅拌均匀。缓缓倒入：

¾ 杯橄榄油

不停搅拌。加入：

2 杯烤鸡肉或煮鸡肉，切成 0.5 厘米大小的块

2 汤匙香葱，切碎

2 根芹菜，剁细

1 汤匙酸豆，洗净、滤干并切成粗粒

盐

现磨黑胡椒

品尝一下，酌情调味。可以把鸡肉沙拉夹在三明治里，也可以摆在一层用油醋汁简单调过味的生菜叶上。

变化做法

◆ 加入一小撮卡宴辣椒粉，给沙拉增添一点辣味。

◆ 用黄瓜代替芹菜。

◆ 加入切碎的水煮蛋。

◆ 加入少许切碎的绿橄榄。

◆ 加入切碎的香草，例如细叶芹、欧芹、龙蒿或罗勒。

碎末沙拉

碎末沙拉由切成薄片或切碎的蔬菜、鸡蛋、乳酪、肉、鱼等浇上油醋汁做成。最有名的碎末沙拉是科布沙拉，通常包括牛油果、培根、鸡肉、蓝纹乳酪、番茄和鸡蛋。但是，碎末沙拉中最不可或缺的食材是口感爽脆的绿叶沙拉菜。罗马生菜、小宝石生菜、菊苣都适合放进碎末沙拉中，深绿色的菠菜、芝麻菜或西洋菜也是不错的选择。

洗净绿叶菜，但要等到准备拌沙拉前再切。先加点红酒醋，再加点芥末，可以帮助它裹在食材上，这是个好点子。加一点奶油或法式酸奶油，不仅会让沙拉更浓郁，与微苦的绿叶菜也很相配。除此以外，在沙拉中加入蒜末、鳀鱼，甚至几粒酸豆，都非常美味。

当然，搭配什么样的酱汁要视使用的蔬菜而定。在春季，切成薄片的茴香、荷兰豆和少许核桃或杏仁再配上轻盈顺滑的酱汁就是一道清新、爽口的沙拉。夏日里，可以使用番茄、黄瓜、甜椒和牛油果等味道浓郁的食材制作沙拉，然后配上简单的油醋汁、蒜泥，加上少许罗勒和薄荷叶等。切碎的粉色或金色的甜菜根点缀在沙拉中非常好看，但是红色甜菜根会把其他食材也染上颜色。切碎的煮鸡蛋放在任何

碎末沙拉中都不会突兀，你可以直接把它撒在沙拉表面，也可以与蔬菜拌匀。

不管哪一种碎末沙拉，都要先把除生菜以外的蔬菜用油醋汁、盐和黑胡椒调味。然后再把生菜叶切碎，放入碗中，与其他食材拌匀。品尝之后酌情调味。

豆薯沙拉配香橙与香菜

4人份

将：

1个较小的豆薯（约230克）

削皮后纵向切开。先切成0.5厘米厚的片，再切成0.5厘米宽的长条。

用一把锋利的小刀将：

2个橙子

除去外皮和筋膜，切成0.5厘米厚的圆片，去籽。把豆薯条和香橙片放在盘子里，撒上：

一撮红辣椒粉或辣椒粉（安祖辣椒或瓜希柳辣椒）

混合：

1颗青柠的汁

盐

2汤匙特级初榨橄榄油

浇在豆薯和香橙上，撒上：

1～2汤匙切碎的香菜

变化做法

◆ 加入¼杯切片的萝卜。酌情加入更多青柠汁调味。

柿子石榴沙拉

4 人份

市面上较常见的柿子有富有柿和蜂屋柿。富有柿又圆又扁，适合在口感较脆的时候吃，能做出颜色鲜艳又美味的沙拉。蜂屋柿上面有个尖头，必须等到非常软了才能吃，否则口感很涩。

取：

3 个中等大小的富有柿

去蒂并削皮，切成薄片或小条，去掉籽。把柿子铺在 1 个碟子上。将：

½ 个柿子

扣在碗里，切面朝下。用一把大汤匙用力敲石榴的背面，把籽敲下来。去掉连在籽上的白膜。把石榴籽撒在柿子条上。

制作一道简单的油醋汁。混合：

1 汤匙雪莉酒醋或红葡萄酒醋

盐

现磨黑胡椒

搅拌一下使盐溶解。加入：

3 汤匙特级初榨橄榄油

搅拌至乳化。品尝一下，酌情加入盐和醋。把油醋汁倒在水果上，上桌。

变化做法

◆ 把一半分量的油醋汁倒在 4 小把生菜叶上。（我喜欢芝麻生菜、苦苣、紫叶菊苣等。）把生菜铺在盘子上，如果喜欢水果和坚果的话，可以将其撒在生菜上。把余下的油醋汁倒上去，然后加入一些烤核桃粒。

葡萄柚牛油果沙拉

4 人份

取：

2 个中等大小的红皮葡萄柚

用利刀削去外皮，剔除所有的筋膜。沿着果肉瓣的纹路把葡萄柚果肉削下来。把残留的内皮和果肉挤一下，大约可得到 2 汤匙果汁，倒进 1 个小碗。加入：

1 茶匙白葡萄酒醋

盐

现磨黑胡椒

拌入：

2 汤匙特级初榨橄榄油

搅拌至乳化。品尝之后酌情加入盐和酸味材料。

取：

2 个哈斯牛油果

对半切开，去掉果核。去皮后将果肉切成 0.5 厘米厚的片。撒少许盐。将葡萄柚果肉和牛油果交替摆进盘子里，浇上油醋汁。

变化做法

◆ 加入少许西洋菜或细叶芹。

◆ 把油醋汁的分量翻倍，将大约一半分量的油醋汁分别洒在 4 小把芝麻菜上。把牛油果和葡萄柚摆上来，然后将余下的油醋汁浇在水果上。

◆ 用 2 个大的或 4 个小的朝鲜蓟取代牛油果。去掉所有的叶子和外皮，把朝鲜蓟心放在沸腾的盐水里煮软。切片后用油醋汁拌匀。

◆ 取 1 根较小的青葱并切片，用少许油醋汁拌匀，撒在沙拉上，加入调味汁和坚果等。

番茄罗勒沙拉

4 人份

7 月至 9 月是番茄大量上市的时节，到农夫市集上搜罗各种颜色、大小和口味的番茄。把它们切片或切块后便可做成色彩缤纷的沙拉。

洗净：

4 个中等大小（约 570 克）的番茄

去籽。切成 0.5 厘米的薄片，铺在碟子里。

用：

盐

调味。将：

5 片罗勒叶子

整齐地叠放在一起并卷成细长条，切成细圈，展开后便是细长的罗勒丝。把它们撒在番茄上。

淋上：

2～3 汤匙特级初榨橄榄油

变化做法

◆ 将 230 克新鲜马苏拉里乳酪、菲达乳酪或墨西哥鲜乳酪切成薄片，插进用盐调过味的番茄片中，加入罗勒丝和橄榄油调味。

◆ 用油醋汁替代橄榄油。将 1 个切碎的红葱头、1 汤匙红葡萄酒醋、盐、现磨黑胡椒，以及一把新鲜罗勒叶混合均匀，浸渍 15 分钟左右。去除罗勒，加入 3～4 汤匙特级初榨橄榄油。

◆ 用其他香草替代罗勒，例如山香薄荷、薄荷叶、牛膝草、欧芹等。

◆ 取一些樱桃番茄，对半切开，用少许盐和橄榄油（或油醋汁）调味。撒上罗勒丝。

豆角和樱桃番茄沙拉

4 人份

将不同大小、颜色的樱桃番茄和豆类混合，也可以不去除豆荚。豆子需要提前煮好并冷却。

取：

230 克豆角（法国菜豆、幼嫩蓝湖长菜豆、平荚菜豆，或类似品种）

去掉茎秆末端，放入沸腾的盐水里煮软。滤干后马上散开放在盘子里冷却。

对半切开：

230 克樱桃番茄

在大碗中拌匀：

1 个小红葱头，剁碎

1 汤匙红葡萄酒醋

盐

现磨黑胡椒

静置 15 分钟左右。加入：

¼ 杯特级初榨橄榄油

将油醋汁倒在番茄上拌匀。加入豆角与：

6 片切成细丝的罗勒（可选）

轻柔搅拌，酌情加入盐和醋。

变化做法

◆ 在调味汁中加入切碎的黑橄榄。

◆ 只使用豆角也可以做出美味的沙拉，配罗勒和碎欧芹尤其美味。

◆ 将红椒烤软、剥皮并切条，可以取代樱桃番茄。

尼斯沙拉

4 人份

这道沙拉是从一道普罗旺斯食谱改良而来。味道浓重的腌鳀鱼、醇厚的水煮蛋和清新的夏日蔬菜相得益彰，很适合作为午餐或晚餐轻食。

取：

3 条盐渍鳀鱼

浸泡，沥水后去骨。将鳀鱼肉纵向切成条，抹少许橄榄油。

取：

340 克成熟的番茄

洗净去蒂。把番茄切成小块，加：

盐

调味。在沸腾的盐水中煮软：

1.2 千克豆角

沥干，铺开冷却。

将：

1 个红椒

对半切开，去籽，纵向切成细条。

将：

2 根中等大小或 1 根大黄瓜

去皮后切成可入口的小块。

将：

2 个鸡蛋

放入水中煮 5 分钟，然后放入冷水。

将：

1½ 汤匙红葡萄酒醋
盐
现磨黑胡椒
1 瓣大蒜，剁碎

放入小碗中混合均匀。搅拌一下，让盐溶解，

静置几分钟。加入：

4 汤匙特级初榨橄榄油
5 片剁碎的罗勒叶

酌情加盐和醋调味。

鸡蛋剥壳，平均切成 4 块。用盐给黄瓜、红椒和豆角调味，倒入四分之三的油醋汁。先把番茄小心地摆进盘子里，然后放入余下的蔬菜。最后放入鸡蛋和鳀鱼。

变化做法

◆ 取 340 克新鲜鲔鱼，用平底锅略煎至最多三分熟。把鲔鱼切块，加入少许油醋汁调味，拌入蔬菜。

◆ 在盘子里铺上生菜，然后摆上蔬菜沙拉。

◆ 将辣椒烤一下，去皮去籽后切条。

大葱油醋沙拉

4 人份

寒冬时节，生菜几乎销声匿迹，但却是大葱的收获季。在大葱里加入下面这道略带辛辣的油醋汁，可以做出一道非常清爽的冬日沙拉。

取：

12 根较小的大葱（直径不超过 2.5 厘米）或 6 根中等大小的大葱

去掉外皮并洗净。放入沸腾的盐水中煮 7~12 分钟，直至变软。如果不确定大葱是否熟透，可将一把锋利的尖刀插入大葱最粗的位置。如果感觉毫无阻力，大葱便熟透了。小心地将大葱夹出来，滤干后放在旁边晾凉。

在 1 个小碗中拌匀：

1 汤匙红葡萄酒醋
2 茶匙第戎芥末

盐

现磨黑胡椒

加入：

¼ 杯特级初榨橄榄油

品尝后酌情调味。

轻柔地挤压一下放凉的大葱，尽量去除多余的水分。把较大的大葱纵向对半切开，或分成 4 份。上桌时将大葱铺进盘子里，倒上油醋汁，加入：

1 汤匙碎欧芹或细叶芹

变化做法

◆ 将 1½ 个水煮蛋粗略地分切一下，撒在沙拉上。

◆ 取 4 条盐渍鳀鱼，去骨后略切一下撒在沙拉上。

◆ 把冷却的大葱放在炭火上烤一下再调味。

块根芹沙拉

4 人份

这道冬日沙拉可以和其他小菜搭配食用，例如腌甜菜根、胡萝卜沙拉或芝麻菜沙拉。

取：

1 个中等大小（约 455 克）的块根芹

去掉外皮和根须。冲洗之后，用利刀切成约 0.3 厘米厚的片，再切成火柴棍大小的细条。

加入：

¾ 茶匙盐

1 茶匙白葡萄酒醋

在 1 个小碗里放入：

2 汤匙法式酸奶油

2 茶匙第戎芥末

半个柠檬的果汁

2 茶匙特级初榨橄榄油

盐

现磨黑胡椒

搅拌均匀。把酱汁浇在块根芹上，拌匀。酌情调味。可以立即食用，也可以放入冰箱冷藏 1 天左右。

变化做法

◆ 将其他根茎类蔬菜切丝，搭配同样的沙拉酱，例如芜菁甘蓝、胡萝卜、白萝卜等。

◆ 撒一些切碎的欧芹、细叶芹或薄荷。

◆ 加入芝麻菜并拌匀。

◆ 用 1 个蛋黄和 3 汤匙橄榄油替代法式酸奶油。

腌甜菜沙拉

4 人份

用不同颜色的甜菜根做出的沙拉颜色非常漂亮。不过红色的甜菜根要单独放，以免把其他甜菜根全部染色。

取：

455 克甜菜（红色、金色、白色甜菜或意大利甜菜）

去掉叶子，只留大约 1.3 厘米的绿色部分。充分清洗后放在烤盘里，加入少许水（约 0.3 厘米高），撒：

盐

将烤盘密封，放进预热至 180℃ 的烤箱烤 30 分钟到 1 小时，直至可以轻松地用菜刀切开。打开锅盖，让甜菜自然冷却。切掉甜菜的顶部和底部，削掉外皮，然后切成大约 0.5 立方厘米的方块。

加入：

1 茶匙醋（红醋、雪莉酒醋或白葡萄酒醋）
盐

静置几分钟入味。淋上：

1~2 茶匙特级初榨橄榄油

拌匀。可以单独食用，也可以与其他沙拉搭配食用。

变化做法

◆ 把一部分醋换成新鲜橙汁，加入少许橙皮屑。

◆ 加入 1 汤匙香草碎，例如薄荷、龙蒿或香菜。

◆ 加入 ½ 茶匙现磨姜泥与橄榄油。

◆ 在烤甜菜的时候，将 1 茶匙小茴香或小茴香籽均匀撒在甜菜根上。

◆ 用少许坚果油代替橄榄油。核桃油与甜菜是绝配。

卷心菜沙拉

4 人份

绿色卷心菜、红色卷心菜、散叶卷心菜或大白菜，它们的味道各有特色，但都非常可口。做出的沙拉也各有不同。

取：

1 棵小卷心菜

去掉外面较老的菜叶，切成 4 瓣，切掉根部。切面朝下，把卷心菜斜切成细丝，放入 1 个大碗中。取：

½ 个较小的红葱头

尽可能切成薄片，放入大碗，加盐拌匀。将：

1 汤匙苹果醋或葡萄酒醋
盐
现磨黑胡椒

混合均匀。加入：

4 汤匙橄榄油

搅拌至乳化。品尝一下，酌情调味。

将调味汁倒在卷心菜和洋葱丝上，拌匀。可以立即上桌；也可以放置一会儿，这样卷心菜会略微变软并且更加入味。

变化做法

◆ 将 1 个苹果去核后切成 4 瓣，再切成薄片或小块，与卷心菜和洋葱丝混合。

◆ 在最后 1 个步骤加入两三汤匙欧芹碎或其他香草。

◆ 将 ¼ 杯块根芹去皮后切成火柴棍大小的细丝，加入沙拉。

◆ 加入少许剁碎的墨西哥青椒或赛拉诺辣椒（去籽去蒂），将醋换成青柠汁，加入 1 汤匙切碎的香菜。

◆ 用 ¼ 杯蒜泥蛋黄酱（见 44 页）替代橄榄油。

马铃薯沙拉

4 人份

　　黄皮马铃薯，例如"黄芬"和"育空"，味道浓郁，非常适合做沙拉。不要使用"拉赛特"等褐皮马铃薯，它们适合烤制，但做沙拉时会碎掉。

　　取：

680 克黄皮马铃薯或红皮马铃薯

　　洗净后放入沸腾的盐水里煮软。插入 1 根筷子，如果感觉几乎毫无阻力，说明马铃薯已经熟透。沥干马铃薯，冷却后去皮，切成适口的小块，放入 1 个大碗里。

　　将：

2 个鸡蛋，室温

放入水中，开小火煮 9 分钟。捞出后放入冷水浸泡，剥壳。

　　混匀：

1 汤匙葡萄酒醋，苹果酒醋或米酒醋

盐

现磨黑胡椒

　　尝一下并酌情调味。

　　把鸡蛋切碎，加入马铃薯中。加入并拌匀：

1 汤匙香葱，剁碎

1 汤匙欧芹，剁碎

变化做法

- 用 ⅓ 杯自制蛋黄酱替代橄榄油。
- 用 ¼ 杯法式酸奶油替代橄榄油。
- 加入 2 汤匙泡过、滤干并剁碎的酸豆。
- 趁马铃薯尚热时去皮、切块，然后加入盐和醋调味。将两三片培根切成小块并煎出油。用 1 汤匙培根油替代 1 汤匙橄榄油。将

培根和香草倒在马铃薯上，洒上油，趁热吃。可以不放鸡蛋，也可以把鸡蛋切碎后撒在马铃薯沙拉上。

胡萝卜沙拉

4 人份

　　我女儿一直非常喜欢这种沙拉。我经常会制作 1 小份给她当午餐，而且会经常改变胡萝卜的形状，磨泥、刨丝、切细条或薄片。

　　取：

455 克胡萝卜

　　去皮并刨丝。

　　在 1 个小碗里倒入：

1 茶匙红葡萄酒醋

2 茶匙新鲜柠檬汁

盐

现磨黑胡椒

　　加入：

¼ 杯橄榄油

　　搅拌至乳化。倒在胡萝卜上。加入：

2 汤匙欧芹，剁碎

　　让沙拉静置 10 分钟。尝一下，酌情加入更多盐、柠檬汁和油。

变化做法

- 将胡萝卜切成火柴棍大小的细条或削成非常薄的片。
- 加入 2 汤匙新鲜橙汁。

摩洛哥胡萝卜生姜沙拉

4 人份

制作这种沙拉时，最好将胡萝卜腌制一下，使其充分吸收香料的味道。

取：

4 个大胡萝卜

削皮后切成长约 5 厘米、宽和高约 0.5 厘米的细条。放入滚水中煮至外部较软但中心仍然很脆的状态。滤干后加：

盐

在小碗中放入：

½ 茶匙小茴香粉

½ 茶匙香菜籽粉

一小撮卡宴辣椒粉

约 2.5 厘米长的生姜，削皮，磨碎

将调味料倒在胡萝卜上，轻柔拌匀。放入冰箱里腌制几小时或过夜。在上桌前将：

半个青柠的汁

2 汤匙特级初榨橄榄油

2 汤匙剁碎的香菜或欧芹

搅至乳化后倒在胡萝卜上，轻柔拌匀。品尝一下，酌情加入盐和青柠汁。

变化做法

◆ 加入少许青橄榄或黑橄榄。

◆ 用薄荷替代香菜碎或欧芹碎。

茴香切片沙拉

4 人份

将茴香切得薄如纸片，便可做出非常细致的沙拉。用刀很难把茴香切得这么薄，我一般用刨刀。不过小心不要割到手！

准备：

2 个茴香球

去掉顶部和底部的根。留下几条叶子作为点缀。把茴香球外层比较坚硬的部分剥掉。

在碗中放入：

2 汤匙新鲜柠檬汁

¼ 个柠檬的皮屑

1 茶匙白葡萄酒醋

盐

现磨黑胡椒

加入：

3 汤匙特级初榨橄榄油

搅拌至乳化。尝一下，酌情调味。

将茴香斜着刨成薄片。把调味汁浇在茴香上，尝一下味道，根据需要调味。点缀：

1 茶匙剁碎的茴香叶

变化做法

◆ 刨几片帕玛森乳酪片，点缀在沙拉上。

◆ 使用梅耶柠檬，并将柠檬皮屑的分量加倍。

◆ 加入 1½ 汤匙剁碎的绿橄榄。

◆ 在茴香片里掺入 2 汤匙欧芹叶。

◆ 用甜椒、芹菜或萝卜替代茴香，也可以将几种蔬菜混合使用。

花椰菜沙拉配橄榄和酸豆

4 人份

这道沙拉非常适合寒冷的冬日。

取：

1 棵中等大小的花椰菜

去掉叶子和根部，撕成小朵。放入沸腾的盐水里煮至刚熟透。滤干后自然晾凉。

在大碗中拌匀：

1 个柠檬的汁

盐

现磨黑胡椒

加入：

3 汤匙特级初榨橄榄油

搅拌至乳化。倒入花椰菜并拌匀。酌情加入盐和柠檬汁调味。

加入：

¼ 杯橄榄，去核并剁碎

2 汤匙欧芹碎

1 汤匙酸豆，洗净，剁碎

轻柔搅拌。

变化做法

◆ 用 ¼ 杯切成薄片的萝卜替代酸豆。

◆ 用牛膝草、罗勒或薄荷替代欧芹。

黄瓜沙拉配奶油和薄荷

4 人份

黄瓜有很多种，每一种的味道和口感都不一样。我特别喜欢亚美尼亚黄瓜、日本黄瓜和柠檬黄瓜。

将：

2 根黄瓜

去皮切片。如果黄瓜籽较大较硬，则将黄瓜纵向对半切开，用汤匙把籽挖出，再将黄瓜切片，放入 1 个中等大小的碗里，撒：

盐

再取 1 个碗，加入：

¼ 杯淡奶油

3 汤匙橄榄油

半个柠檬的汁

现磨黑胡椒

拌匀。如果黄瓜出水，将水倒掉。将调味汁浇在黄瓜上。加入：

3 枝薄荷（只留叶子）

拌匀。尝一下，酌情加盐调味。

变化做法

◆ 加入少许蒜泥。

◆ 把甜菜根切成薄片，加入橄榄油和醋调味。将甜菜根和黄瓜沙拉搭配食用。

◆ 把黄瓜刨成丝或切成小丁，然后继续按照上述方法调味。可以作为酱汁配烤鲑鱼食用。

◆ 用欧芹、细叶芹、罗勒或香菜替代薄荷。

◆ 用原味酸奶替代奶油。加入小茴香、香菜籽或芥末籽等香料调味。

小扁豆沙拉

4 人份

法国小绿扁豆或贝鲁加黑扁豆最适合做扁豆沙拉，因为它们味道浓郁，而且煮过之后不会碎掉。

准备：

1 杯小扁豆

冲洗一下，加水煮沸，水量要高过扁豆 8 厘米左右。转小火焖至扁豆彻底变软（如有需要，可以加入更多水）。整个过程大约需要 30 分钟。把扁豆捞出沥干，留下约 ½ 杯煮豆水。

在另一个碗中混合：

1 汤匙红葡萄酒醋

盐

现磨黑胡椒

静置 5 分钟。加入：

3 汤匙特级初榨橄榄油

¼ 杯青葱丝或 3 汤匙剁碎的红葱头

3 汤匙欧芹碎

搅拌均匀。如果小扁豆比较干，很难拌开，可以加一点煮豆水稀释。

变化做法

◆ 加入 ½ 杯黄瓜丁。

◆ 将 ¼ 杯胡萝卜、芹菜和洋葱剁碎。煮软后加入几汤匙橄榄油。冷却后加入沙拉，替代葱头或葱丝。

◆ 加入 ½ 杯切碎的山羊奶乳酪碎或菲达乳酪。

◆ 将 ½ 茶匙小茴香籽烘烤磨碎后加入沙拉，欧芹换成香菜。

◆ 将 ¼ 杯甜椒切碎，加盐后静置一会儿，令其变软。跟青葱丝或洋葱碎一起加入沙拉中。

塔博勒沙拉

4 人份

塔博勒是黎巴嫩的一道沙拉，用碎麦、香草碎和番茄做成。这种沙拉以蔬菜为主，谷物为辅，非常新鲜美味。碎麦是将煮熟或蒸熟的麦粒晾干而成，只需短暂浸泡或烹煮即可。

将：

½ 杯碎麦

在冷水中浸泡 20 分钟，水量需要高过麦粒约 2.5 厘米。将水控干。

在泡麦粒的时候，可以准备其他材料，剁碎：

1½ 把欧芹

1 把薄荷

1 把大葱

在大碗中放入：

2 个中等大小的成熟番茄，去蒂，切丁

与香草碎混合均匀。尽量把麦粒控干，倒入香草碗中。加入：

1 个柠檬的汁

盐

¼ 杯特级初榨橄榄油

搅拌均匀。酌情加入更多盐、柠檬汁调味。我建议放置 1 小时，这样有利于麦粒充分入味。喜欢的话，还可以把麦粒沙拉包进罗马生菜叶里吃。

汤

参见

牛骨高汤

约 2.85 升

这是一道很简单的高汤，适合做焖牛肉、炖牛肉和牛肉汤。

将：

1.8 千克牛骨，最好是带肉的骨头和关节骨

放入 1 个厚烤盘或平底锅中，放入预热至200℃的烤箱烤约 25 分钟至焦黄。将牛骨翻面，加入：

1 根胡萝卜，去皮并切成小块

1 颗洋葱，去皮并切成大块

1 根芹菜，切成大块

烤 25 分钟左右。

将牛骨头和蔬菜倒进一口大锅。加入：

少许黑胡椒粒

3 枝百里香

2 个番茄（可选），切成 4 瓣

几枝欧芹茎

加入 3.8 升水，煮沸后转小火，撇掉浮沫，煨 6 小时左右。不时查看一下锅里的水位，如果发现低于骨头了，就加一些水。关火之后滤掉油脂。打开锅盖，让牛骨汤自然冷却。牛骨高汤可以在冷藏室里保存 1 周左右，在冷冻室可保存 2 个月。

新蒜和粗麦粉汤

约 1.9 升，4～6 人份

粗麦粉即磨成粗粒的杜兰小麦，它能将简单的家庭自制的鸡汤变成味道丰富、口感顺滑的浓汤。

在一口厚汤锅中煮沸：

1.9 升鸡汤

1 束香草（几枝百里香、欧芹和 1 片月桂叶）

盐

用打蛋器不停搅拌。加入：

1½ 杯粗麦粉

把火转小，继续搅拌，直到粗麦粉完全溶在汤里，锅底没有结块，大约需要 5 分钟。加入：

3 棵青蒜（蒜头和蒜茎，去掉绿色部分），剁碎

以小火煮约 20 分钟，用木汤匙不时搅拌。去掉香草，酌情加盐。趁热食用。

变化做法

◆ 在上桌时加一点剁碎的熟菠菜。

◆ 刨一点帕玛森干酪或佩科里诺乳酪，加入汤中。

◆ 当浓汤煮到 13 分钟左右时，加入 1 杯豆角或切成细丝的荷兰豆。

大蒜汤配鼠尾草和欧芹

　　这是一道历史悠久的汤，以高汤或水为基底，加入大蒜和香草调味。正如美国谚语所说："大蒜胜十妈。"

　　早春时节，可以用青绿未熟的大蒜做这道汤，晚春或初夏时节，用刚刚冒出地面、蒜瓣刚开始形成的大蒜做汤。

　　加入：

2～3 汤匙青蒜苗，切丝

或 1～2 瓣新蒜，切片

　　取一些清鸡汤，加入几片鼠尾草。水滚后立刻转小火，撇掉鼠尾草叶（鼠尾草煮太久，会使鸡汤颜色变深，味道也会变苦）。将蒜加入汤中，同时加盐调味，煮 5 分钟左右。准备几片前一天的面包，略烤一下后滴少许橄榄油。把面包放入碗中，然后将汤浇上去，加入少许粗略切碎的欧芹后便可享用了。如果想更丰盛一点，还可以在汤里煮 1 个荷包蛋，把蛋扣在面包上吃。

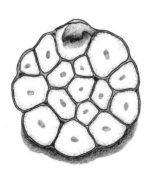

墨西哥玉米饼浓汤

约 1.9 升，4～6 人份

　　这是一道经典的墨西哥浓汤，你可以加入自己喜欢的配料。

　　开小火加热：

1.4 升鸡汤

　　加入：

半块鸡胸（带骨带皮的味道更好）

　　以微火煮 20 分钟左右至鸡胸熟透。关火后把鸡胸盛入盘中，自然晾凉。去掉鸡皮和鸡骨，把肉撕成条。

　　在一口直径 20 厘米的厚平底锅里加入：

½ 杯花生油或蔬菜油

　　开中高火加热。分批加入：

4 个玉米饼，切成 1 厘米的长条

　　将玉米饼炸至金黄酥脆。注意不要一次加入太多。将玉米饼捞出，滤掉多余的油并加盐调味。

　　在一口大锅里中加热：

2 汤匙橄榄油

　　加入：

1 个安纳海姆辣椒，去籽，切丝

½ 个黄洋葱，切丝

2 瓣大蒜，切成薄片

盐

　　煮 5 分钟左右至软。倒入热汤，加入：

2 个番茄，去皮，切丁

1 个干红辣椒，去籽

盐

　　煮沸后开小火，继续炖煮 30 分钟左右。

加入鸡肉丝，煮热后便可关火。酌情加盐调味。在小碗分别放入：

½ 杯香菜碎

6 块青柠

115 克墨西哥羊乳酪或蒙特瑞杰乳酪碎

½ 杯去皮的豆薯丝

按照喜好撒在浓汤里，配酥脆的玉米饼享用。

变化做法

- 加入 1½ 茶匙剁碎的墨西哥牛至叶。
- 加入少许墨西哥青椒或红葱头
- 熟黑豆、焯过的莙荙菜都可以为浓汤增色不少。

鸡汤面

1.4 升，4 人份

我在身体不适时，总想吃一碗清淡又鲜美的鸡汤面。

在大锅中加入：

半块鸡胸（带皮带骨风味更佳）

950 毫升鸡高汤

煮开后转小火，撇掉表面浮沫。加入：

½ 颗中等大小的洋葱，去皮并切片

½ 根胡萝卜，去皮并切片

½ 根芹菜，切片

¼ 个欧防风，去皮并切片

1 枝欧芹

用小火煨 40 分钟。关火后小心将鸡肉捞出晾凉。用网眼细密的滤网将鸡汤过滤一遍，丢掉所有的蔬菜和渣滓。撇掉鸡汤表面的浮油，加盐调味。

待鸡胸肉晾凉后，去掉鸡皮和骨头，将鸡肉撕成适口的细条，放进碗中，浇上一两汤匙勺鸡汤，以防变干。

与此同时，开大火煮沸一锅盐水。加入：

28 克意大利宽面，掰成适口小块

将煮软的面捞出沥干，过冷水。在厚底汤锅中放入：

3 汤匙洋葱，切碎

3 汤匙胡萝卜，切碎

3 汤匙芹菜，切碎

2 汤匙欧防风，切碎

盐

加入 2 杯鸡汤，开小火煮 15 分钟左右至蔬菜变软。加入余下的鸡汤、面条和鸡肉丝。酌情加盐调味。在上桌时可撒上：

1 汤匙新鲜莳萝，剁碎

火鸡汤配羽衣甘蓝

2.8 升，6~8 人份

这道汤适合在感恩节第二天做。

将前一天吃剩的火鸡取出，将肉从骨架上剔下来，粗略剁一下，放在一旁备用。将鸡骨架撕开，放进一口汤锅。加入：

½ 颗洋葱，去皮

½ 根胡萝卜，去皮

½ 根芹菜

6 枝百里香

3 枝欧芹

1 片月桂叶

2.8 升水

煮沸后转小火，撇去油脂和浮沫，继续煨 2 小时。与此同时，取一口大汤锅，加入：

2 汤匙橄榄油

开中火，加入：

1½ 颗洋葱，切块

1½ 根胡萝卜，切块

1½ 根芹菜茎，切块

1 茶匙盐

翻炒至蔬菜全部变软。

再取一口锅，烧开一锅盐水。加入：

一大把羽衣甘蓝叶，粗略剁碎

煮 5~10 分钟至软。捞出沥干，放在一旁备用。将滤网架在炒蔬菜的汤锅上方，将火鸡骨架汤滤入汤锅，开小火煮 10 分钟左右。加入火鸡肉和羽衣甘蓝，酌情调味。趁热食用。

变化做法

◆ 煎一点蘑菇，在上桌前加入汤中。这道原本朴实无华的火鸡汤会瞬间变得奢华。

◆ 将部分羽衣甘蓝用大蒜和干辣椒炒一下，铺在一片烤过的面包上，漂浮在汤面。

◆ 上桌前在汤里加入熟米饭或意大利面。

◆ 取一点切碎的意大利咸肉煎出油，再加入蔬菜翻炒。

卷叶甘蓝和马铃薯汤

1.9 升，4~6 人份

取：

一大把卷叶甘蓝或俄罗斯甘蓝

去掉较硬的部分。洗净沥干，粗略切碎。

加热厚底汤锅，加入：

¼ 杯特级初榨橄榄油

放入：

2 个洋葱，切片

开中火翻炒至洋葱变软微黄，大约需要 12 分钟。与此同时，取：

455 克马铃薯

去皮并对半切开，切成约 0.5 厘米厚的片。待洋葱变软后，加入：

4 瓣大蒜，剁碎

翻炒几分钟后加入马铃薯和剁碎的甘蓝。加入：

一大把盐

继续翻炒 5 分钟左右。

加入：

6 杯鸡汤

开大火煮沸后马上将火转小，继续煨 30 分钟左右，直至马铃薯和甘蓝变软，酌情加盐调味。食用时可以加入少许特级初榨橄榄油和现刨帕玛森干酪调味。

变化做法

- 准备 230 克葡萄牙式蒜味烟熏香肠、西班牙辣香肠或辣味大蒜香肠，切片。在煎洋葱之前先将香肠片下锅煎至焦黄，跟卷叶甘蓝一起加入汤里。

- 搭配面包丁食用。将面包切成约 1 厘米的小丁，倒上橄榄油和盐，然后放入 180℃的烤箱烤 12 分钟左右至金黄。

- 在汤出锅前 10 分钟时，加入 1½ 杯煮熟的白豆。

芜菁与芜菁叶汤

约 1.9 升，4～6 人份

春季和秋季，可以在市场上见到带绿叶的新鲜芜菁。芜菁与它的叶子，都可以做出美味的汤或配菜。

准备：

2 把带绿叶的嫩芜菁

摘掉绿叶，去掉叶子的梗。冲洗一下，然后切成约 1 厘米长的细条。

把芜菁上的杂根削掉。如果有需要的话，也可以把皮削掉，然后切成片。

开中火烧热厚汤锅。加入：

3 汤匙黄油或橄榄油

加入：

1 颗洋葱，切成薄片，

翻炒 12 分钟左右至洋葱变软。加入芜菁片和：

1 片月桂叶

2 枝百里香

盐

翻炒 5 分钟左右。倒入：

6 杯鸡汤

煮沸后转小火煨 10 分钟左右。加入芜菁叶，继续煨 10 分钟至叶子变软。尝一下，酌情调味。

变化做法

- 在芜菁片下锅时，顺便放入一小块意大利咸肉或烟熏培根。

- 现刨一些帕玛森干酪撒在汤上。

- 如果没有鸡汤，可以直接用清水烧汤。如果担心太寡淡，可在临出锅时加入几汤匙黄油或橄榄油增香。

豆子意面汤

1.9 升，4～6 人份

　　这是一道意大利国菜，制作简单，能充分体现出新鲜豆子的鲜美。几乎所有新鲜带荚豆都可以用来做这道汤，但传统上是使用蔓豆和白豆。

　　取：

910 克新鲜带荚豆

　　剥出豆粒，放进锅里，加入约 4 厘米深的水中，煮沸后转小火，煮到豆子变软但不破的状态。煮至 20 分钟左右时，检查一下豆子的状态。如果已经变软，便可加盐调味。

　　在煮豆子的同时，另取一口厚底汤锅，加入：

⅓ 杯橄榄油

⅓ 杯洋葱，剁碎

¼ 杯胡萝卜，剁碎

¼ 杯西芹，剁碎

一撮干辣椒碎

2 茶匙鼠尾草叶，粗略切碎

　　开中火翻炒 12 分钟左右，加入：

4 瓣大蒜，剁碎

盐

　　炒几分钟，加入：

455 克去皮切块的成熟番茄（或 340 克番茄罐头）

　　继续翻炒 5 分钟左右，加入煮好的豆子以及刚刚没过食材的煮豆水。开小火烹煮 15 分钟左右，不时翻动，直至豆子软烂。

　　与此同时，烧开一大锅盐水，煮软：

110 克意大利面（选用小颗的意面或将长条的面掰成小块）

　　取出约三分之一的豆子，放入搅拌机里打成泥。将煮好的意面和豆泥放回蔬菜汤锅，继续煮 5 分钟左右。如果锅内的浓汤太稠，可以加适量煮豆水稀释。酌情加盐调味。加入：

少许特级初榨橄榄油

帕玛森干酪碎

变化做法

◆　如果没有新鲜豆子，可以用 1 杯煮熟的干豆替代。

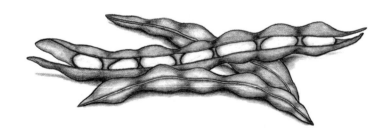

白豆南瓜汤

约 1.9 升，4～6 人份

将：

1 杯干白豆（例如白豆、法国菜豆、海军白豆等）

放进 4 杯水里泡一夜。沥干后放入一口大汤锅，加入：

3 杯鸡汤

4 杯水

煮沸后转小火，将豆子煮软。45 分钟以后检查一下豆子，如果已经变软，可以视味加盐调味。

另取一口厚底汤锅，加入：

2 汤匙橄榄油或鸭油

2 个洋葱，切丝

3～4 片鼠尾草叶

1 片月桂叶

开中火翻炒 15 分钟左右至食材变软。提前将：

1 个中等大小的南瓜

去皮并切成 1 厘米大小的小丁。待洋葱和香料变软后把南瓜倒入锅中，煎 5 分钟左右。

捞出豆子。南瓜和洋葱里倒入 6 杯煮豆水，开小火炖煮至南瓜开始变软，加入豆子，继续煨至南瓜完全软烂。酌情加盐调味。

变化做法

- 乡村风格或天然酵母面包切厚片，抹上鸭油或橄榄油，烤至酥脆金黄，配汤食用。
- 用其他种类的南瓜代替，例如法国南瓜、橡子南瓜、花生南瓜、日本小南瓜等。

辣味花椰菜汤

1.9 升，4～6 人份

这是一道辛香味浓的蔬菜汤，可以根据自己的口味调整香料的用量。

在厚底汤锅中倒入：

¼ 杯橄榄油

开中火加热。加入：

1 颗洋葱，去皮，切碎

1 根胡萝卜，去皮，切碎

1 茶匙香菜籽粉

1 茶匙小茴香粉

1 茶匙辣椒粉

¼ 茶匙姜黄粉

¼ 茶匙干辣椒碎

盐

现磨黑胡椒

翻炒至食材变软但尚未焦黄。加入：

6 根香菜，粗略切过

1 颗大花椰菜（掰成小块，约 6 杯）

3 杯鸡汤

3 杯水

转大火，不时搅拌。煮沸后转小火，煨至花椰菜软糯，需 30 分钟左右。用木汤匙或手持搅拌器将汤大致打成泥。如果汤太过浓稠，可以加入少许水稀释。酌情加盐调味，趁热食用。可添加少许：

酸奶

香菜碎或薄荷

一点青柠汁

变化做法

- 若想味道更浓郁，可用鸡汤代替清水。若想汤更清淡，则全部改用清水。

大葱马铃薯汤

1.9 升，4～6 人份

取：

910 克大葱

去掉根须和较老的绿叶。把大葱纵向对半切开后切丝。用冷水冲洗，控干。

取厚底锅，以中火化开：

3 汤匙黄油

加入大葱和：

2 枝百里香

1 片月桂叶

盐

煎 10 分钟左右至食材变软。加入：

455 克黄马铃薯，去皮，切半或切成 4 块，再切片

继续煎 4 分钟左右。加入：

6 杯水

煮沸后转小火，煨 30 分钟至蔬菜达到软而不烂的状态。最后加入 ⅓ 杯法式鲜奶油或淡奶油。注意，加入奶油之后，不要让锅里的浓汤再次沸腾。酌情加盐调味。在食用之前先把汤里的月桂叶和百里香捞出。

变化做法

* 加入少许现磨黑胡椒和香葱碎调味。
* 用高汤代替清水，可令马铃薯汤更加浓郁。
* 在加入奶油之前，先捞出月桂叶和百里香，然后用搅拌机将汤打至细腻顺滑。
* 跳过加奶油的步骤，将汤打至细腻顺滑的状态，加入 1 片欧芹味黄油调味。

春豌豆汤

约 1.9 升，4～6 人份

我建议用清水来煮这道汤，不要使用高汤。因为这样才能充分体现出新鲜豆子的鲜甜。

取一口厚底汤锅，加热熔化：

3 汤匙黄油

加入：

1 个大洋葱，切丝

盐

不停翻炒至洋葱变软但尚未焦黄，加入：

5 杯水

煮沸后，加入：

3 杯（约 910 克）去荚的新鲜甜豌豆

开小火煮 5 分钟左右至豌豆变软。用搅拌机分次将汤打至细腻顺滑。注意每次只往搅拌机里倒入三分之一的浓汤，以免热汤在高速搅拌时喷溅出来。酌情加盐调味。如果你不打算马上享用这道汤，可以倒进 1 个小碗中，置于冰块上，使它迅速冷却，以保持这道汤鲜艳的绿色。二次加热这道汤时，注意要不时搅拌，以避免烧煳。

变化做法

* 使用滤网将搅拌好的汤过滤一下，可以使口感更顺滑。
* 春豌豆汤热食或冷食均可，调味方式也非常多样，如法式酸奶油或酸奶加上薄荷，黄油烤面包丁，亦可用龙蒿、细叶芹或香葱调味。

红辣椒汤

1.9升，4~6人份

这道汤用黄柿子椒做也非常美味，但绿柿子椒就不太合适了，因为甜度不够。你也可以先制作一红一黄两道辣椒汤，然后倒进同一个碗中，做出一道双色汤。

取一口厚底汤锅，开中火烧热：

1 汤匙橄榄油

加入：

1 个大洋葱，切细丝

2 个红柿子椒，切细丝

盐

不停翻炒。待食材变软但尚未焦黄时，加入：

2 瓣大蒜，剁碎

6 枝百里香（只留叶子）

继续炒 4 分钟左右。加入：

¼ 杯短粒米

4 杯鸡汤

2 杯水

1 茶匙红酒醋

开大火煮沸，不时搅拌。随后将火调小，煮 20 分钟左右至米变软。关火，让汤稍微冷却一会儿，倒进搅拌机里打至细腻顺滑。如果过于浓稠，可加高汤或水稀释。酌情调味，趁热食用。

变化做法

- 加入少许新鲜或干辣椒碎。
- 用法式酸奶油或香葱碎、罗勒碎、欧芹碎等香草给汤调味。
- 把辣椒切成中等大小的块状，省略米饭，用鸡汤替代清水。汤出过锅后，不需要搅成泥。

甜玉米汤

1.4升，4 人份

只要有新鲜玉米，这道汤就绝不会失败。整个夏天我都在做这道汤，但会使用不同的佐料来给它调味。

取一口厚底汤锅，开中火加热：

4 汤匙黄油

加入：

1 个洋葱，切丁

炒约 15 分钟，至洋葱变软但尚未焦黄。加入：

盐

同时准备：

5 个新鲜玉米

把玉米粒剥下来。将玉米粒倒入洋葱，继续翻炒 2~3 分钟，加入：

950 毫升水

煮沸后转小火，继续煮 5 分钟左右至玉米粒变软。将玉米汤放进搅拌机里打至顺滑细腻。用滤网将汤过滤一遍，撇掉渣滓和硬皮。酌情调味。

变化做法

- 用法式酸奶油、香薄荷、盐和胡椒调味。
- 用切碎的旱金莲或旱金莲风味黄油（旱金莲切碎，拌入以盐和胡椒调味的软黄油中）给汤增添风味。
- 将甜椒或辣椒打成泥，跟黄油或奶油一起加入汤中。

辣味西葫芦汤配酸奶和薄荷

1.9 升，4~6 人份

取一口厚底汤锅，开中火烧热：

¼ 杯橄榄油

加入：

1 个大洋葱，切碎

一撮藏红花丝

1 茶匙小茴香籽

1 茶匙香菜籽

¼ 茶匙姜黄

1 茶匙甜红椒粉

½ 茶匙卡宴辣椒粉

2 瓣大蒜，去皮，切片

不时翻炒，直至所有食材变软。如果洋葱和大蒜在此过程中开始粘锅，可以把火调小，加入少许冷水。

与此同时，准备：

5 个中等大小的黄色或绿色西葫芦

洗净后切成 2 厘米厚的片。待洋葱炒软后，将西葫芦片倒入锅里，加：

盐

调味。翻炒 2 分钟后，加入：

3 杯鸡高汤

3 杯水

煮沸后将火调小，继续炖煮 15 分钟左右至西葫芦变软。在此过程中可以开始准备佐料。取：

4 枝薄荷，只留叶子

将叶子卷起来切成丝。在 1 个中等大小的研钵中将一半的薄荷叶打成泥。加入剩下的薄荷叶和：

2 汤匙橄榄油

⅔ 杯酸奶

盐

关火后让汤自然冷却，倒进搅拌机中打至细腻顺滑。再次热汤，如果过于浓稠，可加少许清水稀释。酌情加盐，加入 1 汤匙酸奶酱。如果你喜欢的话，还可以准备一点青柠。

西班牙冷汤

约 2.8 升，6~8 人份

这份食谱并不是这道汤最传统的做法，但如果你有成熟美味的番茄，按照这份食谱就可以做出非常漂亮开胃的汤，类似液体沙拉，虽然制作过程有点烦琐，但绝对值得一试。加入少许海虾、鱼类或贝类，就是一道夏季的清淡菜肴。

取：

1 个干安祖辣椒

放入热水里浸泡 15 分钟左右，取出沥干并在研钵里打成泥。备用。

取隔天的乡村风格白面包，去皮后切成小丁。将：

2 杯面包丁

放入冷水里浸泡 2 分钟左右。捞出沥干，挤掉多余水分。

将：

2 瓣大蒜

一撮盐

放入研钵里捣成泥。加入泡过水的面包丁，继续捶打至顺滑。放在一旁备用。

将：

2.3 千克成熟的番茄

横向对半切开，切面朝下，用磨泥器将番茄肉打成泥，丢弃果皮。如果喜欢的话，还可以将番茄泥过筛，撇掉籽。将番茄泥倒进大碗中，加入面包泥和辣椒泥，搅拌均匀。加入：

¼ 杯特级初榨橄榄油

盐

拌匀。把番茄汤放进冰箱冷藏至完全冷却。为了加快冷却速度，可以取 1 个大碗，加冰块，把装番茄的碗放在里面。酌情调味。

还可以制作一点佐料，让番茄冷汤更加别具风味。混匀：

230 克樱桃番茄，对半切开

1 根黄瓜，去皮，切块

1 个黄柿子椒，去籽，切块

½ 个红洋葱，切块

一把切碎的罗勒

一把切碎的细叶芹

2 汤匙红酒醋

¼ 杯特级初榨橄榄油

盐

现磨黑胡椒

将冷汤分装进 6~8 个小碗中，并在每个碗中舀一大匙配料。

番茄浓汤

1.4 升，4 人份

这是盛夏番茄盛产之时可以做的汤。

烧热厚底汤锅，加入：

2 汤匙橄榄油

1 汤匙黄油

1 个中等大小的洋葱，切丝

1 小根大葱，取白色至浅绿色部分，切丝

一把盐

加盖煮至食材变软但尚未焦黄。若有变焦的迹象，加入少许水。

加入：

2 瓣大蒜，切片

约 910 克成熟的番茄，去蒂切片

1 汤匙大米

一大撮盐

半片月桂叶

一小把香薄荷、百里香或罗勒

开中火煮至番茄完全裂开，不时搅拌。

加入：

1 杯水

1 汤匙黄油

继续煮 10 分钟左右至大米变软。把香草捞出丢弃。分 3 次把番茄汤倒进搅拌机里打至细腻。用滤网过滤一遍，丢弃滤除的果皮和籽，酌情加盐调味。如果汤太浓稠，可以加水稀释。

变化做法

◆ 省略大米，汤汁会更加轻盈爽口。

◆ 加入法式酸奶油、薄荷、黄油烤面包丁，给汤增添一些风味，也可以用橄榄油配罗勒或香葱碎给汤调味。

洋葱面包汤

4 人份

洋葱面包汤是一道浓汤，将层层叠叠的面包、蔬菜、乳酪加上高汤或水放进烤箱，烤至金黄酥软。这道汤充满了洋葱的香甜，朴实但温暖人心。

将：

680 克洋葱

去皮并切成薄片。烧热厚底平底锅，加入：

¼ 杯黄油或橄榄油

加入洋葱及：

2～3 枝百里香

开中小火煮 30 分钟左右，直到洋葱变软。将火转小，继续煮 15 分钟左右，偶尔搅拌，直至洋葱焦黄。加：

盐

调味。与此同时，将：

⅓ 个前一天的乡村面包

切成薄片，铺在烤盘里，放入 180℃的烤箱烤 5 分钟左右，至面包变干但尚未变色。

搅拌混合：

⅓ 杯帕玛森干酪

¼ 杯格吕耶尔乳酪

下面开始做汤。取 1 个 1.4 升的烤盘，在烤盘底部铺一层面包，将一半的洋葱倒在面包上，并撒上三分之一的乳酪碎。再铺一层面包，将余下的洋葱倒进去，继续撒三分之一的乳酪。最后再铺一层面包，撒上余下的乳酪。

加热：

3～4 杯牛高汤或鸡高汤

倒进烤盘。注意要沿着烤盘的边缘倒，不要倒在面包上。待最顶层的面包开始浮起来，便停止加汤。在烤盘顶部加：

2 汤匙黄油

加盖后放进预热至 180℃的烤箱里烤 45 分钟左右。掀开盖子，继续烤 20～30 分钟，直至顶部金黄酥脆。

变化做法

◆ 取 1 个较小的奶油南瓜或 2 个橡子南瓜，去皮后切成薄片，铺在面包之间。

◆ 在热高汤里加入少许切碎的干蘑菇。

◆ 如果只想做一道简单的洋葱汤，可以直接往煎洋葱里加入高汤，煮 15 分钟左右，酌情调味。如果喜欢的话，可以撒一些黄油烤面包丁或格吕耶尔乳酪碎。

意大利面

番茄酱意大利面

　　番茄酱意大利面是我家的另一道常备料理。做法非常多样，可以用生番茄做快手番茄酱，也可以用培根、酸豆、腌鳀鱼、辣椒和香草做出风味各异的番茄酱。最重要的是，要用那些味道浓郁的（有机）番茄。选用新鲜番茄时，一定要挑那些成熟多汁的。否则还不如使用罐装的整颗番茄。

　　下面多数番茄酱的配方都默认使用去皮去籽的番茄。首先将番茄去蒂，放进滚水烫 15 秒左右，直到外皮开始剥落。取出番茄，放到冰水中，防止它进一步烹煮。沥干水，去掉外皮。将番茄横向对半切开，将中间的籽挖进碗中。筛掉番茄籽，保留汁水。

　　450 克意大利面可供 4～6 人享用。烧开 3.8 升盐水。放入意面，用大火煮软。捞出，沥干，留下少量（约半杯）的煮面水。把 2 杯热番茄酱倒在意面上。如果意面开始粘在一起或番茄酱太稠，可以加入少许煮面水。把意面分装到盘子里，加上乳酪碎和香草碎调味。

　　还有一种做法，先在意面中倒上橄榄油和乳酪碎，拌匀后再分装到盘子里，倒上番茄酱。

快手番茄酱

约 2 杯

　　这道酱可以作为意面酱，也可以作为很多不同料理的基底。如果有大量番茄，可以一次性做大量番茄酱，然后分装起来放进冷冻室。如果打算用滤网过滤一遍，就不需要给番茄去皮去籽了，滤网会滤去多余的部分。

取：

910 克成熟番茄

去皮，去籽并切块。把连着番茄籽流出来的汁水保留下来，倒回番茄块中。

取：

5 瓣较大的蒜

去皮，剁碎。

用中火烧热厚平底锅开，加入：

¼ 杯特级初榨橄榄油

加入蒜末，待其开始发出"嗞嗞"声时，迅速加入番茄，并撒入：

一大撮盐

开小火煮 15 分钟左右。如果希望番茄酱更加顺滑，可以过滤一次。

变化做法

◆ 番茄酱出锅前几分钟，加一把剁碎的欧芹、牛膝草、牛至叶或切成细丝的罗勒叶。

◆ 先将少许剁碎的洋葱放进橄榄油里煎一下，再放入大蒜。

◆ 番茄过季之后，可以使用罐头番茄。剁碎 800 克整颗罐头番茄，连同汁水一起使用。

◆ 加入一整条干辣椒，或一小撮干辣椒碎。

生番茄酱

约 2 杯

　　只有在番茄熟透、味道无比浓郁时，你才能用上这个方子。

准备：

910 克成熟的番茄

去蒂后切成中等大小的块。将它们放进 1 个碗中，加入：

盐

¼ 杯罗勒叶

⅓ 杯特级初榨橄榄油

拌匀。将碗密封起来，静置至少 1 小时，配刚刚出锅的意面食用。

变化做法

◆ 在番茄里加入一撮干辣椒碎。

◆ 番茄切块前，先去皮去籽。这样番茄酱会更加细腻。

培根洋葱番茄酱

约 2 杯

配这种酱汁的传统意大利面是通心长面条。

用中火烧热厚平底锅，加入：

2 汤匙橄榄油

3 片培根，切成约 0.5 厘米的小块

煎至培根出油且微呈焦糖色。捞出培根，放在一旁备用。

在油锅里加入：

1 个大洋葱，去皮，切成细丝

翻炒 10 分钟左右至软。加入：

6 个成熟的番茄或 8 个整颗的罐头番茄（去皮，去籽并切块）

盐

开小火煮 10 分钟左右，加入余下的培根之后再煮两三分钟。酌情加盐调味。

变化做法

◆ 用 1½ 杯快手番茄酱替代新鲜番茄，这样只需要煮 4 分钟就可以了。

◆ 在洋葱变软之后，倒入 ⅓ 杯白葡萄酒，以中火煮至液体几乎全部挥发。加入番茄，按照前文步骤继续烹饪。

◆ 番茄酱即将出锅时，加入一小把切碎的欧芹或罗勒叶。

辣番茄酱配酸豆、腌鳀鱼和橄榄

约 2 杯

这是那不勒斯名菜"烟花女"意面的专属酱汁。

以中火加热厚底汤锅。倒入：

⅓ 杯橄榄油

加入：

6 瓣大蒜，剁碎

煎至发出"嗞嗞"声时，往锅里倒入：

1 杯快手番茄酱

3 汤匙酸豆，冲洗，沥干，剁碎

¼ 杯剁碎的黑橄榄

¼ 茶匙（或更多）干辣椒碎

¼ 杯欧芹碎

煮 5 分钟左右，加入：

3 条盐渍鳀鱼，泡好、剁碎。

继续煮一两分钟，加盐调味。

螺丝意面配番茄酱、茄子和芮科塔乳酪

4 人份

将：

450 克日本茄子或其他品种的茄子

去蒂，切成薄片。加盐腌 15 分钟左右，挤出水分。

取厚底锅，烧热：

½ 杯橄榄油

把茄子擦干后放入锅中煎至金黄。捞出沥油，加：

盐

调味。取一口大汤锅，加热：

2 杯快手番茄酱（见 254 页）

¼ 杯罗勒叶，切丝

用大量沸盐水煮软：

约 340 克螺丝意面

留下 ½ 杯煮面水备用。将煎茄子和番茄酱

倒在面上，酌情加盐调味。如果过于浓稠，可加入少量煮面水稀释。撒上：

约 120 克磨碎的芮科塔乳酪或佩科里诺乳酪

意大利宽面配博洛尼亚肉酱

4 人份

手切宽鸡蛋面，意大利语为 pappardelle（音：帕帕黛尔），适合配上浓厚的肉酱食用。

擀开：

1 份新鲜意大利面皮（见 86 页）

不要切得太薄。切成 2 厘米宽的面条。面条上撒一些干面粉，铺在盘子或烤盘里，盖上餐巾，放进冰箱冷藏室备用。

煮沸一大锅盐水。刨碎：

60～85 克（约 ½ 杯）帕玛森干酪

取小平底锅，开小火加热：

2 杯博洛尼亚肉酱

把意面放入沸盐水里煮三四分钟至弹牙。与此同时，取大平底锅，开火熔化：

2～3 汤匙黄油

关火，倒进煮好的意面。加入三分之二的乳酪碎和：

盐

搅拌均匀。如果有需要的话，可以加入少许煮面水。将意面分成 4 份，装进盘子里，把博洛尼亚肉酱舀到面上。撒上余下的乳酪碎和：

1 汤匙欧芹碎

立即食用。

变化做法

◆ 把意面倒入平底锅，加入一半分量的博洛尼

亚肉酱和三分之二的乳酪碎，拌匀。在分装好意面之后，加入余下的肉酱。

◆ 用蘑菇酱代替博洛尼亚肉酱。

螺丝意面配绿叶菜和香肠

4 人份

我很喜欢用辛辣的蒜味香肠配带有坚果香气的绿叶菜，例如球花甘蓝。除了螺丝意面之外，笔管面、猫耳朵面或任何容易裹上酱汁的意面都可以用来做这道菜。

洗净：

一大把球花甘蓝或羽衣甘蓝

去掉硬梗，粗略切碎后放入沸盐水里煮软。如果喜欢的话，可以用煮菜的水煮意大利面。

取：

230 克茴香香肠或 230 克意大利香肠

去掉肠衣，挤成小球。

取厚底平底锅，烧热：

2 汤匙橄榄油

放入香肠，煎 6~8 分钟至金黄熟透。捞出香肠，在锅里加入：

1 个大洋葱，切丝

开中高火翻炒，直至洋葱软化且微微焦黄。加入：

盐

现磨黑胡椒

少许干辣椒碎

调味。加入煮好的绿叶菜和香肠，继续翻炒几分钟，酌情加盐调味。

将一大锅盐水煮滚，放入：

340 克螺丝面、笔管粉或猫耳朵面

煮至弹牙，捞出沥干，倒进平底锅中。加入：

少许盐

特级初榨橄榄油

继续翻炒。将意面与配菜装盘，撒上：

½ 杯山羊乳酪或帕玛森干酪碎

立即食用。

变化做法

◆ 省略香肠，增加橄榄油和洋葱的用量。

◆ 绿叶菜不用盐水煮，而是倒进洋葱里，加入少许水翻炒至软化。

青酱意面

4 人份

做青酱意面的一个小窍门是加入煮面水，效果会让你大吃一惊。

在一大锅沸盐水里放入：

340 克干意面（扁细面、直面、细面或卷面）

煮至弹牙后捞出沥干，留下 1 杯煮面水备用。将意面盛进 1 个温热的大碗里，加入：

1½ 杯青酱（见 43 页）

盐

½ 杯煮面水

搅拌均匀，酌情加盐调味。如有需要，多加些煮面水。撒上：

现磨帕玛森干酪碎

立即享用。

变化做法

◆ 装盘前，在盘底铺一层切成薄片的番茄，撒少许盐。

◆ 在另外一锅盐水里煮熟 230 克豆角，在意面出锅前把煮好的豆角放入锅里回温，再与意面一同捞出。在意面和豆子里拌上青酱。

◆ 将 230 克马铃薯去皮后切成小块。另起一锅将马铃薯煮熟。在意面出锅前，把马铃薯倒进锅中。一同捞出后加入青酱拌匀。

蛤蜊扁细面

4 人份

建议用较小的蛤蜊制作这道意面，这样可以连壳烹饪；如果蛤蜊较大，则需蒸熟后把肉从壳中取出来剁碎。

用冷水浸泡：

约 920 克小蛤蜊

吐泥净沙后捞出沥干，约 30 分钟。煮沸一大锅盐水。再取一口厚底平锅，烧热：

1 汤匙特级初榨橄榄油

加入：

蛤蜊

5 瓣剁碎的大蒜

一大把干辣椒碎

½ 杯白葡萄酒

盖上锅盖，开中高火煮 6～7 分钟至蛤蜊张口。与此同时，取：

约 340 克扁意面

放进沸盐水中煮至弹牙。待蛤蜊开壳后，加入：

1 汤匙欧芹碎

3 汤匙特级初榨橄榄油

搅拌均匀。捞出意面并沥干，与蛤蜊和酱汁拌匀，酌情加盐调味。

变化做法

◆ 用贻贝替代蛤蜊。

◆ 将 1 个中等大小的茴香球茎去掉坚硬部分并剁碎。在蛤蜊下锅前，先把茴香倒进锅里，加盖，用中火煮 5 分钟左右至茴香变软。按照上述步骤加入蛤蜊和香草。但不要加葡萄酒，而是倒入 ½ 杯快手番茄酱。

◆ 如果蛤蜊较大，需要先蒸熟再剁碎。在加入欧芹碎的时候，把蛤蜊肉和汁水一起倒回锅中。

辣味鱿鱼细面

4 人份

修剪清洗：

约 680 克鱿鱼

切下鱿鱼须，把鱼身切成宽约 0.5 厘米的圆圈。给鱿鱼须和鱿鱼圈调味，加入：

盐

现磨黑胡椒

在一大锅沸盐水中加入：

340 克意大利细面

煮至弹牙。在出锅几分钟前，另取一口厚重的大平底锅，开中火烧热：

2 汤匙橄榄油

加入鱿鱼须，翻炒 30 秒左右。将火调大，倒入鱿鱼圈，继续翻炒约 2 分钟。加入：

3 瓣大蒜，剁碎

¼ 茶匙干辣椒碎

2 汤匙欧芹碎或罗勒碎

2 汤匙特级初榨橄榄油

关火之后，挤入：

1 个柠檬的汁

酌情调味。

　　捞出煮好的意面，留 1 杯煮面水备用。在意面上撒盐和橄榄油，倒上鱿鱼并加入少许煮面水拌匀。

变化做法

◆　在意面上撒 ½ 杯烤面包屑。

◆　放干辣椒碎时加入 1 汤匙剁碎的酸豆。

◆　取 1 个洋葱，切丝后煎至软化。加盐调味后，和干辣椒碎一起倒进鱿鱼中。

◆　加入少许蒜泥蛋黄酱调味。

◆　炒鱿鱼也可作为开胃小菜。

夏季南瓜核桃香草细面

4 人份

　　任何种类的夏季南瓜都可以做这道意面。建议用几种不同颜色的夏季南瓜，让菜色更缤纷鲜艳。

　　在预热至 180℃ 的烤箱，烘烤：

¼ 杯核桃

8～10 分钟。取出冷却后剁碎。

　　将：

460 克夏季南瓜

切掉底部。用刀或刨丝器切成火柴棍粗细的长条。烧热厚底平锅，加入：

2 汤匙橄榄油

　　加入夏季南瓜条，开中高火，翻炒至软且微微上色。加入：

盐

现磨黑胡椒

3 汤匙剁碎的罗勒、欧芹或牛膝草

　　在沸盐水里煮熟：

约 340 克意大利细面

　　捞出沥干，留下部分煮面水备用。将夏季南瓜和少许煮面水倒在意面上拌匀。撒上：

烤核桃或烤松子碎

　　酌情加盐。如需要，可再加点煮面水，装盘。如果喜欢，可以撒上：

现磨帕玛森干酪碎

变化做法

◆　加入几汤匙青酱，代替香草。

菠菜千层面

8 人份

　　做出美味千层面的秘诀就在于使用质感丝滑的新鲜意面。

　　准备：

1 块新鲜意大利面皮（见 86 页）

2 杯快手番茄酱（见 254 页）

1½ 杯白酱（贝夏梅尔酱，见 215 页）

　　洗净、沥干：

一大把（约 230 克）菠菜

　　烧热平底锅，加入：

1 茶匙橄榄油

　　倒入菠菜，加：

盐

调味。翻炒至菠菜出水。加入：

1 瓣大蒜，剁碎

　　继续加热一两分钟，关火。待冷却后，将菠菜卷成 1 个球，去除多余的水分，剁碎。加入：

230 克芮科塔乳酪

1 汤匙橄榄油

盐

另取 1 个碗，倒入白酱，加入：

¼ 杯现磨帕玛森干酪碎

一撮肉豆蔻粉

盐

拌匀。把意大利面皮擀成一张张 12～15 厘米长的薄片，放入沸盐水里煮至弹牙。捞出，冲冷水后沥干，放入碗中。为了防止千层面粘连，可以洒：

1 汤匙橄榄油

取一个 25～30 厘米的烤盘，刷上油，给千层面摆盘。首先在盘底倒几汤匙白酱。铺一层面片，修掉超出盘子的部分。倒入三分之一的芮科塔乳酪酱。再铺一层面片，倒入一半分量的番茄酱。铺上另一张面片，把一半分量的白酱倒上去。然后再铺一层面片。重复此过程，直到总共有 7 层面片，3 层加芮科塔乳酪酱，2 层加番茄酱，还有 2 层加了白酱。最后再铺一张面片。在顶层洒少许橄榄油，盖上一张锡箔纸，放入预热至 200℃ 的烤箱烤 20 分钟左右。去掉锡箔纸，撒入：

2 汤匙帕玛森干酪碎

继续烤 15 分钟，直到金黄起泡。从烤箱中取出，静置 5 分钟后上桌。可以提前给千层面摆盘，放入冰箱冷藏，吃之前再入烤箱烤制。注意烤之前 1 小时把千层面从冰箱里取出回温。

变化做法

◆ 用博洛尼亚肉酱或蘑菇酱代替番茄酱。

◆ 用莙荙菜、芝麻菜等绿叶菜代替菠菜。

◆ 在芮科塔乳酪酱的那一层加入几片马苏拉里乳酪。

◆ 夏季时，可以用切片的成熟番茄代替番茄酱。用青酱代替菠菜，加入芮科塔乳酪酱中。

◆ 可以把面片切成大方块，制作一道相对简单的千层面。在烤盘底部浇上几汤匙番茄酱，然后把一块意面铺在酱汁上，加入一些芮科塔乳酪和帕玛森干酪，然后折成三角形。继续放入面片，按照以上步骤重复制作。补充新的番茄酱，并撒入大量的帕玛森干酪碎。

◆ 放入 230℃ 的烤箱烤 15～20 分钟，至表面冒泡、边缘酥脆即可。

芮科塔乳酪与香草馅饺子

4 人份

这道配方的馅料也可以用来制作意大利烤碎肉卷和酿南瓜花。酿南瓜花既可以煮食，也可以烤制。

在大碗中混合：

1 杯芮科塔乳酪

2 瓣大蒜，剁碎

1 汤匙特级初榨橄榄油或软化的黄油

1 个鸡蛋

⅓ 杯现磨帕玛森干酪

2 汤匙混合香草碎，如牛膝草、罗勒、百里香、香薄荷、欧芹或鼠尾草等

盐

现磨黑胡椒

略尝一下，酌情调味。

将：

1 份新鲜意大利面皮（见 86 页）

擀得很薄，约 35 厘米长。在面片上撒干面粉，用餐巾盖住，防止变干。取一张面片，一汤匙一汤匙地将乳酪馅沿着下方约三分之一处排开。每块馅料间留出约 4 厘米的空隙。喷一点水，将上半部分面片折到下半部分上；然后轻柔地把中间的空气挤出，用手指把两层面片压到一起。用锯齿边的圆形滚刀把下部多余的面片切掉，然后在每份馅料之间将面片切开。把饺子分开，铺进撒了面粉的盘子里。确保饺子不会彼此碰到，以免粘连。把做好的饺子放进冰箱冷藏，使用前再取出。这样可以防止馅料中的湿气进入面皮，避免饺子粘锅。

把饺子放进半开未开的盐水里，煮五六分钟至熟。捞出，放进盘中备用。

取小平底锅，加热：

1～2 汤匙黄油

倒在饺子上。撒上：

现磨帕玛森干酪

趁热享用。

变化做法

◆ 准备一大把菠菜或茖苨菜，摘好洗净后用黄油炒软。待冷却后，挤出多余水分并剁细。

然后加入芮科塔乳酪。与此同时，把香草碎的分量减少为 2 茶匙。

◆ 开中火，用黄油将几片鼠尾草叶煎至酥脆，撒在饺子上。

◆ 省略黄油，将快手番茄酱淋在饺子上。

◆ 把饺子放在碗里，浇上高汤食用。

◆ 若要做碎肉卷，用半份意大利面皮即可。将面皮擀开，切成 8 厘米 ×10 厘米的长方形，放入沸腾的盐水里煮熟，过冷水后铺在一块布上。沿着一条边的三分之一处将馅料纵向排开。轻轻把面皮卷起来，形成一根长卷。把肉卷放进涂了黄油的烤盘中，接缝朝下。浇上 1½ 杯快手番茄酱，放入预热至 200℃ 的烤箱烤 20 分钟左右。

焗乳酪意面

4 人份

当冰箱里剩下几种即将用完的乳酪时，可以动手做这道意面将它们全部消耗掉。几乎所有乳酪都可以用来做这道意面，除了马苏里拉乳酪和蓝纹乳酪。因为前者会变得很黏，后者会盖过所有其他味道。我一般喜欢用切达乳酪、格吕耶尔乳酪、杰克乳酪等。

取平底锅熔化：

3 汤匙黄油

加入：

3 汤匙面粉

以文火加热，用打蛋器搅拌 3 分钟左右，直到面糊轻微冒泡。一边搅拌一边加入：

2½ 杯牛奶

把面糊搅拌成均匀浓稠的酱汁。加入：

盐

调味。转中火，用木匙不停搅拌至汤汁减少。此时再度把火调低，继续加热几分钟，不时搅拌一下。

烧热平底锅，加入：

1 汤匙黄油

加入：

1½ 杯新鲜面包屑（见60页）

让面包屑均匀地蘸上黄油，放入预热至180℃ 的烤箱烤10~15分钟，每隔5分钟拿出来翻动一下，直到面包屑变成浅棕色。

关掉煮白酱汁的火。加入：

230 克乳酪碎

将：

340 克短意面（通心粉、螺丝面等）

放入沸盐水里煮至弹牙。将意面捞出来沥干，放进涂了黄油的烤碗。把乳酪酱倒进去，翻拌均匀，让意面都裹上酱汁。把面包屑撒在意面上，放入预热至200℃ 的烤箱烤15分钟左右，直到面包屑呈金棕色，酱汁冒泡。

变化做法

◆ 不用烤箱烘烤，把酱汁和意面拌匀后直接食用。

◆ 拌入少许切碎的火腿或意大利咸肉。

面包和谷物

玉米面包

方形面包或直径 20～30 厘米的圆面包

烤箱预热至 220℃。

取直径 20～30 厘米的烤盘或平底锅，刷上黄油。混合均匀：

¾ 杯玉米面

1 杯未漂白的中筋面粉

1 汤匙糖（可选）

1 汤匙泡打粉

¾ 茶匙盐

在 1 个 2 杯份的量杯中，倒入：

1 杯牛奶

再打入：

1 个鸡蛋

搅打均匀，倒入干材料中，搅拌顺滑。再加入并搅匀：

4 汤匙熔化的黄油

将面糊倒进准备好的烤盘里烤 20 分钟，直到面包顶部焦黄，将 1 根牙签插进面包中间，如果拔出来时没有粘上面糊，便可出炉了。

变化做法

◆ 把面糊倒进 12 个马芬杯，烤 12～15 分钟。

◆ 如果想要更加扎实的玉米面包，可以将玉米面和面粉的分量对调，使用 1 杯玉米面和 ¾ 杯面粉。也可以只使用玉米面。

◆ 如果想要外层更加酥脆，可以在预热烤箱时先把平底锅或烤盘放入烤箱，并倒入 1 汤匙黄油（使用培根油，风味更为浓郁）。待锅子变热后从烤箱中取出，翻转一下，让油脂均匀分布，然后倒入面糊。

◆ 如果要制作酪乳玉米面包，可用 1¼ 杯酪乳替代牛奶，并加入 2 茶匙泡打粉和 ½ 茶匙食用小苏打。

苏打面包

1 个

苏打面包是爱尔兰的国民面包，用苏打替代酵母来让面包发酵。传统做法是用炉石烘烤，或是将面团放入铸铁吊锅里，悬在火上烘烤。按照我的配方操作，不用 1 小时便可以做出苏打面包。

将烤箱预热至 220℃。

在大碗中混匀：

3¼ 杯未漂白的中筋面粉

1 茶匙盐

1 茶匙食用苏打

准备：

2 杯酪乳

在干材料上挖个洞，倒入 1½ 杯酪乳，搅拌，如果有需要的话，可以继续加入酪乳。面团应该很柔软，但是不会太湿或太黏。在工作台上撒一些面粉，然后将面团揉匀即可。把面团翻过来，拍成约 4 厘米高的圆饼。把它放在烤盘上，用刀在上面划一个十字。下刀要深一点，确保一直划到边缘。这样会帮助面包发酵得更好。烤 15 分钟后，将烤箱温度下调至 200℃，继续烤 30 分钟。要判断面包是否烤好，可敲击面包底部，如果发出空洞的声音，便可出炉。

变化做法

◆ 如果想要棕色苏打面包，可以使用 3 杯全麦面粉和 ¾ 杯中筋面粉。

奶油酥饼

8 片 4 厘米的饼干

奶油酥饼入口即溶，非常美味。可以当早餐，也可以作为主食配炸鸡和炖菜吃；加上一些浆果，可以烤成甜点；或者做成传统的草莓奶油酥饼。

将烤箱预热至 200℃。

在大碗中倒入：

1½ 杯中筋面粉

¼ 茶匙盐

4 茶匙糖（可选）

2 茶匙泡打粉

混合均匀。加入：

6 汤匙固体黄油，切成小块

用手指或搅拌器搅匀，直到形成豆子大小的颗粒。准备：

¾ 杯淡奶油

首先舀出 1 汤匙放在旁边备用。把余下的奶油倒进面粉粒中，用叉子搅拌几下，帮助所有材料结成面团，不要过度搅拌。轻轻在碗里揉几下，然后转移到撒了面粉的工作台上，擀成约 2 厘米厚。切成 8 块 4 厘米大小的圆形饼干或方形饼干。如需要，切好后再擀一下。

把饼干坯放在铺了烘焙纸的烤盘里，用余下的奶油轻轻把饼干顶部刷一下。烤 17 分钟左右至金黄熟透。

司康

8 个

按此配方，花上几分钟就能做好面团，烤出的司康既清淡又美味，非常适合作为下午茶或孩子放学后的点心。

将烤箱预热至 200℃。在大碗中混匀：

2 杯未漂白的全麦低筋面粉

2½ 茶匙泡打粉

½ 茶匙盐

¼ 杯糖

加入：

1⅓ 杯奶油

搅拌一下，让材料结成团即可。这个面团会很黏。把它放到撒了面粉的工作台上，简单揉几下，拍成一个直径约 20 厘米的圆饼，刷上：

2 汤匙熔化的黄油

撒上：

1½ 汤匙糖

将面饼切成 8 个三角状的面团，摆进烤盘，每个面团间隔 2.5 厘米。烤 17 分钟至金黄。

变化做法

◆ 在干材料里加入 ½ 杯剁碎的果干（杏干、桃干或梨干），或整颗的樱桃干、蔓越莓干、葡萄干或加仑干。

◆ 加入柠檬皮屑或橙皮屑。

◆ 用圆形的切割器分面团，或者把司康切成比较小的形状。

◆ 用未经漂白的中筋面粉替代全麦低筋粉。

酪乳松饼

4～6 人份

用不同的面粉可以做出不同风味的松饼；也可以将面粉混合调配，只要确保其中一半面粉是全麦低筋粉便可以了，这样能保证松饼足够清淡蓬松。

在大碗里混匀：

¾ 杯全麦低筋粉

¾ 杯混合全粒的面粉（例如全麦粉、斯佩尔特小麦粉、黑麦粉、荞麦粉等）

1 茶匙泡打粉

1 茶匙苏打粉

1 茶匙糖（可选）

1 茶匙盐

分离：

2 个鸡蛋

的蛋白和蛋黄。用 1 个大量杯量出：

1¾ 杯酪乳

把蛋黄倒进酪乳中。将干材料倒进蛋奶液里，搅拌均匀。加入并拌匀：

6 汤匙熔化的黄油

另取 1 个碗，将蛋白打发至顶部出现软尖。把蛋白倒进面糊，如果面糊太浓稠，可以加入少量酪乳稀释。

把面糊倒进预热好的平底锅中，先做块松饼测试一下，以确定平底锅是否达到了合适的温度。待松饼底部焦黄，将其翻面，煎熟后即可出锅。

变化做法

- 用酸奶和牛奶的混合液替代酪乳。也可以只用牛奶，同时要把食用苏打换成 2 汤匙泡打粉。

- 若想做出非常柔软的松饼，可将 6 汤匙黄油换成 4 汤匙黄油和 ¼ 杯酸奶油，或法式酸奶油。

- 用未经漂白的中筋面粉替代全粒的面粉。

- 取 1 根香蕉，剥皮切块，倒进最后一步的面糊中；也可加入 1 杯蓝莓。

全麦华夫饼

约 8 个

在大碗里混匀：

1 杯全麦低筋面粉

1 杯混合的全粒面粉（例如全麦粉、斯佩尔特小麦粉、燕麦、黑麦或荞麦等）

1½ 茶匙泡打粉

1 茶匙食用苏打

½ 茶匙盐

1 汤匙糖（可选）

将：

2 杯酪乳

倒进 1 个大量杯里，倒进：

3 个鸡蛋

彻底打散。将蛋奶液倒进干材料里，搅拌至充分融合。加入：

8 汤匙熔化的黄油

搅拌均匀。面糊的稀稠以从汤匙上滴下来的程度为宜，如果太稠，需要加入少许酪乳稀释。把面糊倒进预热好的华夫饼锅里，煎至金黄酥脆。

变化做法

- 用普通牛奶制作华夫饼，将泡打粉的用量改为 2½ 茶匙，不使用食用苏打。

蒸粗麦粉

　　粗麦粉可以只用沸水煮熟，但是为了获得更出色的风味和口感，我们还是应该按照摩洛哥的传统做法来蒸。

　　根据用餐人数，给每个人准备约 ¼ 杯生粗麦粉。首先用大量水将麦粉彻底洗一下，沥干后铺在一口较大的浅锅里，静置 15 分钟，用手在麦粉里来回抓几下，捏碎结块。

　　准备一口蒸锅。在水里加入生姜、大蒜、香草和香料等，可以在蒸制过程中增添香气。如果要做 4 人份的蒸粗麦粉，便将 1 杯麦粉倒在蒸格上，加盖蒸 20 分钟。然后把粗麦粉倒回平底锅中，用汤匙背压碎结块。倒入 ½ 杯水和 ½ 茶匙盐，用手抓匀。加入 1 茶匙黄油，同样用手抓匀。让麦粉静置 15 分钟左右，再放回蒸锅蒸 15～20 分钟。出锅之后，将一块湿餐巾盖在麦粉上，防止麦粉变干，同时用手检查一下麦粉，把结块捏碎。

寿司饭

4 杯

　　我很喜欢以自制寿司作为晚餐。我会在桌上放一大碗寿司饭、备好方形的烤海苔、切成薄片的鱼和蔬菜、腌姜和芥末。每个人都可以亲手做出符合自己口味的寿司。

　　用冷水冲洗：

2 杯短粒日本米

沥干后倒入厚底锅，加入：

2¼ 杯水

盖上密封性较好的锅盖，开火煮沸。迅速转小火，继续煮 15 分钟左右。关火之后再焖 10 分钟。

　　与此同时，在小碗中倒入：

1 汤匙米醋

¼ 茶匙盐

1 茶匙糖

不停搅拌至糖完全熔化。

　　将煮好的米饭倒进碗中，倒上调味醋。用木匙轻柔翻拌，直到米饭均匀裹上调味料。待米饭冷却后再用。

法诺沙拉佐红葱头与欧芹

4 人份

　　法诺（二粒小麦）是味道介于大麦和小麦之间的一种谷物，充满坚果香气，非常美味。它所需的烹煮时间很短，跟大米差不多。可以直接煮熟，也可以放进沙拉，还可以做成炖饭。我一般一次煮 1½ 杯，先趁热食用一半，另一半留到第二天做沙拉。

煮沸：

6 杯盐水

加入：

¾ 杯法诺麦粒

焖煮 20～25 分钟至软。沥干，装入碗中，倒入：

1 汤匙红酒醋

盐

搅拌均匀。略尝一下，酌情调味。

加入：

1 个小红葱头（或 2 根青葱），切小丁

2 汤匙欧芹碎

3 汤匙特级初榨橄榄油

现磨黑胡椒

可以在室温下食用，也可以冷藏后食用。

变化做法

◆ 用同样的方法煮小麦粒和斯佩尔特麦粒。烹煮小麦粒需要的时间略长一点，可能需要 50 分钟。焖煮 20 分钟后，检查一下麦粒的状态。

◆ 用香菜或罗勒替代欧芹。

◆ 调味时加入黄瓜丁或对半切开的樱桃番茄。

◆ 用雪莉酒醋或柠檬汁替代一部分或全部红酒醋。

鸡蛋和乳酪

全熟蛋和半熟蛋

全熟蛋并不意味着很硬，也不意味着要用水煮。下面我会介绍自己是如何让全熟蛋的蛋黄恰好凝固，但中心仍然金黄湿润。

首先将鸡蛋在室温下静置一会儿，与此同时，烧开一锅水，转小火，让水保持微微沸腾的状态。用漏勺小心地把鸡蛋放进水中，煮9分钟左右，随时调整火候，让水温低于微微沸腾的温度。将鸡蛋捞出，迅速放入冰水中。冷却后剥壳。

总体来说，9分钟法则非常可靠。但要注意这只是大概的时间，因为鸡蛋有大有小，温度可能也会略高或略低，需要对烹煮时间稍作调整。

半熟蛋可以用同样的方法煮，但要把时间缩短到5分钟。趁热敲开蛋壳，用汤匙舀着吃。

煎蛋

煎蛋的关键是找到合适的煎锅并好好保养。我用的是一口用油养过的直径25厘米的铸铁平底锅。每次用完之后，需要擦拭干净，或冲净粘锅的食物，但注意不要使用洗洁精或洗碗机。储存时要保持干燥。

首先用中火烧热铸铁平底锅。几分钟后，把火转小，放入一块黄油或一汤匙橄榄油。转动平底锅，让油覆盖锅底。轻轻把蛋打进锅中，撒上盐和黑胡椒，煎至蛋白几乎完全凝固。轻轻用锅铲把鸡蛋翻过来，注意不要弄破蛋黄。再次撒上盐和黑胡椒。若你喜欢流动的蛋黄，只需再煎几秒钟即可；若喜欢相对凝固的蛋黄，可以煎1分钟左右；如果你希望蛋黄完全熟透，在翻面之前先把蛋黄弄破，然后关火，让锅的余温把蛋黄完全煎透。

炒蛋

按照平均每人1~2鸡蛋的量敲到碗里。取厚底平锅，大小约使蛋液有1厘米深（25厘米的平底锅刚好适合炒12个鸡蛋）。开中火把锅烧热。这一步是关键，烧热的锅会防止鸡蛋粘锅。同时，将鸡蛋稍微打散。但不要打得过散，否则蛋液太稀，翻炒时体积不会膨胀太大。用盐和胡椒调味（也可以根据口味加入少许香草碎），每2个鸡蛋加一大撮盐。待锅烧热之后，加入黄油，分量是每2个鸡蛋对应榛子大小的黄油。待黄油的泡泡几乎全部消失时，倒入鸡蛋。先不翻动，待蛋液开始凝固再开始滑动，让蛋液能在锅里四处流动。待鸡蛋达到比你预期的松软一些时，便可关火。因为它们还会在余温下继续变熟。立即食用。

蛋沙拉

4人份

如果你要把全熟蛋切碎加入沙拉中，就得比平常的全熟蛋稍微多煮一会儿。

将：

6个鸡蛋（室温）

放进微微沸腾的水里煮10分钟左右。在冰水中冷却后剥壳。将鸡蛋切成块。

混匀：

2茶匙酸豆，冲洗并剁碎

1汤匙欧芹碎

2汤匙葱丝（红葱头、青葱、香葱均可）

盐

现磨黑胡椒

一撮卡宴辣椒粉

⅓ 杯自制蛋黄酱

将鸡蛋加入酱汁，搅拌均匀，可酌情加入：

盐和柠檬汁

变化做法

- 加入 2 茶匙第戎芥末。
- 用蒜泥蛋黄酱取代普通蛋黄酱。
- 加入 ½ 杯芹菜丁、黄瓜丁，或者二者都加。

墨西哥乳酪馅饼

4 人份

外酥内软的乳酪馅饼是一份完美的快手小食，最适合给放学后饥肠辘辘的孩子们解馋了。配上豆子、米饭和莎莎酱，又能吃上一顿丰盛的午餐或晚餐。

准备：

8 张玉米或面粉薄饼

1 杯淡乳酪，如蒙特利杰克乳酪磨碎，熔化

撒在 4 张饼皮上，上面再盖上另外 4 张饼皮。中火烧热厚底平底锅，加入：

½ 茶匙黄油

趁热放入 1 个馅饼，煎至金黄后翻面，待另一面也变得金黄，且乳酪熔化，便可出锅。把煎好的乳酪馅饼放进烤箱保温，继续煎完余下的煎饼。

变化做法

- 在乳酪上撒上一些香菜碎，或铺上几片烤红椒，再盖上另一张饼皮。
- 出锅之后，在馅饼旁边舀 1 汤匙莎莎酱、酸奶油或牛油果酱，搭配食用。

- 如果不喜欢黄油，也可以不放。直接用平底锅干煎即可。

烤乳酪三明治

这种三明治是用优质面包和格吕耶尔乳酪做成，用新鲜的黄油来煎。没有比这更好吃的三明治了。

将乡村吐司切片。在其中一半面包片上放三层非常薄的格吕耶尔乳酪，盖上余下的面包片。取黄油切丁，软化后放在三明治上，或将橄榄油淋在三明治上。

取厚底平锅（铸铁锅最佳），开中火烧至温热。把三明治放进去，有黄油的一面朝下，煎至金棕色。如果面包上色太快，有烧焦的风险，立刻把火关小。在上层的面包片上再加一些黄油或橄榄油，然后翻面煎至金棕色。我喜欢在煎之前在黄油上放三四片鼠尾草。煎好后，酥脆的鼠尾草会跟面包黄油融为一体。待面包酥脆、乳酪熔化便可出锅。用大蒜在面包上摩擦几下。

卡仕达酱洋葱派

一块直径 23 厘米的派

这款派非常适合在野餐时作为早餐。

取：

约 280 克派皮

擀成直径 30 厘米的圆形。

放进 23 厘米的圆形烤盘中，把边缘折进去，形成双倍厚的边。把边缘压紧，然后用叉子在底部扎一些小洞。将派皮放进冰箱冷藏至少 1 小时。

将烤箱预热至190℃。为了防止派皮在烤制过程中回缩，先在派皮上铺一层烘焙油纸或锡箔纸，在烤盘里装满干豆子（或其他重物）。这种方法叫预烤。烤15分钟之后，取出烤盘，移除烘焙纸和豆子，再放回烤箱烤5～7分钟，直到派皮呈现均匀的浅金棕色。烧热厚平底锅，加入：

4 汤匙黄油

待黄油熔化后，加入：

4 个洋葱，切成薄片

开中火将洋葱炒至软化变色，全程需要20～30分钟。加入：

盐

现磨黑胡椒

把洋葱放到盘子里冷却。混匀：

1½ 杯淡奶油和牛奶混合液（1：1）

2 个鸡蛋

2 个蛋黄

½ 杯格吕耶尔乳酪

盐

现磨黑胡椒

一撮卡宴辣椒粉

待洋葱冷却，铺在烤盘里，倒入蛋奶液，放入预热至190℃的烤箱烤35～40分钟，直至顶部蓬松且呈金棕色。

变化做法

◆ 在煎洋葱时加入几枝新鲜香草，例如百里香、香薄荷或牛膝草。

◆ 将4片培根切成小丁，煎至酥脆。在加入洋葱前，先把培根丁撒在饼皮底部。

◆ 用其他乳酪代替格吕耶尔乳酪。

◆ 减少一半洋葱的用量，在蛋奶液里加入2杯炒熟剁碎的绿叶菜。

蔬 菜

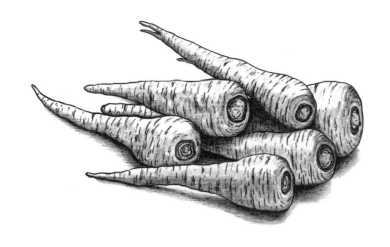

◆ 洋蓟

上市季节：春季和早秋

　　洋蓟是人工培育的蓟草的花，形态各异，有大棵的绿色大球洋蓟，也有紫罗兰色和深紫色的小球洋蓟。有些品种的洋蓟很光滑，没有一根刺，而有些品种的叶子顶端有吓人的尖刺。每种洋蓟都有其独特的风味。新鲜采摘的嫩洋蓟是最美味的。而比较成熟的洋蓟，中心带毛的部分（这部分不能食用）比较大，果肉也偏硬。在购买的时候，一要挑选那些颜色鲜艳、叶子紧闭的，二要挑那些茎部切口看起来较为新鲜、不干瘪的。

　　洋蓟可以整颗煮熟，也可以先把叶片剥下来，直到露出白色的中心部分。如果洋蓟较大，先把所有的小叶片沿着梗剥下来，然后用锋利的重刀把洋蓟的尖切下来，再用小刀削去所有深绿色的梗、洋蓟底部和外层的叶子。用汤匙把洋蓟芯挖出。如果不打算马上煮，可以先用柠檬汁擦拭几下，也可以把它放进加了柠檬汁或醋的水里，防止表面氧化变色。

　　处理嫩洋蓟的方法也差不多。首先剥掉外层较老的叶子，直到露出浅绿色的带有深绿尖顶的嫩叶。在两色交会处把洋蓟的尖切下来丢弃。剥掉深绿色的梗和底部。不要不忍心丢弃深绿色的部分，因为它们纤维含量高，不管煮多久都不会变软。如果很快就要烹煮的话，就无须做任何处理，否则可以用柠檬片摩擦或泡在水里。

煮洋蓟或蒸洋蓟

　　切除洋蓟的茎部末端和叶子上的尖刺，放进沸盐水中煮软。如果洋蓟较大，可能需要煮30分钟左右。可以用小刀或细棍从洋蓟底部插进去试一下，确定它是否变软。

　　若要蒸洋蓟，处理方式与前文相同。水开后将洋蓟放入蒸锅，盖紧锅盖。煮软之后可搭配黄油或自制蛋黄酱食用。可以使用普通蛋黄酱，也可以加入柠檬、大蒜和香草。

焖洋蓟

4 人份

　　将洋蓟、青蒜、大葱和百里香一起焖煮，味道鲜美。

　　准备：

　　12 个小洋蓟或 4 个中等大小的洋蓟（680~910 克）

　　切掉顶部的三分之一。去掉外部坚硬的叶子，用利刀去掉深绿色的底部叶片梗和茎秆末端。把洋蓟纵向切成 4 份（较大的洋蓟要切成 8 份），挖掉带毛的中心部分。为了防止氧化变色，将：

1 个柠檬

对半切开

用切面擦拭一下洋蓟。准备：

1 根青蒜

1 根青葱

去掉多余的根须和绿色部分。纵向对半切开，然后切成丝。

开小火烧热，取中等大小的平底锅，加入：

3 汤匙橄榄油

加入大蒜、葱和：

3~4 枝百里香

以小火煎 5 分钟左右，加入准备好的洋蓟。继续翻炒两三分钟，然后加入：

盐

现磨黑胡椒

调味。加入：

¼ 杯白葡萄酒

¼ 杯水

加盖后开小火煮 20 分钟左右，不时搅拌，直至洋蓟入味且变软。酌情加盐，倒入：

2 汤匙特级初榨橄榄油

洋葱大蒜香草炒洋蓟

4 人份

取厚平底锅，开中火烧热：

1½ 汤匙橄榄油

放入：

1 颗洋葱，切丁

炒 7 分钟左右至软。盛出，放在一边备用。与此同时，将：

12~15 个小洋蓟（约 680 克）

处理干净后切成薄片。再往炒洋葱的锅里加入：

1½ 汤匙橄榄油

烧热后放入洋蓟片，开中火翻炒至洋蓟变软且呈金黄色，全程需要 10 分钟左右。加入洋葱和：

3 瓣大蒜，剁碎

3 汤匙香草碎（例如百里香、牛膝草、牛至叶、香薄荷或欧芹）

盐

现磨黑胡椒

继续翻炒 2 分钟左右，酌情调味。

变化做法

◆ 加入大蒜的同时，加入 2 汤匙洗净切碎的酸豆，也可以加入一两撮干辣椒碎，给这道菜增添几分辣度。

◆ 使用 3 个大洋蓟。去掉多余的部分，挖掉中心，然后切成薄片。按照上文做法炒洋蓟。如果它们尚未变软就已经变色，可以在加洋葱和香草的步骤中加入少许水继续翻炒。

◆芦笋

上市季节：春季

芦笋有三种颜色：绿色、紫色和白色。绿芦笋和紫芦笋吃起来几乎一样，而且紫芦笋煮熟之后会变成深绿色。但白芦笋在煮熟后不会变色，因为它在生长过程中没有接触阳光。白芦笋味道比较清淡，比前两种芦笋更为罕见和昂贵。新鲜采摘的芦笋最为鲜甜。购买时，要挑选那种顶部花苞紧紧闭合、颜色鲜艳、外表光滑且切口新鲜的。

在处理芦笋的时候，将每根芦笋弯折一下。在它由硬转嫩的那个点上，芦笋会自然折断。相比细芦笋，我更喜欢粗芦笋。因为粗芦笋削皮之后更甜，而且青草味比细芦笋要淡一些。用削皮刀将芦笋外层的薄皮去掉，露出鲜绿色的肉，不要削到露出白色的肉才停下来。如果芦笋很细，或要切成小块，就不需要进行这一步了。你可以从花苞下方 2.5 厘米处开始削皮，一直削到切开处。

煮芦笋

在煮芦笋之前，先把底部切掉，然后削皮。将芦笋放进沸盐水中煮 3 分钟左右至软。沥干后在室温下食用（也可以铺在餐巾上冷藏后食用）。

要蒸芦笋的话，先烧开一锅水，然后将芦笋放在蒸格上蒸 3 分钟左右，变软即可出锅。

若要烤芦笋，则需将煮好的芦笋刷上一层橄榄油，用盐和胡椒调味。将芦笋放在炭炉上，不时翻动，直到完全热透并微微焦黄。

用烤箱烤芦笋的时候，则需把生芦笋放进烤盘，加入橄榄油和盐，滚动一下芦笋，让它们均匀沾上橄榄油和盐。放入 200℃ 的烤箱烤 9～11 分钟至软。在时间过半的时候，将芦笋取出翻面。

芦笋可以趁热食用，也可以在室温下食用。可以搭配蛋黄酱、油醋汁、莎莎酱或白酱，也可以淋一点橄榄油，撒上切碎的水煮蛋、意大利咸肉碎或帕玛森干酪。将芦笋与其他蔬菜同煮，或用它做炖饭，也都非常美味。

芦笋和柠檬炖饭

4 人份

若想了解意大利炖饭的详细做法，请参阅 98 页。

准备：

450 克芦笋

切掉底部。把芦笋切成 0.5 厘米长的小段。

取：

1 个柠檬

把外层果皮刨下来，对半切开，挤出柠檬汁。取 2.4～2.8 升容积的厚底汤锅，加热熔化：

2 汤匙黄油

放入：

1 个小洋葱，切碎

炒 10 分钟左右至洋葱柔软透明。

加入：

1½ 杯炖饭专用米（艾保利奥米、卡纳罗利米、巴尔多米或维阿龙圆米）

翻炒 4 分钟左右，至米饭透明。注意不要让米饭变得棕黄。与此同时，烧开：

5 杯鸡高汤

关火。把柠檬皮屑加入米中，倒入：

½ 杯干白葡萄酒

不停搅拌，直至葡萄酒被完全吸收。加入 1 杯热鸡汤，然后大开火炖煮，不时翻动一下。待炖饭开始变稠时，再倒入 ½ 杯鸡汤，并加入少许盐。每次米饭变稠时，就再加入 ½ 杯鸡汤，不要让米饭烧干。大约 12 分钟后，把切好的芦笋倒进去，炖煮至米饭变软但仍有硬心，全程需 20～30 分钟。待米饭煮好之后，加入：

1 汤匙黄油

⅓ 杯帕玛森干酪

用力搅拌，让炖饭变得黏稠。酌情加盐和柠檬汁调味。关火，让炖饭不加盖静置 2 分钟左右，便可端上桌享用了。如果此时炖饭过于浓稠，可以再加少许鸡汤稀释。

变化做法

◆ 食用前加入两三汤匙剁碎的香薄荷或欧芹。

◆ 洗净 460 克扇贝，去掉粘在旁边的小肌肉。如果扇贝较大，可以横向对半切开。在炖饭出锅的 5 分钟前放入锅中。

◆ 在炖饭出锅前 10 分钟加入 460 克豌豆，用香薄荷碎或薄荷叶丝调味。

◆ 若要做冬南瓜炖饭，则不需要加入芦笋和柠檬皮屑。取半个较小的冬南瓜，去皮去瓤之后切成小块。烧热厚底锅，熔化 2 汤匙黄油，然后加入冬南瓜和几片鼠尾草，加盐调味。开中低火把冬南瓜煮至熟透但并不软烂。在炖饭出锅 5 分钟前加入冬南瓜。（也可以将鼠尾草加入洋葱一起煎炒，然后

在第二次加鸡汤的时候，倒进生冬南瓜。）可以用同样的方法做欧防风、胡萝卜或块根芹炖饭。

◆ 若要做马铃薯炖饭或咸肉炖饭，则不需要加芦笋和柠檬皮屑。取 2 个大黄马铃薯，去皮并切块。将 2 片意大利咸肉切成丁，加入洋葱中一同煎制。在第一次加鸡汤时倒进马铃薯。

◆ 如果要做烤菊苣炖饭，则不需要加入芦笋和柠檬皮屑。在食用前把 2 杯剁碎的烤意大利菊苣（见 299 页）拌进饭里即可。

◆豆子

若要了解干豆和新鲜豆子的知识，以及如何挑选和处理它们，请参考"干豆与新鲜豆类"一章。

◆豆角

上市季节：初夏到秋季

豆角要趁豆荚尚嫩、种子还未成熟时摘下。豆角的种类很多，如蓝湖豆、平荚菜豆、扁豆、黄菜豆、紫芸豆、白芸豆、法国菜豆……记得挑选颜色鲜艳、脆嫩的豆角。嫩豆角只要轻轻弯折一下就会断开，而且里面的种子很小。豆

角要趁新鲜尽快煮，才能享受到最佳风味。处理豆角的方式很简单，洗净后去切掉连梗的一端，然后斩成段即可。如果豆角的尾端较老，就需要把另一头也去掉。

罗马豆配牛膝草

4 人份

又宽又扁的罗马豆是夏天的应季蔬菜之一。我非常喜欢它们浓郁的香味。在做这道菜的时候不要吝啬牛膝草的用量，它的特殊香气会给罗马豆锦上添花。

取：

460 克罗马豆

掐头去尾，撕掉老筋，切成 2.5 厘米长的小段。切斜刀会更加美观。放进沸腾的盐水里煮软。捞出沥干后加入：

盐

特级初榨橄榄油

¼ 杯剁碎的新鲜牛膝草

酌情调味。

变化做法

- 挤入少许柠檬汁。
- 用黄油替代橄榄油。
- 用其他品种的豆角。

新鲜去荚豆和豆角菜肉汤

4 人份

将颜色、口感不同的几种豆角一起炖，可以做出颜色鲜艳、味道更富有层次的炖菜。不过，需要分别煮熟每种豆角，因为它们需要的时长各不相同。但你可以使用同一锅水来煮。

先煮黄菜豆，以确保它的颜色不被破坏。

取：

460 克新鲜的带荚豆（如蔓豆、白豆、笛豆）

去除豆荚，放入刚刚沸腾的水中煮到软糯。下锅 15 分钟后检查一下，如果已经煮好，便关火，让豆子在煮豆水中直接放凉。与此同时，准备：

340 克豆角

掐头去尾（如果很嫩的话则不需要掐掉尾部），撕掉老筋，切成 2.5 厘米长的小段。把豆角放入沸盐水里煮软，沥干后在盘中摊开放凉。

取一口厚平底锅，开中火烧热：

2 汤匙橄榄油

加入：

1 颗洋葱，切丁

翻炒 10 分钟左右至洋葱变成透明。加入：

2 瓣大蒜，去皮，剁碎

2 茶匙香薄荷碎、牛膝草碎或欧芹碎

盐

现磨黑胡椒

煎炒 4 分钟左右。把豆子从锅里捞出沥干，留下煮豆水。把豆子和 ¾ 杯煮豆水倒进洋葱，开大火煮沸。然后把豆角倒进去，煮沸。转小火继续加热 1 分钟左右，让豆角完全热透。酌情加盐调味，放入少许特级初榨橄榄油。

豆角配烤杏仁和柠檬

4 人份

这是一道很棒的小菜，适合搭配煎鱼。

准备：

460 克豆角

择洗干净。以中火烧热厚平底锅，加入：

3 汤匙黄油

待黄油开始消泡后，加入：

¼ 杯杏仁片

翻炒至杏仁颜色变深后关火。加入：

半个柠檬榨的汁

盐

把豆角放入沸盐水里煮软。沥干后倒入杏仁黄油拌匀，酌情加盐调味。

变化做法

◆ 用切碎的碧根果或榛子代替杏仁。

◆ 用罗马豆或龙舌豆代替嫩豆角。

◆ 在黄油里加入 1 瓣切碎的蒜头，然后再将其倒入豆角中。

鹰嘴豆泥

约 2 杯

鹰嘴豆泥非常容易制作。即便没有白芝麻酱，简单的鹰嘴豆泥也非常美味，加一些橄榄油即可。

将：

¾ 杯干鹰嘴豆

放入水中浸泡 8 小时以上，然后煮软。把煮好的豆子捞出来，留下约 ¼ 杯煮豆水。用搅拌机

打成细腻的泥状。将：

¼ 杯白芝麻酱

¼ 杯新鲜柠檬汁

2 瓣大蒜，打成蒜泥

1 汤匙特级初榨橄榄油

盐

倒入鹰嘴豆泥，搅拌至完全融合。如果豆泥过于浓稠，可以加入少量煮豆水。

变化做法

◆ 加入 ¼ 茶匙小茴香粉和卡宴辣椒粉。

◆ 将小茴香粉、卡宴辣椒粉和少许橄榄油搅匀后加入鹰嘴豆泥中。

◆ 如果希望鹰嘴豆泥的口感更加细腻，可以在煮熟后去皮。

回锅豆泥

4 人份，约 2 杯

传统上这道菜是用新鲜猪油制作。

取厚底锅，中火烧热：

3～4 汤匙未经氢化处理的猪油

加入：

½ 个中等大小的洋葱，切丁

待猪油熔化后倒入锅中。炒 7 分钟左右至洋葱变软。加入：

2 杯煮熟的斑豆或黑豆

¼ 杯煮豆水

盐

翻炒几分钟。用压马铃薯泥的工具将豆子碾成泥。如果太稠可以加入少量煮豆水稀释。豆泥应该略微湿润一些，因为放久后会变浓。酌情加盐调味。

变化做法

◆ 用猪油或培根油做豆泥是最美味的，但也可以用橄榄油代替。

◆ 加入豆子之前 1 分钟，在洋葱里加入两三瓣刹碎的大蒜。

◆西蓝花

上市季节：早春、秋季或晚冬

　　西蓝花差不多是一个尚未绽放的大花球，而我们所食用的就是它还没打开的花蕾。西蓝花种类很多，最常见的呈绿色，是较大的球状。市面上还有一种嫩茎西蓝花，茎部较长，颜色深绿，花蕾是一朵一朵的。罗马西蓝花长得就更加特殊一点，它是黄绿色的，花球由一个个圆锥形的小花球呈螺旋状排列而成。还有一种紫色西蓝花，它们的花球有些小，说是西蓝花，但其外形更接近花椰菜。购买时，要挑选那些颜色鲜嫩、手感结实、花球排列紧密的，不要那种发蔫、发黄或花蕾已经绽开的。处理西蓝花时，先将花球整个切下来，然后切成或掰成小块即可。西蓝花的茎部去掉老叶后也可以食用，如果比较粗，可以削皮后切片。

大蒜黄油柠檬蒸西蓝花

4 人份

　　准备一大棵西蓝花。切下茎部，削皮后切片。上部小花切开。把处理好的西蓝花蒸软。与此同时，将一口小平底锅烧热，放入几汤匙黄油，待黄油熔化后加入两三瓣蒜片和少许盐，待黄油开始冒泡时关火。取一个大柠檬，把汁挤进锅里。

　　把西蓝花放入大碗，倒入调味后的黄油。若想增添一些风味，可以在烧热黄油时加入少量牛膝草或牛至叶碎，也可以将一半分量的黄油换成橄榄油。

慢煮西蓝花

约 2½ 杯

　　煮到几乎变成泥状的西蓝花很适合配酥脆面包丁吃，或拌意大利面，作为简单的配菜也很美味。

　　取：

680 克西蓝花

切下头部并掰成小朵，将茎部削皮后切片。

取厚底汤锅，烧热：

6 汤匙橄榄油

倒入西蓝花，加入：

6 瓣大蒜，切片

一撮干辣椒碎（可选）

盐

翻炒几分钟后，倒入：

1 杯水

煮沸后转小火，盖上锅盖煮 1 小时左右，将西蓝花煮到非常软的状态。在煮的过程中不时搅拌，如果变干就加一些水。待西蓝花彻底变软后，用汤匙搅拌一下。加入：

1 个柠檬的汁

拌匀。酌情加入盐、柠檬汁和橄榄油调味。

◆抱子甘蓝

上市季节：秋冬季节

抱子甘蓝看起来就像小棵的卷心菜，事实上它们的确是亲戚。抱子甘蓝有绿色的和红色的，但绿色的更为常见一些。此外，它们是成串长在长长的茎上的，农贸市场上连茎出售的抱子甘蓝非常壮观。购买时最好挑选那些紧实、鲜艳、没有黄叶的。它们摸起来很结实，而且就大小来说，意外地沉。

处理的时候，首先要去掉外面破损的叶片，然后将底部切下。抱子甘蓝可以整棵烹煮，也可以切开再煮，还可以把叶子一片一片剥下来。处理好之后，将抱子甘蓝快速冲洗一下，沥干备用。

焗烤抱子甘蓝

4 人份

准备：

460 克抱子甘蓝

切掉底部，去掉外层叶子。放入沸盐水里煮 10～12 分钟至软。捞出沥干后切块。

将：

2～3 片意大利咸肉

切成 1 厘米厚的小片，放入一口厚平底锅中，开中火煎出油脂。待咸肉微微卷曲时，把抱子甘蓝倒入锅中，加入：

盐

现磨黑胡椒

继续翻炒几分钟。与此同时，用黄油将烤盘擦拭一下，然后将抱子甘蓝和咸肉均匀地铺

进去。倒入：

½ 杯牛奶和奶油混合液（1:1）

均匀地撒入：

⅓ 杯新鲜面包屑（见 60 页）

顶部放：

黄油，削薄片

把烤盘放入 200℃的烤箱烤 20～25 分钟，直到面包屑金黄，液体开始冒泡。

变化做法

◆ 翻炒抱子甘蓝时，加入剁碎的百里香和大蒜。

培根洋葱炒抱子甘蓝

4 人份

取：

460 克抱子甘蓝

切掉底部，去掉外层叶子。如果抱子甘蓝很小，就将其对半切块；如果较大，则切成 4 块。把抱子甘蓝放入沸盐水里煮软。捞出沥干，备用。开中火烧热平底锅，加入：

1 汤匙橄榄油

2 片培根，切成边长约 2.5 厘米的块

把培根煎到出油变色，但尚未酥脆。将培根捞出，放入：

1 个小洋葱，剁碎

2 枝百里香或香薄荷

煎炒至洋葱软化但尚未变色，加入：

盐

少许柠檬汁（可选）

调至中高火，倒入抱子甘蓝，翻炒至微微焦黄。加入培根并翻拌均匀。酌情调味。

变化做法

◆　去掉培根。

◆　加入抱子甘蓝之前，剁碎 2 瓣蒜，放入洋葱里。

◆　用抱子甘蓝的叶片做这道菜。将抱子甘蓝的底部切掉，把叶片分开，然后将中间部分切成薄片。叶子不需要用水煮，直接放入洋葱中，加盐翻炒 2 分钟。在锅里注入约 0.5 厘米高的鸡汤，然后加盖炖煮 15 分钟左右，直到叶子变软。

◆ 甘蓝菜

上市季节：全年，秋冬季节风味最佳

甘蓝菜有很多品种，最常见的是球形的叶面光滑的绿色卷心菜。但也有紫甘蓝、锥形甘蓝或扁甘蓝，口感和味道都不太一样。我发现紫甘蓝有些辛辣，叶子也更厚更老一点。皱叶甘蓝的叶子非常薄，呈浅黄绿色，并带有褶皱。我做炖菜时，最喜欢用这个品种。纳帕甘蓝（大白菜）是椭圆形的浅绿色蔬菜，梗部呈白色，叶片很软。这种蔬菜一烫便熟，适合切丝做沙拉。甘蓝菜还有很多亚洲品种，例如小白菜、塔菜、水菜等。这些菜大部分呈深绿色，叶片散开，适合煮熟食用（水菜除外，嫩水菜作为沙拉生食非常美味）。

在购买甘蓝菜时，要挑选那些颜色鲜艳、菜球紧实的。它们的手感很结实，掂起来沉甸甸的。散叶甘蓝时则应避开叶子发黄或发蔫的。球形甘蓝菜需要把根部切掉。处理散叶甘蓝时，无须切掉底部，剥掉破损发蔫的叶子即可。

焖皱叶甘蓝

4 人份

焖皱叶甘蓝是一道用法灵活的冬季常备菜，既可单独作为小菜，也能配鸡、鸭或煎香肠。

准备：

1 棵大皱叶甘蓝或 2 颗小皱叶甘蓝

切成 4 份，硬芯去掉，叶片切成粗条。加入：

盐

现磨黑胡椒

取厚底锅，烧热：

2 汤匙橄榄油

加入：

1 根胡萝卜，去皮，切小丁

1 颗洋葱，切小丁

1 根芹菜，切小丁

以中火煎炒 7 分钟左右。待食材变软后，加入：

1 片月桂叶

2 枝百里香

2 瓣大蒜，剁碎

盐

继续翻炒 1 分钟，将皱叶甘蓝倒入锅中。倒入：

½ 杯白葡萄酒

加盖煮 8 分钟左右，直到白葡萄酒完全收干。倒入：

½ 杯清水或鸡高汤

煮沸后把火转小，盖上锅盖继续炖煮 15 分钟至甘蓝变软。在此期间，翻炒几次。关火后酌情加盐和醋调味。

变化做法

◆ 2 片培根切成小丁，在蔬菜下锅前放入油中。

◆ 煮熟 4 根猪肉香肠，在卷心菜出锅前 5 分钟加入。

◆ 取 4 个马铃薯，削皮后放入沸腾的盐水里煮软。在出锅前 5 分钟加入皱叶甘蓝。

◆ 也可以用另一种方法煮皱叶甘蓝：把皱叶甘蓝分成 4 份之后切片。把油烧热，加入皱叶甘蓝，将一面煎至变色。省略洋葱、胡萝卜、芹菜，加入香草、大蒜、盐、葡萄酒和鸡汤，将甘蓝煮软。如果希望味道更浓郁，可在锅里加入几汤匙黄油。

自制酸菜

约 950 毫升的分量

如果你从来没有在家里做过酸菜，那么这道菜谱会为你打开新世界的大门。事实上，酸菜制作起来非常简单，只要准确掌握盐和甘蓝的比例（1½ 茶匙盐对应 460 克卷心菜）就不会失手。酸菜发酵的时间越长，味道越浓郁，口感也更柔软。

取：

1 棵大甘蓝，紫色或绿色皆可

切成 4 份，去掉硬芯，切细丝，约有 5 杯的分量。放进碗中，加入：

3½ 茶匙海盐

1 茶匙香芹籽（可选）

用手抓匀，直到甘蓝出水为止。把甘蓝放进玻璃罐等不会与其发生反应的容器中，用手压紧。一般来说，此时析出的水分应该足以淹没甘蓝了。如果水面不够高，可以加入一点盐水（1 杯过滤水加入 1 汤匙盐）。将重物压在甘蓝菜上，让它始终在水面以下。用一块布把罐子松松地盖起来，置于室温下发酵 1 周左右。

在此期间，如果见到水面上有泡沫或渣滓，尽量撇净。可以顺便尝一下酸菜的味道，当你觉得达到理想的味道时，便可移除重物。将酸菜放入冰箱，最长可保存 6 周。

注意：压甘蓝的重物可以是任何沉重的物品，但一定要是干净的。你可以把石头放在一个比罐口略小的盘子上，放入罐中；也可以用小玻璃罐或塑料袋装满水压在甘蓝上。必须保证甘蓝始终在水平面以下。

黄油甘蓝菜

这道菜谱适用于任何甘蓝菜，绿色甘蓝、紫色甘蓝、大白菜均可。将甘蓝菜外层的叶子剥掉后切成 4 瓣。去掉硬芯，再切成细丝。将菜丝放入锅中，加入一大块黄油、盐和约深 0.5 厘米的水。水开之后转小火，加盖焖煮至软。酌情加盐和黄油调味。

◆胡萝卜

上市季节：全年，春季和秋季最佳

胡萝卜是我厨房里的常驻嘉宾。跟芹菜、洋葱一样，胡萝卜也是很多高汤和炖菜的基础食材。胡萝卜全年都有，不过它们的成熟高峰期也会因地区而略有差异。在加利福尼亚州，胡萝卜在晚春和秋天时最为甜美多汁。最好挑选那些本地种植的还连着绿叶的新鲜胡萝卜。它们的味道跟那种提前去皮、切块后装在真空包装袋里出售的胡萝卜有天壤之别。胡萝卜有很多品种，有些甚至不是橙色的。你可以去当地的农贸市场看看有哪些本地胡萝卜品种。如果你买的胡萝卜还连着叶子，在放入冰箱保存前先将它们去掉，这样胡萝卜可以贮存更久。

黄油胡萝卜

与其说是菜谱，不如说是一种用途很广的处理方法。将胡萝卜削皮后切条或切片，放入锅中（用大点的锅，不要让胡萝卜堆起来之后的高度超过 2.5 厘米）。在锅里注入胡萝卜一半高度的水，加入大量盐和几茶匙黄油。煮沸后转小火，加盖，把胡萝卜焖软。打开锅盖收汁，直到锅内的液体变成浓稠的酱汁，包裹住胡萝卜。立刻把胡萝卜捞出，否则酱汁还会进一步烧干。如果水分太少，酱汁会分层，此时可以加少许水让它们再度融合。也可以用普通食用油替代黄油，但如此一来胡萝卜就无法挂浆了。在胡萝卜出锅前，可以撒入一大匙剁碎的香菜、欧芹或罗勒并拌匀。

胡萝卜泥配葛缕子和小茴香

4 人份

这是一道色彩缤纷的开胃小菜，源自阿尔及利亚。若在室温下享用，可以配烤面包丁或皮塔面包，加热后作为小菜搭配烤鱼和歇莫拉辣椒酱（见 223 页）。

将一大锅盐水煮沸。加入：

680 克胡萝卜，去皮并切成 1 厘米厚的片

2 瓣大蒜，去皮

待胡萝卜变软后，捞出沥干。

取一口小平底锅，烧热：

2 茶匙橄榄油

放入：

半颗洋葱，切丁

炒 7 分钟左右至洋葱变软。加入：

½ 汤匙小茴香粉

¼ 汤匙葛缕子粉

盐

把沥干的胡萝卜和大蒜放入平底锅，继续加热几分钟。关火之后，用马铃薯磨碎器或叉子将胡萝卜压成泥。加入：

1～2 茶匙新鲜柠檬汁

酌情加盐调味。可以根据个人口味加入：

香菜碎

◆花椰菜

上市季节：春季和秋季

花椰菜是一大束聚合的花苞。在英语中，花椰菜的菜球叫作"凝乳"（curd），因为看起来很像乳酪凝乳。花椰菜一般是白色的，但也有绿色和紫色的品种。要判断一棵花椰菜是否新鲜，观察叶子最为有效。新鲜的花椰菜菜球颜色鲜艳，头部紧实有光泽。如果花椰菜的头部有棕色斑点，说明它已经老了。处理花椰菜时，先将其洗净，然后剥去受损的叶子，不过可以留下那些完好的，因为花椰菜的叶子也很好吃。

烤花椰菜

将花椰菜处理干净，将菜球切成 0.5 厘米的厚片，铺在烤盘里，不要堆叠。刷上油，加盐和黑胡椒调味，放入 200℃的烤箱烤 20 分钟左右，直到花椰菜变软且变得焦黄。出炉后均匀撒上新鲜的香草碎或香料。

蒸花椰菜

花椰菜可以整个蒸熟，也可以掰成小块以后再蒸。蒸整个花椰菜的时候，要先把中间的硬芯去掉，不过如果花椰菜非常小，也可省略这一步。去芯的时候，先把花椰菜底部朝上，然后用锋利的小刀沿着中间的梗小心地转 1 圈，把芯挖出来丢弃。然后便可将花椰菜下锅蒸软。

蒸花椰菜的调味方式有很多种。在平底锅里烧热橄榄油，加入 2 瓣蒜头，1 大匙洗净沥干的酸豆，1 大匙剁碎的新鲜牛膝草、牛至叶或欧芹，盐和现磨黑胡椒，煮到蒜头熟透，浇在温热的花椰菜上。蒸花椰菜搭配香蒜鳀鱼酱吃很不错。或者把花椰菜放入烤盘，浇上 1 汤匙熔化的黄油，盖上几片乳酪，放入 180℃的烤箱，烤到乳酪融入花椰菜。

◆ 西洋芹和块根芹

上市季节：西洋芹全年都有；块根芹则在秋天和冬季上市

西洋芹和块根芹原是同一种植物，但现在已经变成两种截然不同的食材。西洋芹是厨房里最常见的蔬菜之一，可以用来做高汤、浓汤和炖菜，也可以做口感爽脆的沙拉。它的味道很重，尤其是叶子部分，因此在使用的时候不要放太多。例如，在煮高汤的时候，就不能放太多西洋芹，否则会把整锅汤都变成芹菜味。

买西洋芹时要选那些茎部新鲜、有光泽的。外圈的粗茎适合用来调味，里面的嫩茎则适合直接食用。

块根芹只有几根短短的茎和叶子，是圆墩墩的根类蔬菜，既可以生吃也可以煮熟食用。它的味道比较清淡，带有甜味。在买块根芹的时候，要选体形较小、手感结实、有分量，且连着新鲜叶子的。不要买那种有瑕疵、有锈斑或颜色发棕的，因为它们可能会有苦味。把顶部和底部修掉，然后削掉坚硬的深色外皮。如果你不打算马上吃，先用一块湿布把它包起来，防止氧化变色。

焖西洋芹

4 人份

取：

1 大棵西洋芹

去掉外面的老茎，修掉根部和顶部的叶子。把外层深绿色的茎剥下来留作他用，留下中间浅绿色的嫩茎。把嫩茎对半切开，再纵向切成楔形。取厚底锅，烧热：

2 汤匙橄榄油

加入：

1 个小洋葱，切丝

2～3 枝百里香

炒 5 分钟左右。加入芹菜，继续翻炒 5～7 分钟，直至洋葱和芹菜变得焦黄时，加入：

盐

倒入：

1 杯鸡高汤或牛高汤

煮沸后改小火，加盖，把芹菜煮软。此时锅里的液体应该比较浓稠并且能挂在芹菜上，如果没有，揭开锅盖，开大火收汁至所需浓稠度。酌情加盐调味。

变化做法

◆　如果觉得芹菜味道太重，可以先放入沸盐水中煮约 7 分钟，再下锅与洋葱同炒。

块根芹和马铃薯泥

4 人份

块根芹和马铃薯的味道可以完美搭配，并会形成一种全新的味道。你不只可以用它们做蔬菜泥，还可以一起焗烤（见 304 页）。

将：

460 克黄肉马铃薯

去皮后放入沸盐水里煮软。把锅里的水倒掉，将马铃薯沥干，用压蒜器或食物捣泥器捣碎，放回锅里。加入：

2 汤匙黄油

将：

1 个中等大小的块根芹（约 340 克）

去皮后切成薄片。取厚平底锅，中火熔化：

3 汤匙黄油

放入块根芹，加入：

盐

盖上锅盖，焖 12～15 分钟，不时翻炒一下，直到块根芹变得柔软焦黄，关火。把块根芹打成泥，加入马铃薯泥中。如果此时蔬菜泥过于浓稠，可加入少量：

牛奶

酌情加盐和黄油调味。

◆玉米

上市季节：夏季

甜玉米有黄粒的、白粒的，或是黄白相间的。自然授粉的玉米从被摘下的那一刻起，就会逐渐失去甜味，因为其中的糖分会开始转化成淀粉。现代杂交的玉米的甜味则能保持数日之久。但也有人觉得这种玉米太甜了，没有"玉米味"。你可以多尝试几种玉米，看看自己最喜欢哪个品种。

无论哪种玉米，都是越新鲜越好吃。通过观察它们底部的切面就能够判断新鲜与否。刚摘下不久的玉米切面还很新，颗粒紧实，富有光泽。如果它的黄褐色须还有点发黏，则说明非常新鲜。不要害怕那些有虫子的玉米，并不是希望玉米上有虫子，而是这说明种植者没有使用杀虫剂。

如果不能马上食用，可以连皮放进冰箱冷藏，烹煮之前再将玉米皮和须去掉。如果玉米上有虫子，把虫蛀的玉米粒去掉即可，其余的玉米粒是没有问题的。若要把玉米粒剥下来，则一只手将玉米底部朝下按住，另一只手用刀从上到下把玉米粒切下来。切玉米粒的关键在于把握好下刀的位置，太靠里的话会切下一部分玉米棒，太靠外的话又会让一部分玉米粒留在玉米棒上。最好把先把玉米放在烤盘中切粒，这样掉落的玉米粒可以被烤盘接住，不会把料理台搞得一团糟。切完玉米之后，还可以用刀背在玉米棒上刮几次，把残留在上面的玉米屑全部刮下来。

玉米棒

这是玉米最简单的吃法。把玉米皮剥掉，用厨房纸擦掉玉米须。将玉米放进一大锅沸腾的盐水里煮 4 分钟左右（也可以烤熟）。捞出沥干后配黄油、盐和胡椒食用。

玉米还可以蘸黄油、盐、柠檬汁和干辣椒粉吃（做法是先把辣椒的蒂和籽去掉，然后放进研磨器磨碎）；或者配加入欧芹碎、香薄荷碎和葱末的黄油。

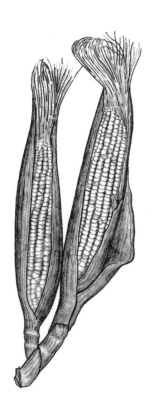

玉米杂烩

4 人份

这道菜将玉米的甜、青柠的酸和辣椒的辣融为一体，味道清爽迷人，搭配任何夏日菜肴都很适合。

准备：
4 根甜玉米的玉米粒（约 2 杯）
中火烧热平底锅，放入：
2 汤匙黄油
待黄油熔化后，加入：
1 个小紫洋葱，剁碎
1 个小辣椒（塞拉利诺辣椒或墨西哥辣椒），切断
翻炒 3～4 分钟至食材软化。加入：
盐
煎 1 分钟，调成中高火并倒入玉米粒，继续翻炒至玉米熟透。如有需要，可加入少量水，以免煳锅。加入：
少许青柠汁
1 汤匙香菜碎
试吃，酌情加入适量盐和青柠汁调味。

变化做法

◆ 用甜椒替代辣椒。

◆ 用罗勒或欧芹替代香菜。

◆ 用大葱或白洋葱代替紫洋葱，和辣椒一起煮几分钟即可。

◆ 在玉米粒出锅前加入少许香草黄油。

玉米煮豆

4 人份

传统上这道菜是用利马豆和玉米制作的，但是也可以用任何其他新鲜去荚豆来制作。

将：

460 克利马豆或其他新鲜豆子

去荚，放入锅中，注入 4 厘米深的水，将豆子煮软。加入：

盐

调味。与此同时，用锋利的小刀将：

4 根甜玉米

剥粒，大约能得到 2 杯。

取平底锅，中火烧热：

3 汤匙黄油

加入：

1 个小洋葱，剁碎

2 枝百里香

煎 5 分钟左右。加入：

2 个西葫芦，切丁

盐

继续翻炒 5 分钟。放入玉米，1 分钟之后放入煮熟的豆子。继续翻炒三四分钟至玉米熟透。酌情调味，撒入：

2 茶匙剁碎的欧芹

变化做法

◆ 将 2 瓣大蒜剁成泥，跟玉米一起加入锅中。

◆ 在最后一步加入 2 汤匙罗勒碎或香薄荷碎。

◆ 取 1 个甜椒，切块，放入煎洋葱里，翻炒 3 分钟后加入西葫芦。

◆ 在玉米下锅之前，放入 2 个切块的番茄，翻炒几分钟后再倒入玉米粒。

◆ 茄子

上市季节：盛夏至初秋

最常见的茄子是紫色的椭圆形茄子，但市面上也可以找到很多其他品种，例如白紫相间、像小球一样的罗莎比安卡茄子，长条形的亚洲茄子等。还有一些更加罕见的品种，例如像弹珠一样小的茄子、橙色或红色的茄子。

新鲜茄子的外皮富有光泽，肉质结实，蒂部鲜艳。如果茄子的外皮黯淡无光，说明它已经太老了或贮存太久，也可能二者都是。

把茄子洗净，去掉蒂头和帽盖。一般来说，茄子不需要削皮，因为它的外皮通常很薄很嫩。有很多菜谱会告诉你要先用盐腌一下茄子，以去除苦味，但我发现，如果茄子比较小的话，便可以跳过这一步了。即使茄子很大，只要它的籽还比较幼嫩，就无须提前腌制。但有一点需要注意，在烹饪过程中茄子会像海绵一样吸收大量的油。提前腌制茄子的好处是会让茄子析出大部分水分，在烹煮过程中就不那么吸油了。如果你喜欢清淡的口味，可以选择不在锅里煎茄子，而是将茄子抹少许油之后放入烤箱烘烤。

烤箱烤茄子

你可以将茄子整个烤熟，也可以对半切开或切条烤制。大茄子一般适合整个或对半切开烤熟，然后做成茄泥。首先将茄子对半切开，然后用利刀在切面上交叉划几刀，形成一个个格子。加盐和胡椒调味后，将茄子切面朝下，放进涂了油的烤盘里，送入烤箱烤软。你也可以将整个茄子放进涂了油的烤盘中，把烤软的茄肉挖出来。

茄子也可以切成片或条之后放进烤箱烤熟，作为佐菜或拌进沙拉里。注意，在切片的时候不要切得太薄（1厘米比较合适）。如果太薄的话，茄子还没有熟透就干掉了。将茄子切条或切片之后，撒上大量盐，静置几分钟。与此同时，把烤箱预热到200℃，给烤盘刷上油。将茄子铺进烤盘，将朝上的那一面也刷上油，烤20～35分钟。待茄子彻底变软且底部焦黄时，便可以出炉了。如果茄子粘在烤盘上，稍稍冷却一会儿，会加更容易脱盘。可以立即食用，也可以加入葡萄酒醋、大蒜、香草碎、橄榄油、盐和现磨黑胡椒食用。

酸甜茄丁

4 杯

这是一道酸甜口味的西西里炖菜，主要食材是茄子和番茄，可以作为前菜或开胃拼盘的一部分，也可以搭配肉或鱼类。

将：

2 个中等大小的茄子

切成 2.5 厘米大小的方块，放入滤盆中，用盐腌渍 15 分钟左右。开中火烧热厚底锅，加入：

1 汤匙橄榄油

加入茄子，将锅底铺满，炒至金黄。煎制过程中可以补充一点油。待茄子全部煎好之后，再加一点橄榄油，放入：

⅔ 杯芹菜薄片

煎至金黄。捞出备用。

在锅中加入：

1 汤匙橄榄油

1 个小洋葱，剁碎

翻炒 7 分钟左右至洋葱变软。加入：

1½ 杯快手番茄酱（见 254 页）

继续煮 7 分钟左右。倒入茄子和芹菜，加入：

⅓ 杯去核绿橄榄

2～3 汤匙酸豆，洗净，沥干

2 条腌鳀鱼，去骨，剁碎

¼ 杯红葡萄酒醋

1½ 茶匙糖

烹煮 10 分钟左右。酌情加盐、醋或糖调味。此外，这道菜放到第二天吃会更加美味。

变化做法

◆ 加入 ¼ 杯罗勒碎。

◆ 加入 3 汤匙烤坚果。

◆ 如果想做热量较低的版本，可以在腌好的茄子里拌入 2 汤匙橄榄油，放入 190℃的烤箱里烤 30 分钟左右，直至呈金棕色。

炭烤茄子

4 人份

准备 1 个干净的烤架，下面烧中火。取：

4 个日本茄子或 1 个大圆茄子

切成 0.8 厘米的薄片。在茄子的两面都刷上橄榄油，撒：

盐

把茄子放到刷了油的烤架上，每面烤 3 分钟左右，直至茄子变软。可以趁热搭配烤鱼和莎莎酱食用，也可以冷却至室温，配上用洋葱、欧芹和黄瓜酸奶酱（见 222 页）拌成的法诺沙拉食用。

◆蚕豆

上市季节：早春到初夏

　　如果想了解如何处理新鲜蚕豆，请参考80页。

蚕豆菜肉汤

4人份

准备：

910克新鲜蚕豆

剥出豆粒，放入沸盐水里煮1分钟左右，放入冰水冷却。沥干后去掉外皮。在锅中加入：

1汤匙橄榄油或黄油

烧热之后加入：

2根青葱，横向切片

炒4分钟左右至软。加入去皮的蚕豆和：

1根青蒜，横向切片

盐

加入约0.5厘米高的水。煮沸后转小火煮4分钟左右，至蚕豆煮软。加入：

2汤匙特级初榨橄榄油或黄油

2茶匙欧芹碎或细叶芹碎

搅拌均匀，酌情加盐调味。

变化做法

◆　把一半分量的蚕豆换成豌豆。

◆　用小洋葱替代青葱。

◆茴香

上市季节：春季、初夏和秋季

　　茴香是做法最为多样的蔬菜之一，可以做沙拉生吃，也可以用各种方法煮。我有时会用它替代西洋芹来制作植物性调味香料（主要食材是切碎的胡萝卜、洋葱、西洋芹）等。人工培育的茴香，根部像一个白色的灯泡，上面长有绿色的秆和羽毛状的叶子，味道有点像八角或甘草。买茴香时要挑选那些根部结实完好、叶子色泽鲜艳的。

　　处理茴香的时候，先去掉较老的茎秆和底部，再剥掉粗硬或有破损的外层。最好烹饪前再切开，因为它会氧化变色。用一块湿布盖住切开的茴香，可以防止它变色。很多菜谱会让你把茴香的芯去掉，但我并不建议这么做。恰恰相反，我很喜欢茴香芯的味道和脆嫩的口感。你可以把茴香的叶子摘下来剁碎，在上菜前撒上去作为装饰。

　　野生茴香没有像灯泡一样的根，但它的叶子、花、花粉和种子都有浓郁的香气，可以用来做馅料、腌菜、香料或酱汁等。如果本地有茴香生长的话，可以去野外搜寻一下它的踪影。

焖茴香

4人份

准备：

2～3个茴香球茎

切掉底部，把顶部的叶子和较老的茎剪下来备用，把破损的外层削掉。将球茎对半切开，再切成三四块楔形。取厚底锅，加入2杯水和：

¼杯白葡萄酒（可选）

茴香叶

4 枝百里香

4 枝香薄荷

1 片月桂叶

½ 茶匙茴香籽，碾碎

盐

煮沸后转小火，加入：

3 汤匙特级初榨橄榄油

将茴香放入锅中，煮 10～12 分钟，偶尔翻动一下，直至茴香变软。若有需要，可往锅中添水。出锅之后酌情加盐和：

少许柠檬汁

变化做法

◆ 先用少许油将茴香煎至焦黄，再加入水、酒和香料。

◆ 也可以用同样的方式煮朝鲜蓟。为了防止朝鲜蓟在煮的过程中氧化变色，可以盖一张烘焙油纸。

炒茴香

　　去除茴香球茎的叶子和纤维较多的茎秆，切掉底部。将外面破损的皮去掉，将球茎切半，再切成薄片。根据个人喜好，可以保留一部分羽毛状的茴香叶，切碎，上菜时撒入盘中做装饰。

　　开中高火烧热厚底锅。倒入足够覆盖锅底的油，加入茴香。先不要翻动，煎至焦黄后再不时翻炒，直至茴香全部变软。加入盐、现磨黑胡椒和切碎的茴香叶调味。可以挤入少许柠檬汁，或加入少量干辣椒碎。

焗烤茴香

4 人份

　　我会使用不那么稠的白酱来焗烤茴香，而不是用牛奶或奶油、高汤。我还会用同样的方法焗烤其他蔬菜，例如花椰菜、绿叶菜或芦笋等。

　　将：

2 个大的或 3 个中等大小的茴香球茎

处理干净，切成楔形，放入沸盐水里煮 5 分钟左右，直至变软。捞出茴香，保留一部分煮菜水。烧热一口厚底小锅，加入：

2 汤匙黄油

待黄油熔化后，放入：

1½ 汤匙面粉

开中火翻炒 3 分钟左右。分次少量地倒入：

⅓ 杯牛奶

⅓ 杯煮菜水

为了防止结块，全程都要不停搅拌。确保锅里的面糊已经搅拌均匀后，再继续加入余下的液体。如果出现结块，可在全部液体加完之后将酱汁过滤一次，去除结块后再倒回锅中。开小火煮沸，不停搅拌。转微火继续加热15～20分钟，不时搅拌。加入：

盐

适量肉豆蔻粉

适量卡宴辣椒粉（可选）

⅓ 杯帕玛森干酪碎

将烤箱预热至190℃。用黄油将事先准备的烤盘擦一遍。注意烤盘不能太小，要足够茴香铺成一层。把茴香放入烤盘，浇上酱汁，烤20分钟左右至冒泡且顶部焦黄。

◆大蒜

上市季节：春季、夏季、秋季

我做饭的时候不能缺了大蒜。我所有的菜谱里几乎都有生的或熟的大蒜。大蒜有很多品种，有些是白皮，有些是红皮，每一种味道都略微不同。春天，可以找到未成熟的大蒜和青蒜苗，看起来有点像大葱，味道比成熟的大蒜清淡一些。青蒜味道很棒，并且在不同生长阶段都可以入菜。在即将成熟的时候，青蒜的底部会开始长出灯泡状的蒜头，但外皮仍然脆嫩。处理的时候，把最下面的根和外层破损的叶子去掉，余下的部分都可以使用。

夏天到来后，成熟大蒜便上市了。应该选那些头部紧实、有一定重量的，不要选发软或轻飘飘的。大蒜有一定的收获季节，过了就会发芽。如果贮存太久，会氧化变黄并散发出难闻的气味。如果大蒜开始出芽，可将大蒜切开，去掉中间的绿芽。变黄的蒜瓣丢弃即可。

我发现一种快速剥大蒜的方法：手掌用力按住蒜头，分开蒜瓣。然后将蒜瓣斩头去尾，便可轻易去掉蒜皮。我一般会在需要用到的时候才会捣蒜泥。因为大蒜一旦接触空气便会迅速氧化。若在蒜泥中加入少许油，使其与空气隔绝，便可保存一小段时间。

烤蒜头

烤大蒜最好用新鲜、结实且尚未出芽的蒜头来做。将蒜头最外层像纸一样的皮去掉，但不要把蒜瓣剥开。将蒜头根部朝下铺进烤盘，注意不要堆叠。在烤盘里注入水或鸡汤，深度达到0.5厘米即可，淋上橄榄油，并撒少许盐。若想增添一些风味，可以加入几枝百里香或香薄荷，也可以放几粒胡椒。盖紧锅盖，放入190℃的烤箱烤至大蒜变软。烤制20分钟后，检查一下大蒜的状态，如果还不够软的话可以再烤一会儿。待大蒜变软后，淋上少许橄榄油，揭开锅盖，继续烤7分钟左右。刚出炉的烤蒜头配烤面包最美味不过了，如果喜欢的话，还可以搭配一点山羊乳酪和甘蓝。将烤好的蒜瓣分开，把蒜肉挤到面包上，蘸着烤蒜的汁水食用。

蒜泥

约 ½ 杯

在马铃薯泥或蛋奶酥上加入蒜泥会非常美味。加少许盐，可以做成可口的混合黄油，加入酱汁中，风味瞬间得到升华。

准备：

2 头大蒜

剥下蒜瓣并去皮。如果大蒜已经开始出芽，先将蒜瓣对半切开，去除绿芽。将蒜瓣放入一口小汤锅，加入：

¾ 杯鸡高汤或清水

1½ 汤匙黄油或橄榄油

2～3 枝百里香或香薄荷

一撮盐

煮沸后将火转小，加盖煮 10～15 分钟，直至大蒜变软。在此过程中不时检查一下大蒜的状态，并视需要添加水或鸡汤。将煮软的大蒜捞出沥干，留下煮蒜水。将大蒜打成泥，加入煮蒜水稀释。任何一点煮蒜水都不要浪费，因为它非常非常美味。

变化做法

◆ 蒜头可以不剥皮。但煮的时间要略长一点。大蒜出锅之后，需要用食物搅碎机把蒜肉和蒜皮分开。

◆ 用 1 杯青蒜苗替代大蒜。加入 ½ 杯鸡汤或清水煮软，约 5 分钟。

◆绿叶菜和菊苣

绿叶菜包括叶用甜菜（莙荙菜）、羽衣甘蓝、球花甘蓝、绿叶甘蓝、菠菜，还有甜菜根和芜菁叶等。而它们各自又有很多细分品种，例如，甜菜包括彩虹莙荙、瑞士甜菜等，羽衣甘蓝包括俄国紫甘蓝、皱叶甘蓝等，菠菜也有大叶菠菜、小叶菠菜等不同分支。最好购买那些看起来生机勃勃的新鲜绿叶菜，不要买那种已经洗干净装在袋子里的菜叶。尽管比较方便，但它们的味道和新鲜度都远远比不上刚刚采摘的本地蔬菜。

除了甜菜以外，大部分绿叶菜的茎秆都应丢弃不用。一手抓住茎秆底部，另一只手把绿叶部分扯下来；也可以用刀直接把绿叶部分切下来。甜菜的宽大叶脉可以食用，不过需要的烹煮时间比叶片长，需要分开煮。用大量水冲洗沥干。

菊苣是一个大家族，包括意大利菊苣、比利时菊苣、阔叶菊苣和苦苣等。菊苣往往略带苦味，但散发着清香，且不一定都是绿色的，例如意大利菊苣是红色的，比利时菊苣是浅黄色的，阔叶菊苣和卷叶菊苣则几乎是白色的。所有的菊苣都很适合做沙拉，有些口感坚韧的品种还可以炒食或焗烤。注意挑选颜色鲜艳、外皮新鲜的菊苣。对于比利时菊苣和意大利菊苣这类形状的蔬菜来说，则要注意选那些叶片紧闭、手感扎实的。

做菊苣沙拉的时候，先把外层的深色叶子剥掉。因为它们的口感比较老，味道也偏苦。把叶片剥开，洗净沥干。比利时菊苣非常容易氧化变色，最好现做现吃。菜头紧密的菊苣若要炒制或焗烤，可以先对半切开或切成楔状。

洋葱炒莙荙菜

4 人份

洗净、沥干：

一大把莙荙菜

把叶子和梗分开，将叶子切粗条，梗切薄片。烧热平底锅，加入：

2 汤匙橄榄油

1 颗洋葱，剁碎

开中火翻炒 5 分钟左右，至洋葱变软。加入莙荙菜梗，翻炒 3 分钟左右，然后加入叶子继续翻炒。加入：

盐

不时翻炒至叶子变软。如果出现洋葱粘锅的现象，可加入少许水。

变化做法

◆ 只用 1 汤匙橄榄油。取 2 片培根切碎，放入锅中煎制，待培根出油变色后捞出。将洋葱倒入锅里翻炒，等莙荙菜下锅的时候一起将培根倒回锅中。

◆ 加入少许干辣椒碎。

焗莙荙菜

4 人份

将：

1½ 把莙荙菜

切下叶子，留下一半的菜梗，切成薄片，丢掉余下部分。煮沸 1.9 升盐水，将菜梗放入锅中煮 2 分钟左右。加入菜叶，继续煮 3 分钟至全部蔬菜变软。捞出沥干。轻柔地挤出菜叶和菜梗里多余的水分，粗略切一下。

拌入：

1 杯新鲜面包屑

2 茶匙熔化的黄油

放入 180℃的烤箱中烤 10 分钟左右，不时翻动，待微微焦黄后取出。

取平底锅，开中火熔化：

1½ 汤匙黄油

放入：

1 颗洋葱，切丁

翻炒 5 分钟左右，直至变成透明。把甜菜倒进锅中，加入：

盐

煮 3 分钟左右。然后撒：

2 茶匙面粉

翻炒均匀后加入：

½ 杯牛奶

少许现刨肉豆蔻碎

继续加热 5 分钟左右，不时翻炒。如果酱汁太浓厚，可加入更多牛奶。锅中应该足够湿润，但液体又不能太多，不要让莙荙菜浮起来。酌情加盐调味。用黄油擦拭烤盘，然后将莙荙菜和酱汁倒进烤盘，加入：

2 茶匙黄油

把面包屑均匀地撒在莙荙菜表面。放入预热至 180℃的烤箱烤至金黄起泡，需要 20～30 分钟。

变化做法

◆ 用 680 克菠菜替代莙荙菜。先用少许黄油和水将菠菜煮软，冷却后挤干水分，再按照前文步骤继续操作。

莙荙菜配帕玛森干酪

一点点帕玛森干酪和黄油就能够让平淡无奇的水煮莙荙菜瞬间升华。你也来试试吧。

把莙荙菜的叶子切下来，丢掉菜梗。把菜叶洗净，放入沸腾的盐水里煮4分钟左右。捞出沥干并挤出多余水分，粗略切碎。

开中火烧热平底锅，熔化适量黄油（每把甜菜需要3汤匙黄油），放入莙荙菜并加盐调味。待莙荙菜热透之后，撒入大量现刨帕玛森干酪即可。

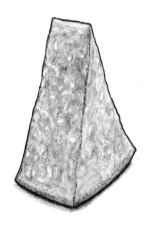

蒜泥辣椒炒球花甘蓝

4～6人份

球花甘蓝是我最喜欢的绿叶菜之一，味道浓郁，苦中带甜，又有坚果和绿色蔬菜特有的香气，菜梗既多汁又有嚼劲。球花甘蓝需要与味道强烈的配料或调味料同炒，例如大蒜、辣椒、腌鳀鱼、醋。

准备：

2束球花甘蓝（约570克）

去掉老梗，把余下的菜梗切成约1厘米长的小段。把叶片切成2.5厘米宽的长带，用冷水洗净沥干。中火烧热平底锅，加入：

3汤匙橄榄油

油热之后，放入：

1个干卡宴辣椒，碾碎

3瓣大蒜，粗粗剁碎

略微翻炒便立即放入球花甘蓝，加入：

盐

如果你的锅不够大，不要将球花甘蓝一次性下锅。待先下锅的部分缩小之后，再把余下的放入锅中。一般来说，球花甘蓝自带的水分便足够保持湿润了，但如果锅里太干甚至发出了"嗞嗞"声，也可以加少许水。不同球花甘蓝的硬度差别很大，因此翻炒时间可能会是4分钟到12分钟不等。不时检查球花甘蓝的硬度，并加盐调味。在出锅前淋上：

1汤匙特级初榨橄榄油

焖比利时菊苣

4人份

用这种方法烹饪的菊苣柔软多汁，入口即化，可以搭配任何烤肉、烤鱼或煮鱼。

准备：

4个比利时菊苣

切掉根部，去掉破损变色的外层叶子。将菊苣纵向对半切开，撒上：

盐

烧热厚底锅，加入：

2汤匙黄油

待黄油熔化后，将菊苣切面朝下放入锅中，开中火煎至焦糖色。可以分批煎，每次补充一点黄油。如果锅底开始呈棕色，无须在意，但不要让它烧成黑色。如果锅底已经变黑，先洗一下再继续煎。把煎好的菊苣在烤盘中铺成一层，切面朝上。倒入：

1杯鸡高汤

约1厘米深。盖紧，放入200℃的烤箱烤20分钟左右，至菊苣变软。用尖刀戳一下菊苣内部，检查软硬程度。

变化做法

◆ 在每块菊苣上包一片意大利咸肉或普通培根再下锅煎。将菊苣两面都煎成焦糖色，如有需要，可以加入更多黄油。煎好之后按前文步骤放入烤箱。

◆ 把切开的菊苣放入烤盘，倒入 ¾ 杯奶油，加入盐和胡椒调味。放入烤箱烤至柔软且顶部金黄冒泡。

烤意大利菊苣配大蒜油醋汁

这是烹饪意大利菊苣的最佳方式之一，尤其是配烤肉吃或拌进炖饭、意大利面，别提多美味了。

首先把意大利菊苣处理干净。特莱维索这种叶球比较蓬松的菊苣，可纵向切半或切成4份；维罗纳这种类似卷心菜的圆球形菊苣，最好切成6~8块。把切好的菊苣放进一个大碗，加入少许橄榄油、盐和现磨黑胡椒，轻轻拌匀。

用中高火将菊苣烤10分钟左右，不停翻

动，直至菊苣彻底变软并开始缩水。根据菊苣大小和火力的大小，烘烤时间也会有差别。烤好的菊苣外皮酥脆，非常好吃。趁热搭配大蒜油醋汁吃或在室温下食用。

变化做法

◆ 菊苣也可以用烤箱烤或用平底锅煎，也可以用水煮。

奶汁菠菜

4人份

准备：

460 克菠菜

择好、洗净并沥干。烧热平底锅，熔化：

2 汤匙黄油

加入：

1 个中等大小的洋葱，切小丁

翻炒7分钟左右，放入菠菜炒至出水。如果锅里液体太多，可以先把菠菜拨到一边，然后尽可能把所有水分挤压出来并倒掉。把锅放回炉上，加入：

盐

⅓ 杯淡奶油或法式酸奶油

把锅中的液体烧开并保持在沸腾状态，直至奶油变得相当浓稠，能够挂在菠菜上。酌情加盐和：

现磨黑胡椒或白胡椒

变化做法

◆ 2 瓣大蒜切碎，跟奶油和盐一起加入锅中。

◆ 装盘后挤入少许柠檬汁，或淋一点红酒醋。

◆ 倒入奶油时加入 ⅛ 茶匙现磨肉豆蔻粉。

◆ 用 ½ 杯白酱代替奶油，并以小火收汁5分钟左右。

◆蘑菇

上市季节：全年

　　可食用的野生蘑菇几乎随处可见。它们味道复杂，既有树木香气，又带点泥土味道；口感很有嚼劲，堪比肉食，是大自然对野外觅食者的犒赏。最常见的野生蘑菇有鸡油菌、羊肚菌、牛肝菌、杏鲍菇等。不过，你一定要确保自己非常清楚眼前的蘑菇是什么品种，否则千万不要随意食用，切莫抱有侥幸心理。你可以请教本地的专业人士，例如毒理学爱好者协会、当地高校的菌类专家，向他们了解野蘑菇的生长习性和辨识方法。

　　大面积生长的野蘑菇往往会吸引众多商贩，他们会将采摘的野蘑菇上市贩卖。购买时，要选择看起来新鲜有生机的，不要选购那种有发霉腐烂迹象或散发异味的。小心地将蘑菇洗净。如果蘑菇上没有太多泥沙，也可以切掉变色或破损的部分，再用一块湿布擦净。如果蘑菇看起来比较脏，可以放进冷水中快速洗净并捞出沥干。千万不要把蘑菇泡在水里，否则会吸收大量水分。一定要沥得很干。

　　如今很容易找到有机种植的人工栽培蘑菇，最常见的是白色和棕色的伞菇。买这类蘑菇时要挑选那种个头较小、菌盖紧紧包住菌柄的。处理时切掉根部并把菌盖擦干即可，不需要用水清洗。

炒蘑菇

　　开中高火烧热平底锅，倒入足以覆盖锅底的橄榄油，快速倒入蘑菇，并加入适量盐。如果蘑菇出水太多，可以倒出来留作他用。一般来说，人工栽培的蘑菇出水相对较少，烹饪时的火力也应略小一些。炒制的过程中，可以根据需要添一点油到锅中，继续炒至柔软焦黄。如果有好几种蘑菇，则需要将它们分开炒制，最后再合到一起。可加入少许淡奶油或法式酸奶油，略微加热即可。也可以加入剁碎的百里香、大蒜或少许意式香草酱。炒蘑菇可以搭配烤面包丁、烤肉、煎蛋卷，也可以作为意大利面酱。

◆洋葱

上市季节：全年，春季到秋季最佳

　　洋葱是一种基础食材，在无数浓汤、酱汁、炖菜和其他菜式里都有其身影，给这些菜肴带来自然的甜味和更丰富的层次。不同的时节有不同品种的洋葱。市面上最为常见的是有着棕色外皮的黄洋葱，全年都有，而且易于保存。春天，你会见到球茎上带有绿叶的新鲜洋葱，比黄洋葱柔和，非常适合煮食。而甜味的洋葱有很多品种（瓦拉甜洋葱、麦伊洋葱和维达利亚甜洋葱等），一般在初夏时节开始成熟。这些洋葱个头很大，外皮呈浅黄色，但是不适合长时间储存。

　　盛夏时节是洋葱的成熟高峰期，市场里满是葱类，例如大葱（它也像青葱一样有长长的绿色叶子，但是底部没有球茎）。在购买青葱和大葱的时候，要选鲜亮饱满、根部没有干枯的。存放太久的葱很干瘪，而且会有一层像纸一样的外皮。

　　在处理带新鲜绿叶的洋葱时，先去掉上面的绿叶和底部的根须，剥掉变干或受损的外皮。如果洋葱已经放置了一段时间，可以先把芯和根部末端以浅圆锥形切去。除非你打算做洋葱圈，否则一般需要将洋葱纵向对半切开，再去掉外层的干皮。如果洋葱个头较小，在水中浸泡一两分钟，便可很轻松地去掉外皮了。洋葱一旦切开，便会迅速氧化并失去最佳风味，所以最好在烹饪之前再切。用锋利的刀子切可以避免把洋葱切坏。如果用来拌沙拉，可以切好之后浸入冰水保存（这样可以去除一些洋葱的辛辣味道）。

甘甜辛辣的洋葱和腌鳀鱼是绝配，用来制作洋葱挞再好不过了。

烤洋葱片

取结实多汁的洋葱，去皮，横向切成 1 厘米厚的片，一人份是两三片。取浅烤盘，刷上橄榄油，铺上一层洋葱片。用盐调味，翻面，再刷些油，撒点盐。送入烤箱，以 190℃烤 30 分钟至洋葱软化，底层焦黄。直接上桌，或用一两汤匙油醋汁腌渍。可以作为配菜趁热吃，也可以作为沙拉或开胃菜。

烤洋葱

在室外生火，烧至中热，把烤架放上去预热。洋葱去皮之后横向切成 0.5～1 厘米厚的片，用扦子穿起来。可以先把洋葱平铺在桌上，扦子与桌平行，小心串上洋葱，一根扦子可以串两三片。给洋葱串刷上橄榄油并撒盐调味。将烤架擦净，然后用蘸了油的布抹一下烤架。把洋葱串放到烤架上，每面烤 4 分钟左右。如果洋葱尚未变软，可适当延长烘烤时间。注意要经常翻面，防止洋葱烤煳。可以趁热吃，也可以冷却至室温再食用，蘸简单的油醋汁或直接享用皆可。

刚烤完肉或鱼的烤炉温度刚好适合再烤一点洋葱和几片面包，这几样食材都和炭烤肉完美搭配，尤其是汉堡肉饼。

◆欧防风

上市季节：晚秋和冬季

欧防风看起来像白色的大胡萝卜。事实上，它们的确跟胡萝卜是亲戚。欧防风生吃时简直叫人无法下咽，不过煮熟后却甘甜中带有坚果香气，无论烤制还是捣成泥都非常好吃。在蔬菜浓汤或高汤里加入欧防风也会别有一番风味。要挑选那些中等大小、外表光滑结实的欧防风。如果个头太小，削皮之后基本上就没有肉了；而个头太大的欧防风中心很硬，需要挖掉。处理欧防风的方法跟胡萝卜类似，先削掉外皮，再把头尾都切掉。

欧防风或根茎类蔬菜泥

根茎类蔬菜都可以用来做这种蔬菜泥。如果单用欧防风一种蔬菜，可以做出甘甜的浅黄色蔬菜泥。芜菁很快便可煮熟，做出的菜泥比较松软。胡萝卜、块根芹、芜菁甘蓝、球茎甘蓝等也都可以做成蔬菜泥。首先把根茎类蔬菜削皮，切成大块，放进沸腾的盐水里煮软，磨成泥后加入黄油、奶油或橄榄油，使味道更加浓郁。块根芹和芜菁切成小块，在锅里加入少许黄油，把块根芹和芜菁放入锅中，加盖，以小火煮熟即可，不需要加水，不时翻动一下，如果锅里发出"嘶嘶啪啪"的声音，可以把火转小。

你也可以同时用几种根茎类蔬菜来制作蔬菜泥。块根芹、胡萝卜和球茎甘蓝是很好的搭配；芜菁和球茎甘蓝配在一起也不错。在马铃薯泥里加入块根芹或欧防风泥格外美味。制作时，最好将每种蔬菜单独煮熟后再混合起来打成泥，因为它们所需的烹饪时间不一样。

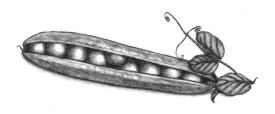

◆豌豆

上市季节：春季和初夏

豌豆有三种最常见的品种：去荚豆、雪豆和荷兰豆。去荚豆的豆荚比较老，只有中间的豆粒可以食用；而雪豆和荷兰豆的豆荚跟豆粒都可以食用。豌豆尖和豌豆苗也可以吃。不管哪种豌豆，都是趁幼嫩时采摘下来的最为鲜甜美味，因为此时豆子里的糖还没有转化成淀粉。新鲜去荚豆的上市时间非常短暂，在加州地区，只能在春寒料峭的日子里见到它们。而荷兰豆和雪豆则相对耐热一点，到了初夏还能见到它们的身影。

购买豌豆时要挑选鲜亮结实的。新鲜豌豆的豆荚非常紧实，跟豆粒紧紧贴在一起。无论哪一种豌豆，个头小的都更加好吃。像荷兰豆这类连荚食用的豌豆最好吃的阶段就是豆粒几乎还没长出来的时候。随着它们不断成熟，豆荚就会越来越干。你也可以像食用去荚豆那样把荷兰豆的豆粒剥出来。

处理豌豆的时候，先撕掉豆荚两端的筋。豌豆苗只需要仔细去掉黄叶，冲洗干净后再蒸制或煎炒。

煮青豌豆芦笋

4 人份

取：

约 340 克青豌豆

去掉豆荚。

取：

约 340 克芦笋

掐掉底部后斜切成 3～6 毫米厚的片，留下约 4 厘米长的尖。如果芦笋太粗的话，可以把芦笋尖纵向对半切开。烧热平底锅，熔化：

2 汤匙黄油

加入：

¾ 杯青葱，剁碎

煎炒 4～5 分钟至软化。加入芦笋和豌豆，以及：

½ 杯水

盐

煮 4～5 分钟。待蔬菜变软后，加入：

1 汤匙黄油

1 汤匙欧芹碎或香薄荷碎

酌情加盐调味。

变化做法

- 用嫩蚕豆替代青豌豆。
- 将荷兰豆斜切成片，替代青豌豆。
- 取一两根青蒜切片，然后与芦笋和豌豆一起下锅。

黄油豌豆

这可能是豌豆最简单美味的吃法。去掉豆荚，把豌豆粒放进深约 1 厘米的沸盐水中。豌豆需要的烹饪时间很可能比你预计的要久，我发现它们一般需要 4 分钟左右才会变软。待豌豆煮至你喜欢的软度时，将其捞出。加入大量黄油和少许盐，拌匀后马上食用。如果有香薄荷，也可以切碎后加入其中。若将火腿或意式咸肉切碎，随黄油一同加入豌豆中，便是一道简单又好吃的意面酱。法国人还会用另一种方式来煮豌豆：烧热少许水，加入盐、黄油莴苣和豌豆。豌豆变软之后，加入黄油拌匀，也可以用橄榄油代替黄油。

以上的方法也适合用来烹饪荷兰豆。可以整根烹饪，也可以把荷兰豆纵向对半切开或斜切成丝，这样可与酱汁融合得更好。

◆椒

上市季节：盛夏和整个秋季

甜椒和辣椒是非常庞大的家族，有许多颜色、形态各异的分支。总体来说，甜椒个头较大、肉比较厚。所有甜椒一开始都是绿色的，到了成熟期会变色，某个阶段是黄色或橙色，到了最后的阶段会变红或变紫。最常见的甜椒就是柿子椒，但你也可以见到很多其他品种：个头较小、浅黄色的匈牙利黄椒；同样个头不大、橙红色的是口红甜椒；吉卜赛甜椒个头稍大一些，而肉则没有那么厚实；樱桃甜椒非常迷你；牛角甜椒又长又尖；甜红椒则又圆又胖。

它们都是甜的，但味道有微妙的差异，而且特别适合制作地中海菜肴，在法国南部、意大利和西班牙料理中都常常出现。应挑选那些已经度过绿色阶段的"成年"甜椒。绿色的甜椒味道不够浓，而且比较难消化。甜椒生熟都可食用，可以连皮吃，也可烤熟后剥皮食用。辣椒的种类更多，每种辣椒的味道、辣度、大小、颜色都不一样。无论是尚未成熟的绿辣椒、熟透的彩色辣椒，还是干辣椒都可以食用。

甜椒和辣椒都应挑选新鲜有光泽的，不要购买那些表皮起泡或有斑点的。无论大小，辣椒和甜椒的处理方式都一样：可以先烘烤一下，剥掉外皮，然后切去蒂部，除去筋和籽；也可以直接将生椒切开，去掉蒂部和筋，抖掉籽。在使用干辣椒的时候，先剖开并去掉籽和蒂部，然后放进烤箱或平底锅里略微烘烤一下，也可以用水泡过后做成辣椒酱，或直接放在炖锅里炖。

酸豆煎甜椒

4 人份

煎甜椒放在比萨和意面上都很不错，配煎蛋卷和酥脆面包丁也很好吃。还可以根据个人口味将甜椒和辣椒混合使用。

将：

3 个甜椒，最好是不同颜色和品种

对半切开。去掉蒂部、筋和籽，切成薄片。

将：

1 颗洋葱

切成细丝。

烧热平底锅，加入：

3 汤匙橄榄油

加入洋葱，翻炒 4 分钟左右。放入甜椒片，加入：

盐

翻炒 4～6 分钟，直到甜椒变软。加入：

2～3 瓣大蒜头，剁碎

1 汤匙酸豆，冲洗并切碎

再炒几分钟，如果食材有变焦的迹象便转

成小火。酌情调味。出锅前撒入：

1 汤匙罗勒碎或欧芹碎

拌入：

少许特级初榨橄榄油

◆马铃薯

上市季节：春季和秋季

烤马铃薯、煮马铃薯、新马铃薯、手指马铃薯……每一种都有许多不同种类可选，有黄色的、蓝色的，还有红色的。水煮马铃薯一般选用红皮马铃薯，肉质结实、颜色发白，水煮时会保持形状完整，但不太适合焗烤，更不适合做马铃薯泥，因为压成泥之后非常黏稠。浅棕外皮的马铃薯比较适合烘烤，薯肉为白色，烤熟之后干燥松软，最适合用来做炸薯条和烤马铃薯。常见的品种有缅因州的肯尼贝克马铃薯和拉赛特马铃薯。

黄肉马铃薯是最好吃也是用途最广的种类，常见品种有芬恩马铃薯、德国黄油马铃薯和育空金马铃薯。

这类马铃薯的肉质介于烤马铃薯和煮马铃薯之间。黄肉马铃薯里的蜡质淀粉含量不高不低，既足以让它在水煮的时候保持形状完整，又不会在压成泥的时候过分黏稠。最棒的一点是，它们的味道比白肉马铃薯要棒多了。

趁田地里的马铃薯地上部分尚且是绿色的时候把它挖出来，此时皮薄而粗糙，非常好吃。手指马铃薯则"薯"如其名，形状如同细长的手指。其中有些品种很好吃，例如"俄罗斯香蕉""德国手指""红宝石新月"等。

购买时最好挑选那些手感结实、没有变色斑点的，切勿购买那种表面发青的。这种马铃薯经过阳光的照射，可能已经产生了有毒的龙葵素。可以把青色的部分削掉，但最好还是不要吃。将马铃薯贮存在完全避光的袋子或橱柜里。新马铃薯和手指马铃薯不需要削皮，只要洗干净就可以烹饪了。而其他的马铃薯需要根据菜式来决定是否削皮。要注意的是，削皮之后，马铃薯会迅速氧化变色，所以最好泡在水里。

焗烤马铃薯

4 人份

我很喜欢把马铃薯切成薄片。这样烤出的马铃薯片不会卷起来，而且边缘会有点焦。育空金马铃薯等黄肉马铃薯很适合采取这种做法；但拉赛特等粉感较强的马铃薯会碎掉。

准备 1 个直径 20～30 厘米的焗盘，抹上：

黄油

取：

4 个大个的黄肉马铃薯（约 680 克）

削皮之后切成 2 毫米厚的片。在焗盘底部铺一层马铃薯，边缘可以略有重叠。撒上：

盐和现磨黑胡椒

再铺一层马铃薯并撒入盐和黑胡椒。如此重复，直到把马铃薯铺完，大概能铺两三层。小心地在马铃薯片上浇：

1 杯牛奶

尽量把每一层马铃薯片都浇透。如果有必要的话，可以添加更多牛奶。然后再往最上层的马铃薯片上撒上：

3 汤匙黄油，切丁

把焗盘放入 180℃的烤箱烤 1 小时左右，直到顶部焦黄并冒泡。中途可以将焗盘从烤箱中取出，用一个金属漏勺把马铃薯片按压一下，以保持顶部湿润。在烤制过程中可以多检查几次，等马铃薯全部变软且顶部呈金黄色时便可以出炉了。

变化做法

◆ 拍碎 1 瓣蒜，把焗盘内部擦一遍，再用黄油擦拭。

◆ 用鸭油代替黄油。

◆ 用淡奶油或一半牛奶和一半奶油混合，省略黄油。

◆ 用块根芹、欧防风或芜菁片代替一半分量的马铃薯。

◆ 在每一层马铃薯之间加入剁碎的香草，例如百里香、欧芹、香葱、山薄荷等。

◆ 煎一点蘑菇、菠菜、酸模或大葱，放入每一层马铃薯之间。

◆ 在每一层马铃薯之间撒入适量格吕耶尔或帕玛森干酪碎，在出炉前 15 分钟再撒一些乳酪碎。

香煎马铃薯

4 人份

取：

约 680 克黄肉马铃薯

削皮后切成 2 厘米大小的方块。尽量把每块马铃薯切得大小一致，这样才会受热均匀。把马铃薯放入盐水里煮到刚好变软但又不会散开的程度。捞出煮熟的马铃薯，沥干后静置几分钟。

烧热平底锅，铸铁锅为宜，烧热：

½ 杯橄榄油

将马铃薯下锅，开中火煎 15 分钟左右，不时翻动，让每一面都上色。煎好之后加入：

盐

出锅后马上食用。

变化做法

◆ 用一半橄榄油、一半鸭油或澄清黄油煎马铃薯。

◆ 把马铃薯切成约 1 厘米大小的小丁。不要煮，直接下锅煎至酥脆，注意翻面。

马铃薯泥

4 人份

将：

约 680 克黄肉马铃薯或拉赛特马铃薯

切成中等大小的块，放入盐水里煮 15～20 分钟至完全熟透。出锅前先取一块检查一下熟度。如果切开之后中心是软绵绵的粉状，就可以出锅了。将马铃薯沥干，放在滤网里静置几分钟。与此同时，在空锅里加入：

½ 杯全脂牛奶或煮马铃薯的水

开火烧热，把沥干的马铃薯再放回锅里。

加入：

4 汤匙黄油

以小火加热。用一个木汤匙或压泥器把马铃薯压成泥，加入：

盐

如果马铃薯泥太干的话，可以加入少许牛奶。

变化做法

◆ 用特级初榨橄榄油替代黄油。

◆ 加入少许烤蒜头（见 295 页）里挤出的蒜泥。

◆ 煎一点绿葱丝，快速拌入马铃薯泥中。

◆ 煮一些根茎类蔬菜（例如胡萝卜、块根芹、芜菁或欧防风），加入马铃薯中一同压成泥。注意要将每种蔬菜单独煮熟。

◆ 用料理机把马铃薯打成顺滑的马铃薯泥。

◆ 把吃不完的马铃薯泥捏成一个个小饼，次日早晨放入锅里煎一下，配鸡蛋食用。

◆番薯和薯蓣

上市季节：晚秋和冬季

番薯和薯蓣烹饪时可以交替使用。番薯肉为浅黄色，含水量低，有坚果味。薯蓣的常见品种有珠儿薯蓣和石榴石薯蓣，它们都有红紫色的外皮和橙色的薯肉，湿润甘甜。购买番薯和薯蓣的时候都要选结实且没有破损的。番薯

和薯蓣采收之后仍然会慢慢变甜，但是并不易贮存，很快就会开始变质。你可以连皮烤熟，也可以削皮后再烤、蒸或炸。

青柠番薯

有时你会在市场上见到个头小小的夏威夷紫薯。用下面的方法来烹调它们最合适不过了。挑选新鲜、结实的番薯，处理干净之后放入 180℃ 的烤箱烤 1 小时左右。把烤好的番薯对半切开，抹少许黄油，撒盐调味，最后挤入少许青柠汁。如果你喜欢的话，还可以撒一点香菜碎。

摩洛哥番薯沙拉

4 人份

取：

2 个番薯（约 460 克）

削皮后切成大块。拌入：

橄榄油

盐

铺在烤盘上，放入 180℃ 的烤箱烤软。出炉后自然晾凉。在烤番薯的同时准备调味汁。混合均匀：

一撮藏红花

½ 茶匙鲜姜末

一撮小茴香粉

1 茶匙甜椒粉

盐

2 汤匙新鲜柠檬汁

3 汤匙特级初榨橄榄油

加入：

2 汤匙香菜碎（茎和叶）

1 汤匙欧芹碎

把调味汁浇在番薯块上，放置 30 分钟，不时翻动一下。酌情加盐调味。在室温下食用。

变化做法

◆ 加入 1 汤匙粗略切过的绿橄榄。

◆ 加入半个柠檬的皮屑。

◆ 若想换一种风味，可以对调味汁略加改动。取半个洋葱剁碎，然后把洋葱末、生姜末和藏红花一同放入橄榄油中煎 7 分钟左右，待食材软化但尚未变色时，捞入碗中，然后把余下的调味汁材料倒进去，按前文步骤继续操作。

◆ 番茄

上市季节：夏季

多汁浓郁、鲜艳欲滴的番茄是夏季最美好的食物。找到它们的最佳地点是农夫市集（以及自家的后院）。大部分超市出售的番茄都是人工催熟，外表一样，全年都有，但味道非常寡淡。这些番茄易于运输，可以售往世界各地，但并不能变成美味的菜肴。番茄的品种非常多，樱桃番茄成熟较快，最先上市，它们有很多种颜色，其中金黄色和红色的最好吃。李子番茄适合用来做酱料。还有一个大类叫作"祖传番茄"，最早在美洲栽培，后来传到世界各地，这种番茄颜色多样，有紫色、绿色、金黄、橙色、黄色，当然也有红色的。它们的大小、种类也和颜色一样多。

挑选那种软硬适中、颜色较深的番茄。番茄在采收之后还会继续成熟，在没有阳光直射的情况下熟得最好。不要把番茄放进冰箱，因为低温会破坏番茄的味道。将番茄洗净，在蒂部切一刀，然后挖掉里面的芯。如果番茄外皮较厚，可以剥掉。把番茄放进滚水里面烫一下，15 秒至 1 分钟后它的外皮就会开裂。迅速将番茄转移到冰水中便能轻松剥掉外皮了。若要给番茄去籽，先将它横向切半，然后轻轻挤压一下，小心地用手指把籽挖掉。番茄汁液可以滤出，用来烹饪或饮用。

油渍番茄

4 人份

这种做法可以提炼出番茄的精华。每一汤匙都像甜蜜的番茄酱。

取：

4 个中等大小的番茄

去皮并切掉蒂部。

将烤箱预热至 180℃。准备 1 个较大的烤盘，在底部摆上：

几枝罗勒

把番茄切面朝下，摆在罗勒上，撒入：

少许盐

倒入：

½ 杯橄榄油

烤 50 分钟左右，直至番茄顶部微微棕黄且彻底变软。装盘时动作轻柔一些，留下的汁水和油可以用来做油醋汁或其他酱汁。

烤酿番茄

季末的又小又甜的番茄，最适合塞入馅料焗烤了，尤其是"早熟姑娘"品种。如果你偏好更加细腻的口感，可以给番茄去皮。用面包屑、蒜末和新鲜罗勒制作馅料，叶子小小的矮生罗勒最佳。将番茄纵向对半切开并去籽。先在番茄里撒一点盐和黑胡椒，然后把馅料填进去，用力压紧，上面堆成小山丘状。把番茄放入浅口的陶制烤盘中，在每个番茄上淋少许橄榄油，放入 180℃ 的烤箱烤 30 分钟左右，直到呈现焦黄色。

普罗旺斯杂烩

6~8 人份

可以准备一些不同颜色的彩椒、瓜类和番茄，这样便可做出五彩斑斓的普罗旺斯杂烩了。不用担心这道菜分量太大，就算再多做一点也没关系，因为放到第二天会更好吃。

将：

1 个中等大小的茄子

切成 1 厘米大小的方块。

加入：

盐

拌匀，放入滤网中静置 20 分钟左右。

烧热平底锅，加入：

2 汤匙橄榄油

把挤干水分的茄子放进锅里，开中火翻炒至金黄。如茄子把油吸干后有点粘锅，可以再添一些油。盛出炒好的茄子，再往锅中倒入：

2 汤匙橄榄油

放入：

2 个洋葱，切成 1 厘米的丁

翻炒 7 分钟左右至洋葱软化透明。加入：

4~6 瓣大蒜，剁碎

半把罗勒，绑成香草束

盐

一撮干辣椒碎

翻炒两三分钟后，放入：

2 个甜椒，切成 1 厘米大小的丁

翻炒几分钟，加入：

3 个中等大小的西葫芦，切成 1 厘米大小的丁

继续翻炒几分钟后，放入：

3 个成熟番茄，切块

煮 10 分钟后倒入茄子，再加热 15 分钟左右，直到所有的蔬菜变软。捞出香草束，挤压出味道，酌情调味，倒入：

6 片剁碎的罗勒

少许特级初榨橄榄油

热食或冷食。

变化做法

- 把除番茄之外的蔬菜分别炒熟，然后再与番茄、香草、大蒜和盐一同下锅炖煮。
- 也可以用烤杂菜（见 151 页）来做这道菜。

冬日烤番茄

这道菜非常简单，可以满足人们在冬日里对浓郁番茄味的渴求。食材的分量不需要非常精准。

准备一个浅口的陶制烤盘，倒入足够覆盖盘底的橄榄油。将一个洋葱切丁，两三个蒜瓣切碎，放入烤盘，撒入少许新鲜香草叶，如牛膝草、欧芹、迷迭香或罗勒，加盐调味。准备一大罐整颗的有机番茄罐头，把汁液沥干，然后将番茄摆到洋葱和香草上，铺成一层。加入盐、黑胡椒、少许糖和橄榄油调味。无须加盖，放入预热至 135℃ 的烤箱烤 4~5 小时。可以把烤好的番茄剁碎作为酱汁配意面、烤肉或豆子，用来抹脆面包和当开胃菜也很美味。

◆芜菁与芜菁甘蓝

上市季节：秋季至整个春季

芜菁是芝麻菜和萝卜的"亲戚"。跟后两种蔬菜一样，它也有些辛辣，但比较甜。芜菁颜色很多，最常见的是白里透紫的种类和通体白色的东京芜菁。芜菁的绿叶无论煎炒还是清蒸都很可口，事实上，有人还专门培育了叶子是主要可食用部分的芜菁。

芜菁全年都可以见到，但当属新鲜采摘的最甜最嫩。早春和秋季，挑那些幼嫩的尚连着绿叶的芜菁，一般来说无须削皮，整个烹饪即可。随着芜菁逐渐成熟，它的外皮会越厚越硬，味道也日渐辛辣。炎热的天气也会让芜菁变得粗硬辛辣。购买时，要选那种外表光滑、有光泽、手感结实的。如果芜菁个头非常小，只要洗干净就可以直接连着叶子下锅烹饪了；如果芜菁比较大，就需要先把绿叶切掉，但可以留下两三厘米的茎叶，让菜肴的颜色更好看。在烹饪前先尝一下，判断是否需要削皮。大芜菁需要彻底削皮，下刀时稍微削深一点，把连着表皮的肉也去掉。

芜菁甘蓝是另一种蔬菜，横跨芜菁和甘蓝之间。这种菜还有个别称，叫"大头菜"。它们顶部发紫，看起来有点像大个子的黄色芜菁，但所含淀粉较多，口感比芜菁要更"面"一些，天气转冷之后会变得很甜。芜菁甘蓝的处理方法与芜菁一样。

黄油芜菁

芜菁含水量很高，可以不加水烹饪。这道菜谱适用于各种大小的芜菁。如果芜菁个头较小，可以整个烹饪或对半切开，个头较大的，可以削皮后切块。在平底锅里加入大量黄油和一小撮盐。把芜菁放进锅里，加盖，用中火煮软。如果有变焦的迹象，将火转小，或加入少许黄油润滑一下锅底。也可以将芜菁切片，不加锅盖，以大火煎熟，这样煎出来的芜菁呈诱人的金棕色，焦香四溢。注意不要把芜菁煎得太焦，否则会变苦。

煮芜菁和芜菁叶

如果芜菁上的叶子还比较鲜嫩，可以连茎带叶一起烹饪。将芜菁清洗干净，去掉黄叶和破损的叶子，切掉根须。如果芜菁个头比较大，可以对半切开或切成4份。将芜菁连着叶子一同放进厚底锅，加入一小撮盐和约0.5厘米深的水。加盖之后在中火下煮3～6分钟至软。把芜菁捞出，撒上少许盐、一点黄油或特级初榨橄榄油。

如果芜菁个头较大，先将叶子切下，留两三厘米的绿色部分连着，削皮之后切成条状。把芜菁的叶子剥下，先把芜菁放进锅里，将叶子放在上层，然后加入少许水煮。

◆冬南瓜

上市季节：晚秋到深冬

冬日里，你能在市面上看到的南瓜有大南瓜、斑纹南瓜、橡果南瓜、金丝南瓜和日本南瓜等。这些南瓜需要等到完全成熟、外皮变硬之后再吃。

摘下之后，南瓜还会继续成熟。注意要挑选那种没有破损、手感硬实的南瓜。除非切开，否则不需要把南瓜放进冰箱。把南瓜放在足够稳固的桌面上，用一把较沉的刀将它对半切开，挖出籽瓤。可以直接将南瓜切面朝下放进烤箱烤软，也可以削皮、切块后再烤、蒸或炒。南瓜也很适合煮汤，单独煮或与其他蔬菜一起做成浓汤都非常好喝。

冬南瓜泥

甜甜的冬南瓜泥可以做成意大利方饺内馅或代替普通南瓜做成南瓜派。可以选择自己最喜欢的品种。将南瓜对半切开，挖出籽瓤，切面朝下，放进抹了油或铺了烤纸的烤盘，送入180℃的烤箱烤至软熟，不同品种的南瓜所需的烤制时间有所差异。把烤好的南瓜从烤箱中取出，自然晾凉之后挖出南瓜肉，放入料理机中打成泥。根据个人喜好，用黄油或橄榄油、盐和少许黄油给南瓜泥调味。如果想要增添一点特别的风味，可以切几块熟透的梨子，跟南瓜一起打成泥；或煎少许鼠尾草加入南瓜中。

烤南瓜

取1个较小的南瓜，去皮之后对半切开，挖掉籽瓤，切成0.5厘米大小的方块，放进浅口的陶制烤盘，放入盐、特级初榨橄榄油和几

片鼠尾草并拌匀，放入180℃的烤箱烤1小时30分钟左右，直至南瓜变软且顶部焦黄。若要增添特别的风味，可以用4瓣剁碎的大蒜和¼杯欧芹碎替代鼠尾草。

◆西葫芦和其他夏南瓜

上市季节：夏季

最常见的夏南瓜就是绿色的西葫芦、浅绿色的飞碟瓜和黄色的曲颈南瓜。在农夫市集还可以找到更多颜色、口感不一的种类。我最喜欢的品种之一是罗马条纹西葫芦，它带棱，有绿色斑点，味道甘甜，在煮制过程中不会破碎。购买时，应挑选那些个头较小、手感结实、外皮有光泽的。个头太大的常常含水量过高，且籽很多。用一块湿布把夏南瓜擦净，切掉花和蒂，用一块湿布盖上，可以在冷藏室里放置数小时。夏南瓜的花也可以食用。切掉蒂，用力抖一抖，以免有小虫子藏在里面。把南瓜花切碎后炒一下，可以放进煎蛋卷、意面酱或炖饭中。也可以在南瓜花里塞进乳酪等馅料，然后用水煮熟、烘焙，或蘸上裹粉炸。

焗夏南瓜

4人份

将烤箱预热至190℃。

取：

6个中等大小的夏南瓜，使用同一品种，

或几种混合，让颜色更好看

洗净、擦干并切掉底部，切成薄片。使用刨片刀比较轻松。

准备几枝罗勒，把：

叶子

摘下来切成丝。

把南瓜放进烤盘里，铺成一层，撒入少许罗勒丝，加入：

盐现磨黑胡椒

把剩余的夏南瓜重新铺两层，每层都加上罗勒、盐和黑胡椒。倒入：

½ 杯奶油

½ 杯牛奶和奶油混合液（1∶1）

液体应该淹到夏南瓜最顶端。将南瓜放入烤箱烤 1 小时左右，直至顶部冒泡，上层变得焦黄。在此期间，可以将烤盘取出 1~2 次，并用锅铲尽力在南瓜上压几下，这样会烤得均匀。

变化做法

◆ 2 瓣大蒜切薄片，跟罗勒丝一起拌入南瓜。

◆ 摆盘的时候，在每层南瓜之间撒 ¼ 杯帕玛森干酪碎。

◆ 用其他香草代替罗勒，例如牛膝草、夏香薄荷或欧芹。

◆ 如需无乳制品版本，可将 1 个洋葱切成细丝，放入橄榄油里煎 10 分钟左右直至变软。加入蒜片、盐、罗勒或其他香草。把洋葱铺在烤盘底部，再将南瓜铺进去，用盐和胡椒调味，淋上橄榄油。在烤盘上盖一张烤纸，放入烤箱烤至半透明后再去掉，用锅铲压几下，继续烤至南瓜变软且顶部微微焦黄。

培根番茄炖西葫芦

4 人份

取：

4~6 根西葫芦，最好是罗马条纹西葫芦

洗净并切掉蒂部，切成 0.5 厘米厚的片，加入：

盐

把西葫芦片放入滤网里面静置一段时间。

烧热厚底锅，加入：

2 汤匙橄榄油

2 片培根或意大利咸肉，切丁

1 颗洋葱，切丁

翻炒 10 分钟左右，待洋葱变软之后，放入：

340 克番茄，去皮、去籽、切丁

煮约 7 分钟至软化。加入切片的西葫芦，不时翻炒，直到西葫芦变软且汤汁变得浓稠。如果汤汁沸腾得太快，有煳锅的迹象，立刻改小火。在最后几分钟里加入：

现磨黑胡椒

2 茶匙欧芹碎

2 茶匙罗勒碎

酌情加盐调味。趁热或在室温下作为开胃菜食用，也可以抹在烤面包或蒜味面包上吃。

牛膝草炒西葫芦丝

4 人份

将：

460 克西葫芦

冲洗干净并切下蒂部。把西葫芦擦成丝，层层叠放在搅拌碗里，加入盐，静置 20 分钟左右。（盐量视个人口味而定。西葫芦需要加入较多的调味料，但不能太咸。）用滤网把西葫芦里的水分尽量沥干。中高火烧热厚底锅，加入：

2 汤匙橄榄油或黄油

　　放入西葫芦，翻炒 7 分钟左右至微微焦黄。在翻炒过程中，用木勺将西葫芦丝拨散，以确保均匀受热。关火之后，加入：

3 汤匙切碎的牛膝草叶（或花与叶）

1 瓣蒜，捣成泥

趁热或在室温下食用。

鱼类和贝类

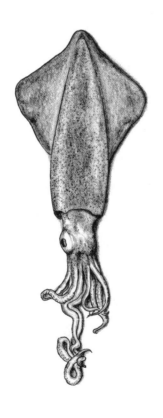

买鱼

　　鱼是我们常吃的野生食材，可是海洋资源已经濒临枯竭，所以在付钱之前，我们需要认真了解自己购买一种鱼会产生何种后果。渔业的可持续发展是个非常复杂的议题，我们需要不断更新知识，了解哪种鱼可以放心购买。随着全球渔业的日益工业化，很多小规模的捕捞公司都倒闭了，甚至可以说整个渔业都摇摇欲坠。海产骤然减少，部分原因是很多野生鱼类的幼苗被捕来做成了养殖鱼虾的饲料。鲑鱼和虾的养殖场污染了近海水域，更不用提它们被喂了多少化学药物和染色剂。作为消费者或厨师，我们的每一次购买行为都决定着海洋资源的未来，可以阻止海洋环境进一步恶化。

　　为了随时获取海洋资源的信息，我会经常去看鱼贩保罗·约翰逊的网站。他的蒙特尼鱼店是我的固定采购点。保罗·约翰逊非常关注渔业问题。他的网站上有很多相关新闻、论文和资讯链接。还有一个很好的资讯来源是蒙特尼湾水族馆网站的"海鲜观察"版块，常常会给消费者提供一些可持续消费海产品的建议[*]。

烤鱼

　　差不多每种鱼都可以烤，不管是整条鱼、鱼块，还是鱼排。先用盐把鱼肉腌制一下，然后放入刷了油的烤锅或有边的烤盘中，鱼肉在烤制过程里很可能会出水，所以最好使用边缘有一定高度的盘子。烤鱼块或鱼柳的适宜温度是230℃左右。而烤全鱼需要的时间较长，应该用190℃烤。大部分鱼柳只要中心位置熟透便可以出炉了，此时鱼肉已经不再透明，但仍然多汁。不过，鲔鱼和鲑鱼是例外，这两种鱼在三分熟的时候最好吃，此时鱼柳的中心部分仍然是半透明的。烤整条鱼或带骨鱼块时，不管哪种鱼都要烤至鱼肉可以轻易脱骨，但要注意烤到这个状态就好，不要再延长时间，因为鱼肉一旦过熟就会又干又柴。鱼柳的烹饪时间很短，需要7～10分钟，视厚度而定。烤全鱼有一条通用的定律，即鱼肉厚度每增加2.5厘米大约需要多烤10分钟，可以在鱼身上斜切几刀，以缩短烤制时间。不过，这只是粗略估算的时长，最好在烤鱼的过程中不时检查一下，可以用手指按压鱼肉来判断熟度。如果按下去很软，那么就还没有熟；如果感觉有一定弹性，说明它可能熟了。如果不确定，可以切开检查一下内部状态。

　　除了放盐之外，还可以采用很多其他方式来给鱼调味。在烤盘里加入少许葡萄酒和橄榄油或黄油，既可以增添风味又能让鱼肉更加湿润。也可以在烤制之前先把鱼肉浸在调料汁里腌一下；调料汁可用香草、香料、果汁、柑橘柠檬皮丝和橄榄油来做；给鱼排刷上意大利青酱（见220页）、歇莫拉辣椒酱（见223页）或其他酱料。用无花果叶、葡萄叶、青柠叶、柠檬叶或茴香枝把整条鱼或鱼排包裹起来再放入烤箱，既能给鱼肉带来特殊的香气，又可锁住其中的水分。也可以把鱼肉浸在浓郁的酱汁里一起烤，例如番茄酱、炒洋葱酱或蔬菜炖肉。若用酱汁烤鱼，烤制时间要延长约5分钟。

---

[*] 文中提及的两个网站现在已经关停。——编者注

香草黄油烤野生鲑鱼

4 人份

　　鲑鱼鳃后部到中段分布着一些肋骨状的白色小刺，很容易辨认。轻轻用手指沿着鱼肉摸下来，找到小刺的位置，用尖嘴钳把它们拔出来。

　　准备：

½ 杯香草黄油酱（见 46 页）

将：

450～680 克野生鲑鱼肉

去骨并切成 110～179 克重的小块。将黄油和切好的鱼肉放入冰箱，需要的时候再取出来。把烤箱预热至 230℃，同时将黄油从冰箱中取出软化。在鲑鱼上撒：

适量盐

黑胡椒

　　给烤盘抹油，把鲑鱼皮朝下放进去。刷上少许油，烤至鱼肉变硬但中心位置仍然粉红，需要 7～10 分钟。所需时长因鱼排厚度而异。将少许软化的香草黄油抹在每一块鱼排上，剩下的留在小碗里。

变化做法

- ◆ 将 4 片盐渍鳀鱼剁碎，加入香草黄油中。
- ◆ 用低温慢烤的方式烹饪鲑鱼。无须切块和去皮，在烤盘里抹上油，然后在底部铺一层连着枝的新鲜香草。把鲑鱼皮朝下放在香草上，在表面刷少许油，放入 110℃ 的烤箱烤 30 分钟左右。这样烤出来的鱼肉刚刚变硬，还很软嫩。这道菜适合在室温下食用，搭配柠檬油醋汁非常可口。
- ◆ 如果能够买到新鲜的无花果叶，一定不要

错过。虽然无花果叶本身不可食用，但它会给鱼肉带来椰子般的清香。首先给鲑鱼调味、抹油，然后裹在干净的无花果叶里，按照前文步骤烤制。

蒸鱼

　　鱼很适合蒸着吃。这种做法既可以保留鱼肉本身自然的鲜甜，又不会破坏它细腻的口感。黑线鳕鱼、大比目鱼、鳎目鱼、鲑鱼等白身鱼尤其适合蒸制。

　　首先给鱼调味，取蒸锅，以小火将水煮至微微沸腾，把装鱼的盘子放进蒸锅，盖上盖子。可以在水里加入香草、香料和香味较浓的蔬菜，给鱼肉增香。待鱼肉煮硬、中心位置不再透明时，就可以出锅了（鲑鱼除外，应该在中心位置还是半透明时便出锅）。蒸制时间不要过长，否则鱼肉会干掉。蒸鱼和烤鱼一样，可以裹在香味较浓的叶子里。蒸鱼搭配青酱（见 43

页）、意大利青酱（见 220 页）或任何黄油酱都很美味。

法式奶油汁蒸鳎目鱼

4 人份

蒸鳎目鱼非常清淡，而法式奶油汁可以给它带来酸味和浓郁的口感，也可以用青酱（见43 页）或香草黄油酱（见 46 页）。如果想做一道清爽的菜肴，只需滴少许柠檬汁和橄榄油即可。

将：

约 680 克鳎目鱼排

去掉皮和鱼骨。用：

盐

调味。准备：

1 杯法式奶油汁（见 218 页）

放在一锅温水中（不要太烫），或隔水炖盅里保温。

在蒸锅里煮沸约 5 厘米深的水。把鳎目鱼放在蒸格上，加盖蒸 4～7 分钟，至鱼肉变硬但仍然多汁，视鱼肉厚度而定。从蒸锅取出，放入热盘中，浇上法式奶油汁。撒入：

2 汤匙剁碎的香草，例如细叶芹、欧芹、香葱或龙蒿

变化做法

◆ 如果有旱金莲，可以摘一些花下来，切碎后撒入奶油汁中。它美好的颜色和香气会让蒸鱼锦上添花。

煎鱼

对于比较薄的鱼排和鱼柳，或厚度不超过2.5 厘米的整鱼来说，煎是最好的烹煮方法。在入锅前先将鱼腌制一下，可以用盐、黑胡椒、新鲜香草碎或其他香料，视喜好而定。如果鱼排已经去皮，将平底锅烧热，加入足以覆盖锅底的食用油或无水黄油，再把鱼放下去煎即可。开中高火，每面煎 3 分钟左右（整鱼煎四五分钟），检查是否煎熟。趁鱼肉将熟未熟的时候盛出，因为余温还会让鱼进一步变熟。

如果鱼排带皮，则需要多放一点油，锅里的油量要达到约 3 厘米深，把鱼放到锅里，皮朝下。在煎的过程中，鱼皮会皱缩，鱼和锅底之间出现一定的空隙。为了让鱼皮尽可能接触锅底（这样才能把鱼皮煎酥），可以在鱼排上盖一张锡箔纸，然后用一个稍小的平底锅压上去，这样可以让鱼排始终保持平整，鱼皮受热均匀。在煎的过程中，大部分时间都需要让鱼皮一面朝下，根据鱼肉厚度煎 5～7 分钟后，把鱼翻过来，再煎一两分钟就可以出锅了。记得必须先把锅烧到非常热的状态再将鱼放进去，这样可以防止粘锅。鱼排一次不要煎太多，否则会大量出水，这样就无法煎出颜色诱人、表面酥脆的鱼排了。最后，注意别把鱼煎得过熟。

取出鱼，倒掉油之后，可以趁热制作一道快手酱汁。在仍有余温的锅里加入番茄酱、葡萄酒或柠檬汁，翻炒一下，让它跟锅里剩下的油渣融合在一起。最后，加入适量黄油或橄榄油，再加入一把香草。还可以加入一把烤坚果，让酱汁的味道和口感更上一层楼。

煎银花鲈鱼配柠檬酱

4 人份

银花鲈鱼曾一度濒危，但如今它们的种群数量已经恢复。这种鱼比较适合连皮下锅煎，金黄酥脆的鱼皮非常好吃。

首先制作酱汁。混合搅打：

¼ 杯特级初榨橄榄油

¼ 茶匙柠檬皮屑

2 汤匙新鲜柠檬汁

盐

现磨黑胡椒

品尝并根据需要添加盐和柠檬汁。这道酱汁放置一会儿之后会分层，不过无须担心。取：

4 块连皮的银花鲈鱼（每块 110～170 克）

加入：

盐

现磨黑胡椒

准备两口厚底的平底锅，一口用来煎鱼，另一口稍小的压在鱼上，用锡箔纸把它的底部包起来。开中高火烧热较大的平底锅。倒入：

足够覆盖锅底的橄榄油

把鲈鱼带皮的一面朝下放入锅中，然后把小锅压在鱼上，煎 7 分钟左右至鱼皮金黄酥脆。在煎制过程中不时检查一下，以免鱼皮煎煳。如有需要，可以转小火。待鱼皮达到理想状态后，移走上面的小锅，把鱼排翻面，继续煎一两分钟至鱼肉熟透但不失软嫩。与此同时，把柠檬酱再度搅拌均匀，倒入温热的盘子里。把鲈鱼放入酱汁中，带皮一面朝下。

变化做法

◆ 在鱼排上撒少许香草碎，例如欧芹、香葱、细叶芹、香菜或罗勒。

◆ 将 1 汤匙酸豆洗净沥干。在鱼排出锅后，把酸豆下锅炒一两分钟。用漏勺捞出，撒在鱼排上。

◆ 用法式奶油汁（见 218 页）替代柠檬酱。

炭烤鲔鱼配烤面包和蒜泥蛋黄酱

4 人份

准备：

1 杯蒜泥蛋黄酱（见 44 页）

加入少许水略微稀释。酱汁的状态应该是能从汤匙滴下，但仍然很浓稠。

准备：

6 片乡村面包

切成约 1 厘米厚的片。刷上橄榄油。

与此同时，准备一些热的木炭。给：

4 块鲔鱼排（每块 110～170 克）

刷上橄榄油，再抹一些：

盐

黑胡椒

把鲔鱼放在烧热的烤架上，每面烤 3 分钟左右。鲔鱼熟得很快，注意不要烤过头。它在半生状态，即鱼肉中心位置仍然很红的时候最好吃，等熟透后就会变得又干又柴。烤制时间取决于鱼排的厚度，可以把鱼肉切开检查一下熟度。把烤好的鱼放进温热的盘子里。把面包放到烤架上，将两面都烤脆。在每一块鱼排上浇适量蒜泥蛋黄酱，然后搭配面包和几瓣柠檬食用。

变化做法

- 用橄榄酱（见 207 页）替代蒜泥蛋黄酱。用少许橄榄油稀释橄榄酱。

- 用青酱（见 43 页）替代蒜泥蛋黄酱。搭配鲔鱼的时候，把莎莎青酱里的欧芹换成牛膝草更佳。

- 在腌鱼的时候，额外加入 2 茶匙磨碎的茴香籽或小茴香籽。

现腌沙丁鱼

4 人份

如果买不到新鲜的沙丁鱼，可以用新鲜鲭鱼、鲲鱼或切成薄片的鲔鱼代替。

准备：

12 条去鳞去骨的新鲜沙丁鱼

撒入：

盐

现磨黑胡椒

调味。把沙丁鱼排在盘子里，放入：

1 瓣大蒜，切成薄片

半个柠檬，切成薄片

2 茶匙红葡萄酒醋

几枝新鲜香草（山薄荷、欧芹、百里香或牛膝草）

2 片月桂叶

把另外半个柠檬的汁挤在沙丁鱼上，然后浇上：

3 汤匙特级初榨橄榄油

腌制 1 小时以上。如果冷藏得当，这道腌沙丁鱼可以放 2 天左右。可以把腌沙丁鱼放在酥脆面包丁或抹了黄油的新鲜面包上，再浇上少许腌汁享用。

变化做法

- 把法棍或其他面包切成约 1 厘米的薄片，在每片面包上淋少许腌汁。把腌过的沙丁鱼放在面包片上，皮朝下，放入 230℃的烤箱烤 4 分钟左右。

- 用明火把腌好的沙丁鱼烤一下，每面烤一两分钟即可。

生鱼碎粒

4 人份

很多鱼都可以做成生鱼碎粒，例如鲔鱼、长鳍金枪鱼、大比目鱼和鲑鱼等。鱼必须要非常新鲜，因此一定要告知鱼贩你打算生吃。回家之后，也要一直把鱼放在冰上。把鱼肉放在干净的案板上，用利刀切好，然后放入装满了冰块的大碗里。如作为前菜，4 个人约需要 230 克；如作为主菜，则需要多准备一点。

切鱼时，首先沿纹理切成薄片，去掉所有筋膜。再把薄片切成细条，最后切成粒。可以提前切好，然后用塑料保鲜膜密封，防止水分流失。上桌前把其他食材拌进去即可。生鱼碎粒可以配烤酥脆包丁、菊苣叶或简单调味过的绿叶菜食用。

将：

230 克非常新鲜的鱼肉

切粒。始终把鱼肉放在冰块上。临上桌前，在小碗中混合均匀：

半个青柠的皮屑

1½ 个青柠榨的汁

½ 茶匙磨碎的香菜籽

2 汤匙特级初榨橄榄油

先在鱼肉里拌入少许盐，然后将柠檬汁混合液倒进鱼肉中并拌匀。最后加入：

1½ 汤匙香菜碎

酌情加盐和青柠汁调味。

变化做法

◆ 换一种调味方式。将 1 汤匙新鲜柠檬汁，2 汤匙特级初榨橄榄油，2 茶匙剁碎的酸豆、盐和 2 茶匙罗勒碎、薄荷碎或牛膝草混合均匀。

◆ 将 1 汤匙新鲜柠檬汁，2 汤匙特级初榨橄榄油，½ 茶匙现磨生姜泥、现磨黑胡椒，一撮卡宴辣椒粉、盐及 2 茶匙剁碎的紫苏叶或欧芹碎混合均匀。

法式清汤

约 450 毫升

法式清汤是一道快手蔬菜高汤，可以用来煮鱼（这道汤的法语为 "Court Bouillon"，意为 "清汤"，"court" 有短促之意）。

取一口大锅，加入：

1½ 杯干白葡萄酒

4 杯水

2 根胡萝卜，切片

1 根芹菜，切片

2 个洋葱，去皮，切片

1 片月桂叶

7 粒黑胡椒

6 粒香菜籽

3 枝百里香

一把欧芹

2 茶匙盐

煮沸后撇掉浮沫，转小火焖 45 分钟左右。滤去固体材料，只留清汤。

变化做法

◆ 如果没有白葡萄酒，可以用 2 汤匙优质白葡萄酒醋代替。

鱼高汤

约 450 毫升

鱼高汤是一道比较精致的高汤，炖煮时间不能太长，火力也不能太大。鱼头和鱼骨是用来增加味道和浓度的，需要清洗干净，去掉鳃、内脏和鳞片，这样才能得到味道纯净的汤底。最好使用白肉鱼，鲑鱼、鲭鱼这些非白肉鱼油分较高，味道太浓，不适合炖汤。如果买不到整条鱼，可以问一下鱼贩有没有干净的鱼头和鱼骨。

冲洗、清理：

680～910 克白肉鱼的骨和头（去鳃）

放入一口大锅，加入：

1½ 杯干型白葡萄酒

8 杯水

盐

煮沸之后立刻转小火。撇掉浮沫。加入：

1 根胡萝卜，去皮，切片

1 个中等大小的洋葱，去皮，切片

1 根较小的西洋芹茎，切片

¼ 茶匙黑胡椒粒

欧芹茎

开小火，让汤保持微微沸腾的状态，煮 45 分钟，滤去固体材料。如果不是马上使用，可以放凉之后密封冷藏。鱼高汤可以在冰箱里冷藏一至两天，但在制作当天食用最为美味。

变化做法

- 在某些情况下（例如做红酒炖鱼的时候），可以用红葡萄酒替代白葡萄酒。
- 除了上文提到的蔬菜外，还可以加入一两个番茄。

普罗旺斯鱼汤佐大蒜辣椒蛋黄酱

8～10 人份

这道菜不只是汤那么简单，它是一道宴客的丰盛大餐。所有我喜爱的食物和味道，它都具备。我是跟我的"法国妈妈"露露学会做这道炖汤的。它是本书最长的菜谱之一，但是只要按部就班地操作，也并不是太复杂。我会把它分为几大步骤来制作。首先做鱼高汤；然后准备鱼和贝类，制作大蒜辣椒蛋黄酱（加了辣椒的蒜泥蛋黄酱），用蔬菜和鱼高汤制作汤底，烤蒜泥面包丁；最后将所有的食材合为一体，加入味道浓郁的汤底中煮熟，然后配蒜泥面包丁和大蒜辣椒酱享用。

做鱼高汤。清洗：

1360 克鱼骨和鱼头（只选用白肉鱼，去鳃）

如果有必要，可以剁成一口大锅可以容纳的块。准备：

1 颗洋葱，去皮，切片

1 根小胡萝卜，去皮，切片

1 个小茴香球，修剪，切片

3 个中等大小的番茄，去蒂，切块

1 头大蒜，横向切半

开中火烧热厚底汤锅，加入：

足够覆盖锅底的橄榄油

放入鱼骨和鱼头，煎 2 分钟左右。然后加入准备好的蔬菜，以及：

¼ 茶匙黑胡椒粒

¼ 茶匙小茴香籽

½ 茶匙香菜籽

几枝新鲜香草（例如茴香的绿色部分、野生茴香、山薄荷、百里香或欧芹）

1 片月桂叶

一撮藏红花

继续煎几分钟，待蔬菜开始变软时，加入：

2 杯干白葡萄酒

待液体沸腾后继续煮几分钟。加入：

1.4 升水

盐

煮沸后马上转小火，撇掉浮沫，煨 45 分钟左右，将汤底过滤干净。与此同时，准备：

约 910 克不同种类的鱼排（岩鱼、蛇鳕鱼、大比目鱼、鲂鱼等）

去骨。将鱼骨放入正在煨煮的鱼高汤里，鱼肉切成 5～7 厘米大小的块。加入：

特级初榨橄榄油，能覆盖鱼肉即可

2 汤匙切碎的茴香叶、野生茴香或欧芹

4 瓣大蒜，压碎或粗粗切碎

适量盐

腌制一下。将：

约 450 克青口贝

外壳刷净，须剪掉。

准备大蒜辣椒酱（见本页）。

制作汤底。开中火烧热厚底汤锅，加入：

3 汤匙橄榄油

油热后放入：

1 个中等大小的洋葱，剁碎

炒 5 分钟左右，放入：

1 根大葱（只取用白色部分），洗净，剁碎

1 个中等大小的茴香球，修剪，切丁

一撮藏红花

翻炒 7 分钟左右，不时搅拌，至炒软，但不要炒至焦黄。加入：

适量盐

4～5 个番茄（约 340 克），去皮，去籽，切丁

继续煮 3 分钟左右。然后将过滤好的鱼高汤倒进锅里，煮沸。转小火继续煮 5 分钟左右，酌情加盐调味。可以提前制作汤底，将蔬菜在高汤里浸泡一会儿味道会更好。

制作酥脆面包片。准备：

8～10 片乡村面包

刷上：

橄榄油

把面包放在烤盘上，送入预热至 190℃ 的烤箱中烤 10 分钟左右，直至金黄。取：

1 瓣大蒜，去皮

在面包片上反复摩擦几下。

在上菜之前，再次加热汤底，即将沸腾时，放入鱼排煮 3 分钟左右，然后放入青口贝。始终让汤保持微微沸腾的状态，到青口贝张口便可关火。酌情加盐调味，搭配酥脆面包片和大蒜辣椒酱食用。

变化做法

- 加入青口贝的同时，加入 340 克虾，去不去壳均可。如果去壳的话，可以把虾壳加入清高汤里一起煮。
- 还可以放入一些个头较小的贝类。

大蒜辣椒酱

约 1½ 杯

烤熟：

1 个大甜椒或 2 个小甜椒

去掉外皮和籽，用研钵研成泥。把甜椒泥移到碗里。再往研钵里放入：

3 瓣蒜

适量盐

研成泥。加入：

一撮卡宴辣椒粉

1 个蛋黄

½ 茶匙水

混合均匀。缓缓加入：

1 杯橄榄油

不停搅拌。最后把甜椒泥倒进去搅匀，酌情加盐调味。若不在 1 小时内用的话，放入冰箱冷藏。

变化做法

◆ 如果想要酱汁辣一点，可以用晒干的安祖辣椒（或其他干辣椒）代替甜椒。先把干辣椒放入预热至 200℃ 的烤箱里烤 4 分钟左右，然后放入滚水中浸泡 10 分钟。沥干后打成泥，再用滤网滤掉没有打碎的坚硬辣椒皮。

蒜味蛋黄鱼羹

4 人份

这是另一道普罗旺斯的鱼汤，用大蒜蛋黄酱调味。这道汤细腻芬芳，蒜香浓郁。

首先制作鱼高汤。在厚底锅加入：

约 450 克白肉鱼的骨头

半根大葱，只取葱白，洗净，切片

半个小洋葱，切片

半个茴香球，修剪，切片

4 瓣大蒜，去皮并捣成泥

¾ 杯干白葡萄酒

少许黑胡椒粒

1 片月桂叶

2~3 枝百里香

一大撮盐

4 杯水

煮沸之后立刻转小火，煨 45 分钟左右关火，用滤网滤去鱼骨和蔬菜。

在煮汤的同时制作一道浓郁的大蒜蛋黄酱。混合：

2 个蛋黄

1 茶匙水

缓缓倒入：

⅓ 杯特级初榨橄榄油

其间不停搅打。加入：

4 瓣大蒜，捣成泥

少许盐

准备烤面包丁。取：

4 片乡村面包

刷：

橄榄油

放入预热 190℃ 的烤箱里烤 10 分钟至金黄。用：

1 瓣蒜头，去皮

在面包上擦拭一下。

准备：

约 450 克肉质较为结实的白肉鱼（岩鱼、鮟鱇鱼、大比目鱼或蛇鳕鱼）

去骨后切成 7.5 厘米左右大小的块。加入：

盐

把过滤好的高汤倒入厚底汤锅内煮沸。立刻转小火，加入腌好的鱼肉煮 6 分钟左右。先把鱼肉捞出，放入温热的碗中。用几匙鱼汤把蒜泥蛋黄酱稀释一下，再把蛋黄酱倒回鱼汤中。

不停搅拌，直至鱼汤浓缩至可以挂在汤匙上。注意不要让汤沸腾，否则会结块。把鱼汤浇在鱼排上，上面放些酥脆面包丁。

变化做法

◆ 将 1 个小洋葱、1 根较小的大葱、1 个小茴香球切成薄片，煎至变软。加盐调味，与鱼肉一起加入汤中。

◆ 在鱼肉下锅的同时，加入 450 克处理干净的青口贝。

蛤蜊浓汤配黄油烤面包丁

4 人份

洗净、沥干：

910 克蛤蜊

在厚底锅里倒入 ⅓ 杯水。开中高火并加盖，煮至蛤蜊开口。把蛤蜊从锅中捞出，待冷却之后，取出蛤蜊肉。如果蛤蜊较大，可以把肉切碎；否则保持完整即可。用纱布把锅里的汤过滤干净。

将：

约 120 克马铃薯

削皮后切成小块，放入沸腾的盐水里煮到近熟，沥干并放在旁边晾凉。

烧热厚底汤锅，加入：

2 茶匙黄油

待黄油熔化后，加入：

1½ 条培根，切成约 0.5 厘米厚的片

开中火煎脆之后置于一旁。在锅中加入：

1 颗洋葱，切丁

2 枝百里香

继续煎几分钟，放入：

1 小枝西洋芹，剁碎

不时翻炒，直至洋葱软化并呈焦黄色。加入：

盐

现磨黑胡椒

把培根和马铃薯丁放回锅中，再煎几分钟。把蛤蜊肉和汤汁都倒回锅中。待锅里的液体沸腾后马上转小火，继续煮三四分钟至马铃薯变软。倒入：

¾ 杯牛奶

⅓ 杯奶油

以小火继续加热，注意不要让液体沸腾。酌情调味。配：

酥脆面包片

现磨黑胡椒

变化做法

◆ 用青口贝代替蛤蜊。

◆ 用鱼肉代替蛤蜊。把鱼排切成适口的小块，用水或鱼高汤替代煮蛤蜊的原汤。

◆螃蟹和龙虾

在购买螃蟹的时候，一定要挑那些最活泼的、手感沉甸甸的。买回家后要放入冰箱冷藏室，并且趁它们还活着的时候尽快烹煮。一旦离水，螃蟹会逐渐失去生命力。

螃蟹最简单的烹饪方式就是用水煮。烧开足够没过螃蟹的水（如果螃蟹数量较多，可以分批煮），加入大量盐。锅里的水尝起来应该很咸。待水沸腾后，把螃蟹从靠后的蟹腿中间抓住（不要抓靠近钳子的蟹腿，否则会被夹住），放入锅里。从螃蟹刚入水时开始计算时间，全程开大火，如果水没有再度沸腾也不要紧。珍宝蟹需要煮 12～15 分钟，体形较小的蓝蟹则只需几分钟。你可以向鱼贩打听一下所购买的螃蟹需要煮多长时间，也可以通过网络查寻不同品种螃蟹的烹饪时长。

煮好的螃蟹可以立刻食用，也可以放进冷水冷却，再放入冰箱冷藏，这样可以保存两天左右。在吃螃蟹的时候，可以配一点黄油或自制蛋黄酱，再加一点点柠檬汁即可。我喜欢把蟹黄加入蒜泥蛋黄酱里，用螃蟹蘸着吃。不过这样做之前，先尝一下蟹黄，确保没有苦味。

在处理螃蟹的时候，将它背面朝上，先把三角区揭下来，然后把螃蟹翻过来，揭下蟹壳。在螃蟹身体两边有些条形的气泡状物体，这是螃蟹的肺，需要去掉。如果你喜欢的话，可以把蟹黄挖出来。把螃蟹放在流动的冷水下冲洗干净。将蟹身一分为二（也可以不分），再敲碎两个大钳。可以在这一步就挖出蟹肉，也可以先不进行这一步，稍后再次加热螃蟹（可以利用蟹腿的尖部挖出蟹肉）。再次加热螃蟹的时候，给它刷上一点黄油或食用油（可以加入香草和香料调味），放入预热至200℃的烤箱里烤5～7分钟，将螃蟹热透即可。

大部分煮螃蟹的注意事项也都适用于龙虾。挑选鲜活的、手感较沉的龙虾，尽快吃掉。把龙虾放入沸腾的盐水里煮7分钟左右。龙虾头先下锅，从龙虾碰到水的那一刻开始计时。如果还不到7分钟，锅里的水就再次沸腾了，可将火转小。煮太久的话，龙虾的肉质会变硬，所以要留意烹饪时间。如果你打算再次加热龙虾，或进行二次加工的话，煮5分钟即可。把煮熟的龙虾控干，要么马上吃掉，要么立刻冰镇或冲冷水冷却。

龙虾可以整个或切半上桌，也可以把它的钳子、腿和尾部都分开。首先一手握头，一手握住尾部，转动一下，把头尾分开。然后再扭一下龙虾的身体，把肉从壳子里剥出来，也可以直接把龙虾尾部纵向对半切开，取出虾肉。

有些菜谱需要直接把生龙虾剁成块。处理龙虾时，先将其背面朝上放在案板上，用毛巾包住手，握住龙虾头部，用一把锋利的尖刀切下虾头。龙虾尾可以保持完整或对半切开。

母龙虾的腹部有时候会有虾子，煮熟以后会变成鲜艳的红色，非常美味。所有的龙虾都有绿色的虾肝，可以食用，也可以用来给酱汁调味。

蟹饼

4人份

这是加州的一道季节性美食，只有在本地珍宝蟹上市（从11月末到次年6月）的时候才能吃到。两个珍宝蟹里可以取出约450克蟹肉。

若选用蓝蟹或其他品种的蟹，则需要多准备几只才能取出等量蟹肉。也可以直接购买新鲜蟹肉。

将一大锅盐水煮沸。小心放入：

2个活珍宝蟹

煮5分钟左右。捞出螃蟹，沥干并自然晾凉。掀开蟹壳，摘掉肺部。轻轻冲洗一下螃蟹，然后把蟹腿拔下来。将蟹身对半切开。取出蟹腿和蟹身中的肉。轻柔地拨开检查一下，挑出残留的蟹壳。把蟹肉放进冰箱冷藏室中备用。

准备一些无水黄油。以中火烧热一口小锅，放入：

5汤匙无盐黄油

加热一段时间后，会开始出现油水分离的状况。等固体部分变成浅金棕色之后，用滤网

滤去。

准备：

1 杯橄榄油蒜泥蛋黄酱（见 45 页）

加入：

2 汤匙香葱碎

2 汤匙欧芹碎

2 汤匙细叶芹碎

1 汤匙新鲜柠檬汁

盐

一撮卡宴辣椒粉

把蛋黄酱倒入蟹肉，轻柔搅拌至完全融合，酌情加盐和柠檬汁调味。将混合物分成 8 个肉饼。准备：

1½ 杯新鲜面包屑（见 60 页）

均匀裹住肉饼。

以中火烧热厚底锅（以铸铁平底锅为佳）。倒入无水黄油，油热之后放入蟹饼，煎至金黄，每面大约需要煎 4 分钟。如果面包屑有变焦的迹象，将火转小。

变化做法

◆ 搭配塔塔酱（见 215 页）、蒜泥蛋黄酱（见 44 页）或原味蛋黄酱（见 45 页）食用。

◆ 搭配茴香切片沙拉（见 236 页）或田园蔬菜沙拉食用。

◆ 也可以用同样的方式制作鱼饼，用两杯剁碎的白肉鱼（推荐肉质比较结实的大比目鱼、蛇鳕鱼或黑线鳕等）替代蟹肉。

烤龙虾

4 人份

准备：

½ 杯香草黄油酱（见 46 页）

将一大锅盐水煮沸（尝起来应该像海水一样咸）。把：

4 个龙虾放入水中（每个重 450～680 克）

煮 1 分钟，倒入冷水，使它停止烹煮。浸泡 1 分钟左右，将龙虾沥干。

用刀背把龙虾的钳子敲碎，将龙虾尾部纵向对半切一刀，但不要让虾肉与虾壳分离。摘掉龙虾的沙囊和血管。在龙虾尾里填 2 汤匙香草奶油。

与此同时，把烤炉烧至中热。将龙虾放在烤架上，切面向上，烤 4 分钟左右。趁热搭配柠檬切片和余下的香草黄油享用。

扇贝

北美市场上较为常见的扇贝是控制贝壳开关的白色圆形肌肉部分，但扇贝膏，即外圈上的红色部分也非常好吃，只是在北美很少见，可以问一下鱼贩是否有扇贝膏出售。新鲜的扇贝闻起来有甜味，而且不应该浮在水里；否则就不新鲜。扇贝的烹饪方法很多，煎、炸、蒸、煮、焗均可，也可以生吃或用酸橘汁生腌。扇贝的味道比较清淡，适合用简单的方法烹饪。（所有的扇贝都很鲜甜，小个头的海湾扇贝尤甚。）

烹煮之前，要先把扇贝的带状小肌肉（也叫"扇贝脚"）除去。扇贝的吸水性很强，所以如非必要，不要冲洗扇贝。扇贝也很容易煮熟，海湾扇贝一两分钟就熟了，大扇贝需要4～6分钟。在煎大扇贝之前，可以将其片成3片。若要做沙拉，可以等扇贝煮熟之后再切。

煎扇贝配莎莎青酱

4 人份

准备：

½ 杯青酱（见 43 页）

取：

450 克海扇贝

去除边缘附着的小肌肉。撒入：

盐

现磨黑胡椒

开中火烧热厚平底锅，倒入：

足以覆盖锅底的橄榄油

改大火，放入扇贝，在锅里铺成一层。一次不要放太多，否则扇贝出水，就无法煎出漂亮的焦糖色了。每面煎两三分钟。注意将先出锅的扇贝保温。所有的扇贝煎完以后，浇上莎莎青酱，立刻食用。

变化做法

◆ 用海湾扇贝代替海扇贝。煎三四分钟，可以稍微转动一下锅，让扇贝晃动。

◆ 把腌好的扇贝穿在扦子上，刷油之后放在中等火力的烤架上，每面烤两三分钟。

虾

工业化的养虾场给近海环境造成了严重污染。我们应该尽可能购买可持续捕捞的野生虾，减轻环境的负担。而且，新鲜野生的虾味道更好。虾肉质很嫩，买回来之后最好尽快食用，在烹饪之前，需要放在冰块上。虾一般根据尺寸出售，有时候你会发现外包装上标注了一些数字，例如"16～20"，意思是每磅（约 450克）有 16～20 只虾。

虾的烹饪方式有很多：焗、烤、蒸、煮、煎等，带壳或去壳均可。虾熟了以后会变成粉色或红色，你可以通过颜色的变化来判断虾是否熟透。带壳的虾三四分钟便可出锅，去壳的则只需一两分钟。煮虾的时候要时刻查看。

如果连壳烹饪，腌制的时候要放足调料，因为调料要通过虾壳渗入虾肉。在煮或煎的时候，将整虾下锅即可。但是要烤或煎炒带壳虾时，要先把虾背剪开，铺平成蝴蝶状。为了方便烤制，将蝴蝶状的虾穿到扦子上，腌制之后刷上黄油或食用油即可。

给虾剥壳的时候要从虾的腹部开始往后剥。如果你喜欢的话可以把虾尾的壳留下，这样做熟之后颜色更好看。所有的虾后背上都有一条虾线，如果虾的个头较大，虾线里面有时会充满沙石。如果虾线里满是泥沙，看起来就是黑色的，应该要剔除。但是如果虾线是空的，则不一定要去掉。去除虾线时，首先在虾的身体中段切一刀，但不要切太深，把虾线挑出来即可。

大蒜欧芹煎虾

4 人份

我喜欢将虾连壳煎。虽然在餐桌上剥虾有点狼狈（当然也有人会觉得这样很有趣），但是尝到虾的鲜美之后你就不会后悔了。

准备：

450 克虾

加入：

盐

现磨黑胡椒

因为要让味道穿过虾壳渗入虾肉，所以调味料需要多加一些。

取：

4 瓣大蒜，剁碎

加入少许橄榄油防止氧化。摘下：

6 枝欧芹

的叶片，剁碎。至少准备 3 汤匙的欧芹碎。

烧热厚平底锅，加入：

2 汤匙特级初榨橄榄油

油热之后开大火，把虾放入锅中。来回翻动，让虾均匀受热。待虾壳呈粉色时便可关火，全程需要 3 分钟左右。把蒜末和欧芹碎倒进锅中，翻拌至调料全部裹在虾上。立刻装盘食用。

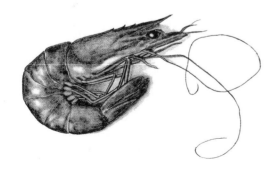

变化做法

◆ 取 4 根青葱，切片，跟蒜泥和欧芹碎一起倒进锅中。

◆ 加入一大撮干辣椒碎。

◆ 用罗勒或香菜代替欧芹。

◆ 提前去掉虾壳、虾线。

鱿鱼

鱿鱼味美价廉，而且资源丰富，是餐桌上的极佳选择。新鲜鱿鱼颜色透明，富有光泽。眼睛澄澈，味道鲜甜。

烹饪之前，需要先把鱿鱼处理干净。首先贴着眼睛把鱿鱼须切掉。鱿鱼须上面有很多坚硬的小吸盘，不能食用。用手轻轻挤压鱿鱼须，把吸盘剥除。然后把鱿鱼的身体部分平放在案板上，用刀背从尾部往头部方向用力刮，挤出透明的鱼骨。如果鱼骨已断，可以把尾部的尖端切掉，然后往另一个方向推出鱼骨。我一般不会去掉鱿鱼的皮，因为我觉得连着皮更好看。不要冲洗，否则鱿鱼会在这个过程中吸收大量水分。鱼身可以不用切，整个烤熟，或填一些馅料再炭烤或烘烤；也可以先切成鱿鱼圈，然后再煎、炸或炖。

鱿鱼的蛋白质含量很高，因此它的肉质在受热过程中会变得又弹又硬。要想保持软嫩，就需要缩短烹饪时间，开高火加热三四分钟即可。此时鱿鱼已熟，但尚未变硬。还有一种办法，将鱿鱼在液体中以低温炖煮至少 30 分钟。长时间的炖煮最后会让蛋白质软化，鱿鱼也会再度变得软嫩。

烤鱿鱼

4 人份

我很喜欢将烤鱿鱼作为开胃菜，或是配其他烤鱼，或者与鱼类、烤蔬菜和蒜味蛋黄酱组合成海鲜大餐。鱿鱼在烤制过程里散发出的香气简直叫人无法抗拒。

洗净：

450 克小鱿鱼

按前文步骤处理干净。加入：

2~3 汤匙橄榄油

盐

现磨黑胡椒

干辣椒碎

2 汤匙剁碎的新鲜牛膝草或欧芹

把鱿鱼须和鱿鱼身分开再穿在扦子上烤制会更加容易。把鱼身从开口处横着穿起来，这样比较平整；然后把扦子穿过鱿鱼须较粗的位置上，用高温炭火烤制。如果鱿鱼较小，每面只需要烤几分钟即可。最好把火烧得热一点，然后不停翻面，这样才能烤得外焦里嫩。趁热吃，或在室温下食用。

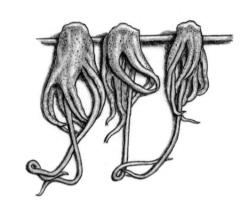

家 禽

砖块烤鸡

这是一道经典意大利菜，原名为"polloal mattone"，意为"砖块下的鸡"。做法是把鸡压在重物下烤制，使得鸡皮变得格外酥脆。

这个版本用去骨鸡腿制作，鸡大腿和小腿仍然连在一起。可以请肉店老板完成这一步。如果不行，也可以自己给鸡去骨。用利刀从鸡腿踝部往上划，把鸡腿剖开，露出腿骨。然后沿着骨头划到关节处，再继续往上划到大腿根部。按同样步骤把另一侧也划开。在这个过程中，把刀往骨头底下切。这样一来，大部分鸡肉都跟鸡腿骨分离了，只有关节部分还连在一起。围绕着关节把骨头剔下来。注意要格外小心，不要让刀穿透鸡皮，因为这个位置的鸡皮与骨头离得很近。鸡骨可以保留下来熬高汤。

用盐和黑胡椒给去骨鸡腿调味，也可以按喜好加入干辣椒碎和香草碎，例如百里香、迷迭香、风轮菜或鼠尾草。中火烧热铸铁平底锅。加入 1 汤匙橄榄油，然后快速地将鸡腿小心放进锅中，鸡皮朝下，调整一下鸡肉，使全部鸡皮都接触到锅底。用锡箔纸包住另一个跟鸡差不多大小的平底锅，压在鸡上，这样能够确保鸡皮接触到烧热的锅底，从而煎得格外酥脆。调整一下火候，目的是让鸡皮煎得焦黄酥脆，同时又不让鸡皮烧煳或鸡肉过熟。鸡腿下锅几分钟之后，检查一下鸡腿，看看鸡皮煎到什么程度。如果它很快就变焦，就把火调小一点；如果颜色还很浅，就把火调大一点。10～12 分钟之后，鸡皮就差不多变脆了，此时鸡肉也即将熟透。移走压在鸡腿上的平底锅，小心地将鸡腿翻面，继续煎几分钟即可。此时锅里应该已经有一部分油脂，舀出一部分来。注意不要

再把锅压回去，这样鸡皮就不脆了。再煎几分钟即可，趁热食用。

变化做法

◆ 可以在烤架上用中火烤鸡腿，同样在鸡腿上压上重物。

◆ 可以用同样的方法煎无骨鸡胸肉，烹饪时间要略微缩短。

炸鸡

4 人份

鸡肉至少要提前 1 小时腌制，最好能够腌制一夜。

取：

2 块带骨带皮的鸡胸肉

2 个连皮的手枪腿

撒上：

盐

黑胡椒

将每块鸡胸切成 2 份，把鸡大腿和小腿分开，一共能够得到 8 块鸡。

把鸡肉放入碗中，倒入：

2 杯酪乳

静置 20 分钟。中火烧热大铸铁锅。倒入：

约 2.5 厘米深的花生油或菜油

在烤盘里混合均匀：

2 杯面粉

两撮卡宴辣椒粉（可选）

盐

现磨黑胡椒

先测试一下油温是否达到理想状态。用手蘸一下酪乳，再蘸一下面粉。将湿面粉放入油锅，如果能够浮起来且周围大量冒泡，就表明油已经足够热了。

把鸡块放进面粉中来回滚几下，确保均匀地裹上面粉，然后小心放进热油。不要让锅里的鸡块太挤，松松地放一层就可以了。有需要的话，可以分批炸。炸 15 分钟左右，偶尔翻动一下，直到鸡块变得金黄。取一块鸡肉，切开检查一下是否熟透。把炸好的鸡肉放在厨房纸或烤网上，沥掉多余油分。

变化做法

- 用玉米粉代替一半分量的面粉，炸鸡的外壳会更酥脆。
- 使用去骨鸡腿肉和鸡胸肉，炸制时间更短。
- 如果你喜欢薄一点的面衣，可以省略酪乳。把面粉和调料倒进一个大袋子中，然后放入炸鸡块摇匀。取出，放置 30 分钟再入锅炸制。

煎鸡肝

4 人份

将 230 克鸡肝处理干净，去掉油脂及连接组织，注意，如果胆囊的残留物未处理干净会非常苦。把鸡肝沿着两个肝叶的分界对半切开，用盐和黑胡椒腌制一下。

开中高火烧热平底锅，加入橄榄油或黄油。待油热之后放入鸡肝，一次不要放太多，煎 3 分钟，翻面再煎 2 分钟左右，至内部粉红即可，这样的鸡肝味道不会太重。可以在翻面之后往锅中加入剁碎的红葱头，约 1 个的量，增加一些风味。也可以先把煎好的鸡肝捞出，往锅中加入 2 汤匙白兰地或葡萄酒，制作一道简单的酱汁。最后在鸡肝上放一点黄油即可。烤鸡肝冷吃和热吃都非常美味，也可以把它压成泥，加一些软化的黄油，制作成简单的鸡肝酱。

如果你打算将鸡肝作为前菜，按照上述步骤煎一两块鸡肝就可以了。将煎好的鸡肝切成片，放到酥脆面包片上，淋上一点黑醋，撒些欧芹碎。

烤全鸡

4 人份

准备：

1 只鸡

如果可以的话，在烤的前一天去除背骨，也可以拜托肉贩帮你切。用厨房剪刀或刀沿着肋骨的两侧把背骨剪开，把鸡翻面，鸡胸朝上，用手掌用力按压胸骨。如果听到"咔嚓"一声，就说明鸡胸骨断了，这样鸡就可以摊平了。

在鸡身刷少许：

橄榄油

加入：

盐

黑胡椒

把鸡密封起来，放入冰箱冷藏。在烤前 1 小时从冰箱取出回温。准备木炭，烧至中等热度（炭上出现白灰）。把干净的烤架置于木炭上方 13～15 厘米处。待烤架烧热之后，把鸡放上去，切面朝下，烤 10～15 分钟。将鸡翻面，再烤 10～15 分钟，直至鸡皮焦黄酥脆。然后再翻一次，继续烤 5 分钟左右。从这个步骤开始，每 5 分钟翻一次面，到鸡内部熟透即可，全程需要 30～40 分钟，视火的热度而定。检查大腿骨部分，看烤熟与否。要注意别让火苗蹿得太高，否则鸡皮会烤煳。如果鸡肉熟得太快，可以移到烤架温度较低的位置。烤熟后从烤架上取下，静置 10 分钟左右再切开食用。

变化做法

- 除了盐和胡椒外，在腌料中加入新鲜香草碎、柠檬皮屑和碾碎的香菜籽。
- 如果使用酱汁的话，在鸡肉烤熟 10 分钟之前涂刷，不要太早刷酱，否则会烤煳。
- 可以用同样的方法烤鸡块，所需时间会短一些。

烤鸭胸

3 块鸭胸一般可供 4 个人吃。在处理鸭胸的时候，先将鸭子翻面，让皮朝下，切下里脊肉，也就是连在鸭胸上的很容易分离的长条形的肌肉（里脊肉可以单独烹饪）。把超出鸭肉边缘部分的皮全部切掉。在鸭胸肉的表皮上用刀划出一个个菱形，这样烤制时皮会多出一些油。以大量盐和黑胡椒腌制，也可以根据个人喜好加入其他香草和香料。

在烤制前 15 分钟，将鸭胸从冰箱里取出回温。把木炭烧到中等热度，此时的木炭应该是灰色的，但不会发红。（如果木炭太热，鸭胸

会烤焦；如果不够热，就无法逼出鸭皮里的脂肪，皮也不会金黄酥脆。）把连皮的一面朝下烤 10 分钟左右至金黄。在这个过程中你最好不要走开，以免火苗遇到油脂后突然蹿高。如果发生了这种情况，赶紧把鸭胸移开，否则会烧焦。鸭皮烤到理想状态后，翻面再烤三四分钟。三分熟是比较理想的状态。如果烤过头了，鸭肉会柴。让鸭胸静置 5～10 分钟，锁住肉汁。切成薄片，浇上溢出来的汁水去即可。

大葱绿橄榄炖鸭腿

4 人份

这是一道令人心满意足的炖菜，适合配软玉米饼、马铃薯泥或豆子吃。我建议选择带核的皮雪丽绿橄榄或卢卡绿橄榄。

准备：

4 个鸭腿（大腿和小腿连接）

去掉多余脂肪。提前几小时或提前一晚用：

盐

黑胡椒

腌制，密封起来放入冰箱冷藏。

把烤箱预热到 200℃。准备 1 个可以放入烤箱的大锅，烧热后加入：

2 汤匙橄榄油

倒入：

2 根大葱（仅用白色和浅绿色部分），洗净，剁碎

1 根胡萝卜，去皮，剁碎

开中火翻炒 3 分钟左右。加入：

盐

6 枝百里香（只留叶子）

6 枝欧芹（只留叶子）

1 片月桂叶

1 杯绿橄榄

煎 3 分钟左右。把鸭腿放进平底锅，鸭皮朝下。加入：

½ 杯白葡萄酒

1½ 杯鸡高汤

1 条柠檬皮

此时锅里的液体深约 2.5 厘米，如果需要，可以再添加一些汤汁。开大火煮沸，迅速将锅放入烤箱。30 分钟后，从烤箱取出，将鸭腿翻面。注意不要让鸭皮浸泡在汤汁里，如果有必要的话，可以舀出一部分汤汁，让鸭皮露出来。把烤箱的温度调低至 160℃，继续烤 1 小时至 1 小时 20 分钟。待鸭皮呈金黄色，且刀子可以轻松插入鸭肉时，便可以出炉了。

把鸭腿装进盘子，把汁水倒入小碗。静置一段时间，撇去汤汁表面的浮油。鸭腿会出相当多的油。酌情加盐调味。如果汤汁很稀，可以把它倒回锅中收汁。把汤汁和蔬菜倒回锅中，把鸭腿摆上去。在上菜前，再度加热几分钟，煮到微微沸腾即可。

变化做法

◆ 可以使用去核橄榄，但数量要略少一些，约半杯就够了。炖到最后 15 分钟再下锅。

◆ 把一半分量的葡萄酒换成不甜的雪莉酒。

◆ 用西梅干或无花果干等干果替换橄榄。用红葡萄酒替代白葡萄酒，同时放入一两片培根或咸肉。去掉柠檬皮。

◆ 把鸭腿换成鸡腿，将炖煮时间缩短 30 分钟。

烤鸭

4 人份

准备：

1 只鸭子（1360～1810 克）

去除鸭腔中多余的油脂。用剪刀或扦子在鸭腿和胸部的皮上戳很多小孔，这样在烤制的过程里才能尽可能多地出油。用：

盐

黑胡椒

将鸭子从里到外抹一遍，最好提前一天腌制。在烤制前 1 小时，把鸭子从冰箱中取出回温。将烤箱预热到 200℃，把鸭子放在烤盘里，鸭胸朝上，烤 20 分钟。翻面，再烤 20 分钟。小心从烤箱中取出烤盘，先把鸭子转移到另一个容器中，再倒掉烤盘里的油。然后把鸭子放回盘中，鸭胸朝下，继续烤 20 分钟至熟透。此时鸭子的骨边肉应该仍然是粉红色的。静置 10 分钟再上桌，像切鸡一样切开即可。

烤火鸡

5.5～8千克的火鸡可供8～12个人吃，可能还有富余。相比那些较大的火鸡，这个重量范围里的火鸡处理起来容易一些。

首先用盐和黑胡椒把火鸡从里到外抹一遍，至少腌制一天，最好是两三天。如果将火鸡泡在盐水里腌一两天，会更加美味。不过我最近已经不怎么用盐水腌火鸡了，因为现在味道浓郁的原生火鸡已经越来越多。你可以根据个人喜好添加香草：在火鸡肚子里塞一些香草枝，用剁碎的香草叶擦拭一下外皮，或是把香草塞入胸部和大腿的皮下。

在送入烤箱前，要确保火鸡已经恢复到室温。用软化的黄油将火鸡从里到外抹一遍。如果你打算往火鸡肚子里塞一些馅料，要等到将它送入烤箱之前塞，馅料要现做，且不要塞得太满，以免火鸡受热不均。你可以把多余馅料放进烤碗，放在火鸡旁边一同烤熟。

把火鸡放进厚底烤盘中，鸡胸朝上。最好在烤盘上再放一层烤架，铺一层香草枝，把火鸡送入预热至200℃的烤箱里。以重约6.8千克的没有填馅的火鸡计算，每450克需要烤制12分钟左右。如果火鸡里塞了馅料，则每450克需要延长至少5分钟。

在烤制时间过去三分之一之后，把烤箱的温度调低到180℃，同时把火鸡翻过来。在下一个三分之一时段，将鸡胸朝下烤制，最后三分之一时段再翻回去。和检查鸡肉是否熟透一样，检查一下鸡腿的关节处。火鸡肉最厚的位置，如胸部最肥处和大腿深处，需要达到70℃，但不能再高了。把火鸡从烤箱取出，静置20分钟再切开食用。烤盘里留下的汤汁可以做成美味的肉卤（见216页）。

肉 类

焖牛小排

4 人份

焖牛小排是最美味多汁的肉菜之一。可能的话，提前一天将：

1600 克草饲牛小排

切成约 5 厘米大小的块，拌入：

盐

黑胡椒

在烤之前 1 小时从冰箱取出回温。把烤箱预热到 230℃，把牛小排放进烤盘里铺成一排，肉多的一面朝上，烤 25～30 分钟，至肉色变深、出油。从烤箱取出，倒掉多余的油，放在一旁备用。

在烤牛小排的同时，烧热一口大平底锅，加入：

1 汤匙橄榄油

油热之后放入：

2 个小洋葱，去皮，切成 4 块

2 根胡萝卜，去皮，切成大块

1 根西洋芹，去皮，切成 4 瓣

6 瓣大蒜，去皮后粗略剁碎

6 枝百里香

4 枝欧芹

1 片月桂叶

开中火翻炒 10 分钟。到 5 分钟左右的时候，加入：

3 个番茄，切成 4 块

倒入：

¾ 杯红酒

2 杯鸡高汤或牛高汤

煮至微微沸腾。把牛小排从烤盘里盛出，锅里的食材连同汤汁一起倒入烤盘，把牛小排

放到蔬菜上，肉多的一面朝下，用盖子或锡箔纸盖紧烤盘，放回烤箱继续烤制约 20 分钟。待烤盘中的液体开始冒泡，把温度调低至 160℃，把锅盖或锡箔纸稍微掀开一点，让热气散发，以免烤盘中的液体沸腾。继续炖煮 1 小时至 1 小时 30 分钟，直至牛肉软嫩且可以脱骨。捞出牛小排，放在一旁。用汤匙背用力压一下蔬菜，尽量压出汤汁，蔬菜丢弃。将汤汁静置片刻，撇掉表面的油脂。酌情加盐调味或加水稀释。把牛小排放回汤中，在上菜之前再次加热。

变化做法

◆ 煮蔬菜的时候，放入 1 片培根或意大利咸肉。

◆ 煮蔬菜时加入少许干牛肝菌。

◆ 夏季用烤架再次加热炖好的牛小排。上菜时把汤汁放在旁边作为蘸汁。

◆ 吃剩的牛小排，可以把肉剥下来放回汤汁，加入香味浓郁的蔬菜（洋葱、胡萝卜、西洋芹、番茄等）一同炖煮，就可以做出美味的意大利面酱或玉米糊酱汁。

◆ 吃剩的牛小排可以做成意大利方饺的馅料。把牛小排上的肉剥下来，剁碎，与煮熟的洋葱碎、胡萝卜碎和芹菜碎混合均匀。加入软化的黄油和欧芹或牛膝草等香草。

◆ 用同样的方法炖牛尾。烹煮时间可能要更长一些。

◆ 上桌前在牛小排上撒少许格莱莫拉塔酱。

意大利肉丸

4 人份

我喜欢把肉丸做成乒乓球大小，混合番茄酱，搭配意大利面食用。有时我会做得稍微小一点，趁热滚上帕玛森干酪碎，当作开胃前菜。

取：

450 克草饲绞牛肉

340 克绞猪肩肉

加入：

盐

黑胡椒

调味。在小碗中混合均匀：

1 杯隔日的乡村风格面包，去皮后撕成小块

½ 杯牛奶

静置一段时间。

取：

1 个小黄洋葱，去皮

用擦丝板擦成比较粗的泥。这样做可以给肉丸增加湿度和甜味。挤出面包里的牛奶，然后将面包、洋葱和肉末放入大碗中。加入：

1 汤匙橄榄油

2 瓣大蒜，去皮，加一撮盐后捣成泥

1 汤匙剁碎的新鲜牛至叶（或 1 茶匙干牛至叶）

1 汤匙欧芹碎

一撮卡宴辣椒粉

1 个鸡蛋，稍稍打散

¼ 杯帕玛森干酪碎

盐

现磨黑胡椒

轻柔地混合所有材料。不要用力搅拌，否则肉丸会变硬。

用小锅试煎一个肉丸，尝一下味道，酌情给肉馅调味。如果你感觉它比较干，可以在肉馅里加入少许牛奶。小心地把肉馅挤成一个个肉丸，放进 230℃ 的烤箱里烤熟，大约需要 6 分钟。或在铸铁锅里加少许油，把肉丸煎熟，煎的时候不时翻动一下，确保肉丸均匀上色。

变化做法

- 把牛肉换成鸡肉或火鸡肉。

- 加入其他新鲜香草碎，例如薄荷、牛膝草、鼠尾草或百里香。

- 取 2 瓣大蒜，捣成泥后加入肉馅，还可以再加入两三汤匙葡萄酒（红、白均可）。

- 在肉馅中加入松子和葡萄干，搭配玉米糊和烤洋葱一起吃。

- 把部分或所有的牛肉换成羊肉。省略牛至叶和乳酪，加入适量小茴香和香菜籽粉。把肉丸煎至上色，然后放入羊高汤或鸡高汤里煮软，大约需要 30 分钟。撒上香菜碎，配蒸粗麦粉食用。

- 把肉馅里的面包换成隔夜米饭或冷却的熟马铃薯。

汉堡

4 人份

我喜欢用牧场养殖的草饲牛肩肉做汉堡，这种肉味道浓郁，肥瘦比例恰到好处。

混匀：

1790 克绞牛肩肉

盐

现磨黑胡椒

2 瓣大蒜，剁碎

做成 4 个肉饼。把边缘抹平，然后在中心处压一下，形成盘状，因为肉饼的中间在煎制过程中会鼓起来。如果想要三分熟的汉堡肉，将肉饼放在中等热度的木炭上方烤 9 分钟左右，翻面 1～2 次。

取：

8 片面包（法式天然酵母面包或意大利佛卡夏面包都是不错的选择）

把其中一面烤一下。把汉堡肉摆在面包上，放一些烤洋葱、生菜叶或芝麻菜，按照个人喜好加入配料。

变化做法

◆ 在肉馅里加入 2 茶匙香草碎。我尤其推荐圆叶当归。

烤牛肉

烤牛肉可以只用牛肩肉，也可以选择昂贵的整块牛里脊。不管是哪个部位的肉，烹饪方法都是一样的。其中最关键的几个步骤是：提前腌制牛肉，烤之前留出足够的时间让它恢复到室温，烤完以后要静置一段时间。这些步骤都有利于提升肉的味道和口感，并且能让它受热更均匀。

腌肉之前，先剔除多余的脂肪，留下约

0.5 厘米厚即可。用盐和现磨黑胡椒腌制，重 910～1360 克的小块牛肉，提前一天腌制即可，但腌制两天的话效果更好。如果牛肉块较大，需要提前两三天进行腌制。

烤之前不一定要把肉捆起来，但这样做会帮助牛肉受热更均匀。你可以让肉贩帮你捆，也可以自行操作。方法是用棉线把肉捆成肉卷，每一层肉应该包住另一层，但不要太紧；每隔 7.5 厘米用线捆一下。

如果肉块较小，可提前 1 小时从冰箱里取出，恢复到室温。如果肉比较大，则需要提前两三个小时取出。

小块牛肉我一般会以 200℃烤制，2.3 千克以上的大块牛肉用 190℃。烤制时间大概是每 450 克烤 15 分钟左右，不时检查牛肉内部的温度。在牛肉比理想熟度还要生一点的时候，从烤箱取出，然后利用余温加热到理想熟度。在检查内部温度的时候，多查看几个地方，挑选肉最厚的位置，把温度计插进去，以测出的最低温为准。较小的牛肉最好静置 20 分钟以上，大一点的牛肉静置至少 30 分钟。这样能够让牛肉的内部温度稳定下来，同时锁住肉汁。可以用锡箔纸给牛肉做一个小"帐篷"保温，但不要把它的边缘密封，否则热量无法散发出来，牛肉会过熟。

下面是我对牛肉内部温度和熟度的一些判断标准：

一分熟	48℃
三分熟	51℃
五分熟	57℃
七分熟	63℃
全熟	68℃

牛肉烤锅

4 人份

提前 1 天或至少提前几小时用：

盐

现磨黑胡椒

腌制：

1360 克草饲牛肩肉

提前 1 小时从冰箱拿出来回温。

烧热铸铁锅或其他深口厚底锅，加入：

2 汤匙橄榄油

迅速把牛肉放进锅中，轻轻晃动锅子，让肉均匀沾上油。每面煎三四分钟，加入：

1 汤匙黄油

撒入：

1 汤匙面粉

把肉翻动一下，蘸满面粉。将每面煎 3 分钟左右，加入：

1 颗洋葱，去皮，切成大块

1 根大葱，修剪，清洗，切段

1 根胡萝卜，削皮，切块

2 根西洋芹，清洗，切段

3 瓣大蒜，切半

4 枝百里香

1 枝欧芹

1 片月桂叶

倒入：

½ 杯葡萄酒

足以没过牛肉的水或者高汤

煮至微微沸腾，不时搅拌一下，撇去浮沫。

盖上锅盖，开小火让汤汁始终保持微微沸腾的状态，炖 2 小时 30 分钟左右至牛肉酥软。

与此同时，另外煮沸一锅盐水，加入：

3 根胡萝卜，去皮，切大块

3 根西洋芹茎，切段

4 个马铃薯，削皮，切块

把炖好的牛肉捞出备用，注意保温。捞出锅中的蔬菜，放在滤网上，用力压出所有汁液。丢弃蔬菜残渣。过滤出来的汁水要静置一会儿，撇掉其中的杂质和浮油。把汁水倒回炖锅，小火煮至微微沸腾。把牛肉切成片，放回锅中，再将另一个锅里煮好的蔬菜放进去。待汤汁再度沸腾后便可关火上桌了。

变化做法

◆ 加入 1 片厚厚的意式咸肉与牛肉同炖，可以提鲜。

◆ 加入其他蔬菜或以别的蔬菜代替。春季可以用青豆、芜菁或欧防风，夏季可以用去荚豆和整颗番茄。

◆ 在青酱里加入山葵泥和少许白葡萄酒醋或黄芥末酱，配炖牛肉吃。

慢炖羊肩

4 人份

羊肩部的肉炖熟之后口感丰富、软嫩鲜美。可以向肉贩要求切一整块带骨的羊肩肉。

准备：

一整块连骨羊肩（1360～1810 克）

提前 1 天用：

盐

现磨黑胡椒

腌制。在大小刚好可容纳羊肉的深口陶锅或烤盘中混合：

4 个中等大小的番茄或 400～425 克整颗的番茄罐头，粗粗切碎

2 个中等大小的洋葱，去皮，粗粗切碎

2 根胡萝卜，削皮，粗粗切碎

5 瓣蒜

3 枝风轮菜

3 枝百里香

7 粒黑胡椒

1 个辣椒

把羊肩肉放在蔬菜上，倒入：

2 杯高汤或水

¾ 杯白葡萄酒

无须加盖，放入预热至 190℃ 的烤箱烤约 2 小时 30 分钟。每隔一段时间检查一下液体的高度，如果明显降低，需要补充适量高汤或水。大约 1 小时 30 分钟之后，把羊肩翻面，再烤 30 分钟。再次翻面，继续烤 20 分钟，直到羊肩金黄酥软。此时羊肉应该达到脱骨的状态，如果没有的话，就要继续烤制，保持每 20 分钟翻一次面的频率。

把烤好的羊肉从烤盘中捞出，然后把蔬菜和汤汁倒入碗中。把蔬菜放在滤网上，用力挤压出所有汁液。撇掉浮油并酌情调味。如有需要的话，可以加入水或高汤稀释。把肉从骨头上剥离下来，切成大块后放回汤汁，再次加热后便可食用。

变化做法

◆ 如果事先已经煮好了羊肩，可以放到烤架上，以中高火烤，这样可使羊肩外皮焦黄酥脆。切片，配烤马铃薯和沙拉享用。

◆ 羊肩肉也可以炖煮。先把约 1.4 千克羊肩切成 5 厘米大小的块。开中火烧热平底锅，加入适量橄榄油，将羊肩放入锅中煎至金黄。同时按前文步骤准备蔬菜，把羊肩放在蔬菜上，加入高汤，盖上盖子，送入预热至 160℃ 的烤箱里烤约 2 小时 30 分钟，直至酥软。

焖羊小腿

4 人份

羊小腿是羊身上最适合焖煮的部位，取自羊前腿，味美肉厚。你可以炖整只羊小腿，也可以让肉贩把它纵向对半切开。用欧芹、大蒜和柠檬皮屑调制的格莱莫拉塔酱和慢炖羊小腿是绝配。

准备：

4 条羊小腿

去掉多余的脂肪。提前一天用：

盐

现磨黑胡椒

腌制。开中高火烧热厚底锅，放入：

橄榄油

覆盖锅底。放入羊小腿，将两面煎至金黄，大约需要 12 分钟。把煎好的羊小腿从锅中捞出，倒掉大部分残留的油。往锅中加入：

2 个洋葱，去皮，切成大块

2 根胡萝卜，削皮，切成大块

1 头大蒜，对半切开

1 个小干辣椒

4 粒黑胡椒

1 枝迷迭香

1 片月桂叶

煎几分钟，不时翻炒至蔬菜变软。加入：

¾ 杯白葡萄酒

2 个中等大小的番茄，去蒂，切大块

把火调大，让酒精挥发。同时用力铲几下锅底，把粘锅物质刮下来。待葡萄酒分量减半后，把羊小腿放回锅中，倒入：

2 杯鸡高汤

此时锅里的水应该有羊小腿一半高。煮沸后迅速转最小火，盖上盖子，煨 2 小时 30 分钟到 3 小时，可以在火炉上煮，也可以送入 160℃的烤箱烤。如果使用烤箱，在最后 20 分钟时掀开锅盖，这样可以帮助羊肉上色。煮好的羊肉应该可以轻松脱骨，且几乎入口即化。捞出羊小腿，撇去汤里多余的油脂。把蔬菜放在滤网上用力挤压，只留汁液。如果汤汁太浓，可以加入少许鸡高汤稀释。酌情调味后把羊腿放回汤汁。

与此同时，准备：

格莱莫拉塔酱（见 221 页）

趁热享用。

烤羊腰排

4 人份

准备：

8 块切成约 4 厘米厚的羊腰排，用：

盐

现磨黑胡椒

腌制。准备 1 个煤炉，烧到中等热度。给羊腰排刷上油，摆到烤架上。烤 3 分钟左右后，将烤架翻转 45 度。烤 6 分钟后翻面，将另一面烤 6 分钟左右，至三分熟。静置 4 分钟左右再上桌。

变化做法

◆ 烤羊肋排的分量按照一人 3 块来准备，然后按照上述步骤烤制，但每一面只需烤 3 分钟左右。

◆ 也可以用同样的方式烤猪排。2.5 厘米厚的猪排需要烤 10～12 分钟。

烤猪肋排

4 人份

可以自制一份较柔和的辣椒粉来腌猪肉。将干安纳海姆辣椒或安祖辣椒稍稍烤一下，然后磨碎即可。

提前 1 天用：
盐
现磨黑胡椒

腌制：
2 片猪肋排（约 1.4 千克）

混合均匀：
2 茶匙香菜籽，烘烤，磨碎
1 茶匙小茴香籽，烘烤，磨碎
3 茶匙较柔和的辣椒粉
2 茶匙红甜椒粉

抹在肋排两面。放入冰箱冷藏。在烤之前把肋排取出回温。

准备炭炉，烧到中等热度。给猪肋排刷上橄榄油，把肉放在烤架上，用锡箔纸松松盖住。猪肋排需要慢烤。如果火力太猛，肉会变硬，香料也会烤煳发苦。因此要尽量保持火力平稳。每烤 10 分钟，将肋排翻面一次，直到熟透且呈焦糖色，全程大约需要 1 小时。把烤好的肋排一根一根切开再端上桌享用。

变化做法

◆ 把猪肋排放进预热至 190℃ 的烤箱里烤约 1 小时，每 10 分钟翻一次面。

◆ 用干辣椒碎代替甜椒粉，在香料粉里加入整片的新鲜百里香、迷迭香和鼠尾草叶子。

简易自制香肠

约 450 克

香肠制作起来相当容易。这道食谱教你做的是不塞进肠衣的香肠肉，可以用来做汉堡肉饼、肉丸、馅料或意大利面酱。总的来说，香肠肉中肥肉应该占 25%～30%。煮的时候，大部分油分会析出，如果没有放足肥肉，煮熟后会又干又寡淡。我比较建议使用猪肩肉，因为它的脂肪含量比腿肉和腰肉要高。用新鲜猪肉制作的香肠可以在冷藏室里放 1 周左右。

用手轻柔混合：
450 克绞猪肉
1 茶匙盐
¼ 茶匙现磨黑胡椒
2 茶匙新鲜鼠尾草叶或 1 茶匙干鼠尾草，
剁碎
一撮现磨肉豆蔻粉
一撮卡宴辣椒粉

让调料跟绞肉充分融合即可，不要过分挤压。先取少量做 1 个小肉饼，放入锅里煎熟，尝一下味道，酌情给肉馅调味。

变化做法

◆ 制作茴香香肠。省略鼠尾草、肉豆蔻和卡宴辣椒粉，加入 2 茶匙碾碎的茴香籽、2 瓣捣成泥的蒜、3 汤匙红酒。如果喜欢的话，还可以加入 2 茶匙欧芹碎和 ½ 茶匙干辣椒碎。

烤猪排

4 人份

外焦里嫩的烤猪排是至高的美味。你可以选择无骨猪排，也可以连着肋骨一起烤。如果连骨烤制，可以让肉贩帮你切开并去掉脊椎骨。可以把猪排切成厚块，也可以整块烤熟以后再切。

准备：

一大块连骨猪排（4 块肋骨），或 1.1 千克去骨猪排

用：

盐

现磨黑胡椒

至少腌制 1 天。烤制时提前 1 小时取出回温。如果是带骨猪排，用利刀把一部分肉从骨上切到距离肋骨末端 2.5 厘米处为止。在肉的各处多抹些调味料，用棉线捆起来，可以确保受热均匀。

把烤箱预热至 190℃。把肉排放进烤盘，脂肪面朝上，烤 1 小时 15 分钟左右，至内部温度达到 55℃。从入烤箱算起，45 分钟后检查一次温度。烤好的猪排静置 20 分钟再切。把烤盘里的油倒出来一部分，在烤盘里倒入适量葡萄酒、水或高汤，把粘在盘底的焦块刮下来，加入肉在静置期间流出的汁液，加热。食用前把猪肉上的棉线剪断，切片后蘸酱汁食用。

变化做法

◆ 如果连骨烤制，用大量香草（例如鼠尾草、茴香或迷迭香）、大蒜、盐和胡椒把猪排腌制一下，然后用棉线捆起来。往肉排卷的外层涂一层腌料。

◆ 猪排降到室温时，取 1 个柠檬，切成薄片，塞进每一根肋骨之间，然后再将猪排捆起来。如果是无骨猪排，可以把柠檬片放在肉下面。

◆ 用同样的方法烤猪腿。

香煎猪肉

4 人份

香煎猪肉是塔可的经典馅料之一。把猪肉炖软之后再利用其自身油脂煎至金黄，配上辣椒、乳酪和莎莎酱即可变身美味塔可。

将：

约 680 克无骨猪肉

切成 2.5 厘米的小块。把猪肉放进厚底锅里铺成一层。倒入刚好没过猪肉的水。加入：

½ 茶匙盐

2 茶匙新鲜青柠汁

煮至刚刚沸腾时，加盖，焖 45 分钟左右至猪肉软烂。掀开锅盖，把火调大，让锅里的液体煮干。待肉开始发出咝咝声时，把火调小，继续把猪肉煎至金黄。盛出猪肉，沥干多余的油脂。酌情加盐调味。

甜 点

糖渍冬日水果

8 人份

这种烹饪方式能让所有水果干焕发生机。配上 1 片蛋糕或少许法式酸奶油，就可以美美享受一顿甜品大餐了。还可以把酸酸的冬令柑橘类水果浸在糖浆里面炖煮，加上果皮削成的丝，同样非常好吃。

取 1 个中等大小的汤锅，加入：

½ 杯金色葡萄干

¼ 杯黑加仑干

¼ 杯干樱桃

½ 杯杏干，切丁

½ 杯苹果干，切丁

1¾ 杯新鲜橙汁

3 条橙皮

¼ 杯黄糖

纵向对半切开：

1 枝 2.5 厘米左右长的香草荚

用利刀把香草籽刮入锅中，放入：

豆子

1 颗大茴香（可选）

开中火煮 3～5 分钟，直至干果膨胀，汁液也略微变得浓稠。稍微冷却一下，把香草荚、橙皮和大茴香捞出丢掉。

变化做法

◆ 在冷却的炖水果里加入糖水梨或糖水榅桲切片。

◆ 可以把炖水果的汁液沥干，果肉用作水果挞的馅料。水果挞烤好之后，刷上浓缩后的汁液。配法式酸奶油、鲜奶油或冰激凌一起吃。

糖渍夏日水果

4 人份

糖渍水果有无数种组合，我只列举其中一种。将各种夏季水果，如桃、杏、李、樱桃、无花果等，浸渍在它们渗出的汁液中，再加上少许糖和柠檬汁。这道糖渍水果单吃酸甜可口，配松饼、华夫饼、杏仁蛋糕或任何饼干、冰激凌、鲜奶油、冰沙等也都非常美味。

准备：

1 杯草莓

去蒂之后切片。加入：

½ 杯蓝莓

½ 杯黑莓

½ 杯树莓

按照个人口味加入：

1 杯柠檬汁

2～3 汤匙糖

轻轻搅拌，盖上盖子，浸泡 10～15 分钟。

糖水金橘

约 4 杯

在为某道甜品制作糖水金橘的时候，我会特意多做一些。浸渍在糖水里的金橘可以在冷藏室中储存两周以上。糖水金橘配新鲜血橙片或其他煮水果都很好吃，特别是糖水西梅（把煮好的金橘先捞出来，然后用同一份糖浆煮西梅。待汤汁稍微冷却后，把金橘放回去，跟西梅混合）。

将：

450 克金橘

横向切成直径 3～6 厘米的圆片，去籽。

将：

2 杯水

1 杯糖

1 枝 2.5 厘米左右长的香草荚（纵向对半切开，把籽刮进锅里）

放入汤锅煮沸，搅拌至糖溶化。转小火，金橘下锅，煮 12～15 分钟至半透明。关火，把金橘浸泡在糖水里，自然放凉。

橙汁草莓

4 人份

这道甜品异常简单，但是非常爽口。记住一定要使用成熟的鲜红色草莓。

将：

710 毫升甜草莓

洗净，去蒂。如果很大，可以对半切开或切成 4 份。

混合均匀：

1½ 杯新鲜橙汁（用 3 个大橙子）

3 汤匙糖，可根据口味调整分量

把汁液浇在草莓上，静置 30 分钟左右。冰镇之后食用。

变化做法

◆ 用果香型的红酒代替橙汁，再挤入少许柠檬汁。

◆ 加入一两个橙子的果肉。

草莓酥饼

6 人份

将：

4 杯草莓

去蒂，切片。拌入：

¼ 杯糖

将 ¼ 加糖的草莓打成泥，倒回草莓片上，静置 15 分钟左右。

取 1 个碗，混合：

1 杯淡奶油

½ 茶匙香草精

1 汤匙糖，根据口味调整分量

用打蛋器搅打至奶油能够形成较软的尖。

准备：

6 块 5 厘米大小的奶油酥饼（见 265 页），切半

铺在甜品盘子里，在每片酥饼上方舀一些糖渍草莓和一圈奶油。再把另一半饼干盖上去，撒上：

糖粉（可选）

立刻食用。

变化做法

◆ 草莓可以用任何应季的莓果代替。

烤桃子

4 人份

用同样的方法烤油桃和杏子也很可口。

把烤箱预热至 200℃。将：

4 个成熟的大桃子

对半切开，去掉桃核，切面朝下放进 1 个 23 厘米×33 厘米的浅口烤盘里。

取小碗，混合均匀：

5 汤匙杏酱

2 汤匙蜂蜜

1 杯水

1 汤匙柠檬皮屑

2 茶匙新鲜柠檬汁

浇在桃子上，在每块桃子上撒：

½ 茶匙糖

烤 30～45 分钟至桃子变软。熟透的桃子软化更快。在烤制过程中，每隔一小段时间检查一下，同时舀一些汁液浇在桃子上。趁热配冰激凌享用。烤桃子的汁液可以作为美味的酱汁。

变化做法

◆ 用半杯苏玳甜酒（或其他甜葡萄酒）代替半杯水。省略蜂蜜。

焦糖反烤苹果挞

8 人份

这是最好吃的挞派之一。下层的苹果焦糖化之后又香又甜，上层的挞皮金黄酥脆。烤好之后翻转过来，1 个顶部呈深褐色的漂亮苹果挞就完成了。

在台面上撒少许面粉，将：

250～280 克的挞皮面团（见 163 页）

擀成直径约 28 厘米的挞皮。扫掉多余的面粉，放进铺了烘焙纸的烤盘中，移到冰箱冷藏备用。

准备：

1.4～1.8 千克苹果（尽量选择史密斯青苹果、金冠苹果等熟透之后不会变形的品种）

去皮去核，切成 4 份。

不用担心削皮后苹果会氧化变色，焦糖化以后，苹果就会呈现出漂亮的棕色。

把烤箱预热到 200℃。与此同时，开中高火烧热 1 个直径 23 厘米的铸铁平底锅，加入：

2 汤匙黄油

6 汤匙糖

轻轻转动锅子，或用锅铲搅拌一下，让黄油和糖充分融合，逐渐形成糖浆。加热糖浆，直至呈深棕色且开始冒泡，但注意不要烧焦。把锅从火上移开，此时锅里的焦糖还会在余温下进一步上色。如有必要，可以把锅放回炉子上继续加热一下。苹果挞的成功与否很大程度上取决于焦糖浆的味道。

在焦糖冷却的这段时间，把苹果瓣再次纵向对半切开，放进锅中，沿着边摆成一圈，弧形面向下，比较尖的一头对着锅子的中心。

第一圈苹果里再铺一圈。继续重复上述步

骤，再摆两圈苹果，弧形面向上。把小块的苹果填进空隙中，因为苹果烤熟之后会缩小。轻轻按压一下，保证苹果都铺在锅底。

把挞皮盖到苹果上，待它稍微软化一点之后，将边缘塞进苹果和锅之间的空隙中。在挞皮上扎三四个小孔，这是为了让烤制过程中产生的蒸汽顺利溢出。把苹果挞放进烤箱里烤35～40分钟，直至挞皮金黄。此时如你轻轻晃动平底锅，会感觉锅内的挞也在轻轻摇晃。从烤箱取出平底锅，放在架子上静置一两分钟。然后取1个比平底锅直径更大的盘子，倒扣在平底锅上。一手拿平底锅，另一手紧紧压住盘子，快速翻面。轻轻转一下平底锅，然后拿起来。如果锅底沾了苹果，可以用木铲铲下，放到挞上。

搭配法式酸奶油、香草冰激凌或鲜奶油，趁热享用。

柠檬凝乳挞

直径约 23 厘米

要制作柠檬凝乳挞，需要在烤好的直径约23 厘米的甜挞皮（见 170 页）里加入 2 杯柠檬凝乳（见 189 页）。把凝乳抹平，放入预热至190℃的烤箱里烤 15～20 分钟，直至馅料成形。

蓝莓派

直径约 23 厘米

室温软化：

2 块约 280 克的挞饼或派皮面团（见163 页）

把其中一个面团擀成直径约 30 厘米的圆形

派皮，放进直径约 23 厘米的圆烤盘里，切掉多出来的部分，留下大约 1 厘米的边即可。

把另一个面团擀成直径约 30 厘米的派皮，放入铺了烘焙纸的烤盘中。将两块派皮都送进冷藏室备用。

与此同时，将烤箱预热至 200℃，把烤架放置在烤箱下方 1/3 处，开始准备水果。

在碗中拌匀：

6 杯蓝莓

¾ 杯糖

4 汤匙木薯粉

2 茶匙柠檬皮屑

1 汤匙新鲜柠檬汁

¼ 茶匙盐

静置 10 分钟，倒进派皮中（直径约 23 厘米的烤盘）。将：

2 汤匙无盐黄油

切成小块，撒在蓝莓上。把另一张派皮盖上去，把多出来的边折到烤盘里的派皮下方。把两张派皮捏到一起，边缘压成波浪形。打散：

1 个鸡蛋

把蛋液刷到顶层的派皮上，并划 4 个散气的小口。

把蓝莓派放进烤箱，约 15 分钟后把烤箱温度调低到 180℃，然后继续烤至派皮金黄且4 个小口处开始冒泡，需要 45 分钟左右。如果派皮边缘变色太快，可以用一圈锡箔纸包起来。将烤好的派放在架子上自然晾凉后再切开。

变化做法

◆ 可以把蓝莓换成黑莓、黑树莓、越橘、欧黑莓，或者将几种莓果混合使用。

◆ 如果要做苹果派，将 1.4 千克苹果去核后切成约 1 厘米的小块，加入 ¼～½ 杯糖拌匀。还可以根据个人喜好加入 2 茶匙普通白兰地或苹果白兰地，也可以加入 ¼ 茶匙肉桂粉。按照前文说明完成其余步骤。

南瓜派

直径约 23 厘米

用自制南瓜泥做成的南瓜派味道最好，而且做起来很容易。不过，大多数南瓜都只能用于雕刻，不适合食用，因为含水量太高，打成泥之后味道寡淡。要选择那些甜味浓的南瓜品种（例如糖派南瓜、灰姑娘南瓜或长派南瓜），也可以使用奶油瓜来做南瓜泥。

在室温下软化：

1 块 280 克的派皮面团（见 163 页）

擀成直径约 30 厘米的圆形派皮，放入直径约 23 厘米的烤盘。

将烤箱预热至 190℃。用叉子在派皮底部戳一些小孔，在派皮上铺一层烘焙纸，然后装入一些干豆（或其他用来压派皮的重物），放入 190℃ 的烤箱烤 15 分钟左右，直到边缘呈浅金色。

从烤箱取出派皮，去掉烘焙纸和重物，再放回烤箱里烤 5～7 分钟，直到派皮呈均匀的金棕色。把烤好的派皮放在一旁自然冷却。

取小汤锅，用打蛋器混合：

¼ 杯奶油

2 茶匙面粉

用小火加热至沸腾浓稠。缓缓倒入：

¾ 杯奶油

继续搅拌，直到混合物再度沸腾。把锅放

在一旁备用。在碗中搅拌均匀：

1½ 杯（430 克）南瓜泥

3 个鸡蛋

再取 1 个碗，放入：

¼ 杯黄糖

1 汤匙粗砂糖

1 茶匙肉桂粉

¼ 茶匙丁香粉

¼ 茶匙姜粉

½ 茶匙盐

一撮现磨黑胡椒

把香料粉和奶糊都倒进南瓜泥里，搅拌均匀。加入：

1½ 茶匙白兰地（可选）

把南瓜馅倒在烤好的派皮上，烤 45～50 分钟，直至中心几乎凝固。如果南瓜派的边缘上色太快，可用锡箔纸包起来。把烤好的派放在架子上晾凉后再切开。

反烤蔓越莓蛋糕

约 20 厘米的圆形蛋糕或方形蛋糕

这种蛋糕做法非常灵活，可以把蔓越莓换成苹果、梨子、桃子、李子或任何味道丰富且略带酸味的水果。首先按照做焦糖反烤苹果挞的方法（见 352 页）把水果铺进烤盘。

将烤箱预热到 180℃。取 1 个直径约 20 厘米的铸铁平底锅或厚底蛋糕烤盘，加入：

4 汤匙（半条）无盐黄油

¾ 杯黄糖

中火加热，不时搅拌，直到黄油熔化且开始冒泡。把锅从火上移开，自然晾凉。

取 1 个小汤锅，加入：

2¾ 杯新鲜蔓越莓

¼ 杯新鲜橙汁

加热至蔓越莓开始破裂，关火。把水果倒入已经冷却的焦糖浆中。将：

2 个鸡蛋，室温

分离蛋黄、蛋白。

准备：

½ 杯全脂牛奶（室温）

测量并搅拌：

1½ 杯未经漂白的中筋面粉

2 茶匙泡打粉

¼ 茶匙盐

在另一个碗中放入：

8 汤匙软化的无盐黄油

用打蛋器搅打至比较轻盈的状态。加入：

1 杯白砂糖

继续搅打至轻盈蓬松。加入 2 个蛋黄，注意要逐个加入。最后放入：

1 茶匙香草精

把面粉混合物和牛奶交替倒入油蛋液里。将面粉分为 3 份，在操作的第一步和最后一步分别加入三分之一的面粉。

打发蛋白，直至能够形成软尖。把三分之一的蛋白倒进面糊，再把余下的拌进去。把面糊倒在蔓越莓上，用一把木匙抹平表面，放入烤箱烤 30～35 分钟至表面呈现金棕色，且蛋糕开始与烤盘分离。把烤盘拿出来，自然冷却 15 分钟左右。用刀沿着烤盘内壁转一圈，把蔓越莓蛋糕起出，放进盘中。

杏仁蛋糕

直径约 23 厘米的圆形蛋糕

将烤箱预热至 160℃。

取 1 个 23 厘米 × 7.5 厘米的蛋糕模具，将烘焙纸铺在底部。在烘焙纸上涂一层黄油，然后往烤盘里撒适量面粉。轻轻晃动烤盘，抖掉多余的面粉。

用网筛过滤：

1 杯蛋糕粉

1½ 茶匙泡打粉

¼ 茶匙盐

与此同时，混匀：

1¼ 杯糖

200 克杏仁酱

不停搅拌，直到杏仁酱变得顺滑。也可以用料理机完成这一步。

将：

240 克加 4 汤匙软化的黄油

搅打至轻盈。加入杏仁酱，继续打发至蓬松。加入：

1 茶匙香草精

逐个加入：

6 个鸡蛋，室温

不停搅拌。注意不时刮一下容器内壁，以确保所有材料完全融合。缓缓把面粉倒入杏仁酱，搅拌均匀。

将面粉杏仁糊倒进准备好的烤盘中，放入烤箱烤 1 小时 15 分钟左右。用 1 根牙签插入蛋糕中心，如果拔出来的时候牙签仍然是干净的，蛋糕就可以出炉了。让烤好的蛋糕自然冷却一下再脱模，可以单独食用，也可以配切片水果和鲜奶油吃。

变化做法

◆ 如果要做方片蛋糕，准备 1 个半浅烤盘，把按照上述步骤制作的面糊倒入烤盘，抹平表面，烤 40 分钟左右。也可以把面糊分别倒进 2 个约 23 厘米的蛋糕模具，最后合成双层蛋糕。

◆ 制作 24 个杯子蛋糕。在马芬杯里涂上黄油，底部铺一片圆形的烘焙纸，按前文步骤撒入面粉。在每个马芬杯里倒入面糊，高度约为杯子的三分之二，放入烤箱烤 30 分钟左右。也可以做成纸杯蛋糕。

◆ 给蛋糕涂上一层杏子果酱或树莓果酱。铺上一些烤杏仁片，撒上糖粉。

巧克力蛋糕

直径约 23 厘米的圆蛋糕

这种蛋糕内部湿润，易于保存，做法也很灵活多变，可以做成杯子蛋糕，也可以做成豪华的多层婚礼蛋糕。

将烤箱预热至 180℃。用黄油擦拭一下蛋糕模具，然后在底部铺上烘焙油纸。用黄油把烘焙纸抹一遍，再撒上面粉或可可粉，轻轻晃动烤盘，拍掉多余的粉末。

在耐热碗中放入：

约 1.1 千克原味巧克力，粗略切碎

烧一锅水，在水微微沸腾时把碗放进去，关火。注意不要让水流进碗中。不时搅拌一下，直到完全熔化。把碗从锅里取出。

将：

2 杯蛋糕粉

2 茶匙苏打粉

½ 茶匙盐

6 汤匙可可粉

筛入大碗。

将：

8 汤匙软化的黄油

打发至柔滑，然后一边搅拌一边加入：

2.5 杯黄糖

2 茶匙香草精

逐个加入：

3 个鸡蛋，室温

待所有材料完全融合后，加入溶解的巧克力。加入一半分量的干材料，然后一边翻拌一边加入：

½ 杯酪乳，室温

继续翻拌，加入余下的干材料。缓缓倒入：

1¼ 杯开水

搅拌均匀。

把面糊倒进准备好的模具里，烤 45 分钟左右。将 1 根牙签插入蛋糕，如果拔出来的牙签仍然是干净的，蛋糕就可以出炉了。把烤盘放在架子上，让蛋糕自然晾凉。用刀沿着烤盘内部转一圈，小心地将蛋糕起出，撕掉底部的烘焙纸。如果当天不吃，则将蛋糕留在模具里，凉透之后密封保存。

变化做法

◆　如果要做方片蛋糕，准备 1 个半浅烤盘，倒入面糊烤 20 分钟左右。也可以把面糊分开倒进 2 个 23 厘米的蛋糕模具中，最后合成 1 个双层蛋糕。

◆　做 24 个纸杯蛋糕，烤 30 分左右。

巧克力砖

1 个 23 厘米 × 33 厘米的蛋糕

这种巧克力蛋糕的法语是"Pavé"，意为铺路石。巧克力砖味道非常浓郁、口感顺滑扎实。这样的蛋糕通常叫作无面粉蛋糕，因为它们不含谷蛋白。

把烤箱预热到 180℃。用黄油抹一下蛋糕模具，在其底部铺上烘焙油纸，再用黄油把烘焙纸抹一遍，撒上面粉或可可粉，轻轻晃动烤盘，拍掉多余的粉末。

烧一锅水，待水微微沸腾时把 1 个中等大小的耐热碗放入锅里，但注意不能让水流进碗中。在碗中加入：

100 克不加糖的巧克力，切碎

110 克半甜巧克力，切碎

15 汤匙无盐黄油

不时搅拌，直至所有材料熔化且变得顺滑。

准备：

6 个鸡蛋，室温

分离蛋黄和蛋白分离。在 6 个蛋黄里加入：

½ 杯糖

搅拌至糖全部溶解，且提起搅拌器时蛋黄糊能像缎带一样流下来，大约需要 10 分钟。把蛋黄液倒进熔化的巧克力中。

另取 1 个碗，把蛋白打至发泡。缓缓加入：

½ 杯糖

¼ 茶匙盐

继续搅打至蛋白形成细密的泡沫，并且可以挑起 1 个软尖。把蛋白分 3 次倒进巧克力浆。只有前一次的蛋白与巧克力完全融合以后才能够继续倒入下一部分。

把面糊倒入预备好的烤盘中，抹平表面，烤 35～40 分钟。在烤制过程中，蛋糕表面会开裂，这是正常现象。待蛋糕边缘完全成形但中心还有一点软时，就可以出炉了。让蛋糕完全冷却。把蛋糕装进盘中，去掉烘焙纸，撒上糖粉。

变化做法

◆　在蛋糕顶部抹一层溶解的巧克力或巧克力酱。用叉子在巧克力涂层上划出细细的线。

天使蛋糕

10 人份

又高又蓬的天使蛋糕单吃就已经很美味了，不过，我一般会配夏季的糖渍水果和鲜奶油吃。隔夜的天使蛋糕切片后烤一下吃起来非常香甜。

把烤箱预热至 180℃。混合均匀：

1 杯蛋糕粉

¾ 杯糖

½ 茶匙盐

取 1 个中等大小的碗，将：

12 个蛋白，室温

打至发泡。加入：

1 汤匙水

1 汤匙新鲜柠檬汁

1 茶匙塔塔奶油

继续打发到泡沫稍微成形且体积膨胀四五倍。加入：

¾ 杯糖

继续搅打至形成细密的泡沫，并且可以挑起 1 个软尖，注意不要把蛋白打至干硬。移入 1 个大碗中，一边筛进粉类材料，一边用硅胶铲轻柔快速地翻拌，直至材料完全融合。

把面糊倒进 1 个没刷油的 25 厘米 × 10 厘米的活底烟囱型烤模。将顶部抹平，烤 40～45 分钟。轻轻压一下蛋糕，如果能回弹就可以出炉了。把烤模倒扣过来，以免蛋糕粘底或塌陷。（如果烤模带脚的话，就把它反着支起来；如果没有的话可以把烤模的"烟囱"套在酒瓶上。）待完全冷却后，用刀沿着烤模内壁转一圈，再沿着"烟囱"转一圈。轻轻移走活底，小心取出蛋糕。用锋利的锯齿刀切开蛋糕，每次切之前先在刀上蘸一点水，以防止粘连。

变化做法

◆ 加入 ¼ 茶匙橙花水或玫瑰水，给蛋糕增加淡淡的香气。

◆ 如果要做柠檬蛋糕或香橙蛋糕，可以加入 1 个柠檬或橙子的果皮屑，要刨得很细。

焦糖布丁

6～8 人份

将取小锅，倒入：

¼ 杯水

¾ 杯糖

均匀铺成一层。

同时再倒：

¼ 杯水

放在一旁备用。

开中高火把水和糖煮成焦糖浆。不要搅拌，如果发现焦糖受热不匀，可以轻轻晃动锅子。等焦糖呈现出漂亮的金棕色时，便可关火。将锅从炉火上移开，此时焦糖会在锅的余温下进一步变色，待呈现出很深的金棕色时，站远一点，将备好的 ¼ 杯水倒入锅中，焦糖会开始大量冒泡并喷溅。用木铲搅拌一下，让糖浆与水完全融合。立刻把糖浆倒入直径 23 厘米的圆形玻璃杯或烤碗中，让它冷却变硬。

取小汤锅，倒入：

2¾ 杯牛奶

¼ 杯奶油

开中火加热至冒气，但不要让液体沸腾。加入：

¾ 杯糖

2 茶匙香草精

把锅从火上移开，搅拌一下让糖全部溶解，

晾凉至微温。将：

3 个蛋黄

3 个鸡蛋

一起用打蛋器打发成冷奶油状混合物。

　　把烤箱预热到 180℃。把蛋奶混合物倒进装有焦糖的烤碗，放进另一个大烤盘中。在烤盘里注入一半高度的温水，用锡纸把大烤盘包起来，放入烤箱里烤 55 分钟到 1 小时，至蛋奶混合物边缘凝固但中间仍然有点流动时便可出炉。把烤碗从烤盘中取出，自然冷却。用刀在烤碗内壁转一圈，然后将 1 个大盘子扣在烤碗上，快速倒扣。轻轻敲一下烤碗底部，移开盘子。将布丁切片，淋上焦糖浆。

变化做法

◆ 把焦糖浆和蛋奶糊分成 8 份，倒入 8 个小碗。用水浴法烤 35～40 分钟。

◆ 省略香草精，在加热牛奶的时候放入 1 根肉桂棒和 1 汤匙柠檬皮屑。冷却后，用滤网滤出。

意式奶冻

8 人份

　　准备 8 个 110 克的小模具，在里面刷：

少许杏仁油或无味蔬菜油

放入冰箱冷藏室里备用。

取 1 个小碗，加入：

3 汤匙水

撒入：

7 克吉利丁片

静置一会儿，让吉利丁片软化。

在厚底汤锅中放入：

3 杯淡奶油

1 杯牛奶

¼ 杯糖

3 条柠檬皮

将：

½ 个香草荚

纵向切半，香草籽刮进奶液，再放入香草荚。开小火煮到微微沸腾时关火，不要让液体烧滚。把 1 杯烧热的奶液倒在吉利丁片上，搅拌至溶解。然后再把吉利丁液倒回锅中放凉，大约 43℃。捞出香草荚和香草籽，把其中的汁液全部挤回锅中。把奶液倒进准备好的小模具中，加盖，放入冷藏室静置约 6 小时。

　　食用前，用一把小汤匙在模具的内壁转一圈，然后把蛋奶冻倒扣进盘子里，配炖水果食用。

香草冰激凌

约 950 毫升

用香草卡仕达酱可以做出完美的冰激凌，而且它的调味方式多到超出你想象。

准备：

6 个鸡蛋

分离蛋黄与蛋白。蛋黄打散备用。

取厚底锅，倒入：

1½ 杯鲜奶与淡奶油混合液（比例为 1∶1）

⅔ 杯糖

一撮盐

取：

½ 个香草荚

纵向对半切开，把香草籽刮进锅中，再放入香草荚。开中火加热到冒气，但不要沸腾。搅拌一下，使糖全部溶化。

把少许烧热的奶液倒入蛋黄中，然后再把蛋黄糊全部倒回锅中。继续用中火加热，不停搅拌，直到蛋奶液浓稠到可以挂在锅铲上（约80℃）。把蛋奶液通过滤网滤入碗中。尽量按压滤网里的香草荚和香草籽，把所有汁液挤进碗中。加入：

1½ 杯淡奶油

搅拌均匀。加盖，放入冰箱里冷藏。

把冷藏过的混合物倒进冰激凌机，按照机器操作说明制作冰激凌。把做好的冰激凌放进干净无水的容器中，盖上盖子，放入冷冻室静置几小时，待变硬后食用。

变化做法

◆ 放入冷冻室前，在冰激凌里加入 1 杯剁碎的巧克力、坚果、糖渍坚果或糖渍橘皮，也可以将这几样材料任意组合使用。

◆ 巧克力冰激凌：熔化 140 克半甜巧克力、30 克原味巧克力和 2 汤匙黄油。一边搅拌一边缓缓倒入烧热的奶液中，加入淡奶油，冷藏，然后按照上文步骤制作冰激凌。

◆ 咖啡冰激凌：省略香草荚，在奶液里加入 ¾ 杯咖啡豆。关火之后，浸泡 15 分钟。滤去咖啡豆，再次加热奶液，按照前文步骤继续操作。

◆ 姜味冰激凌：省略香草荚。取一段约 8 厘米的生姜，削皮之后切成片，加入奶液，关火之后浸泡 15 分钟。滤去姜片，再次加热奶液，按照前文步骤继续操作。还可以按照自己的喜好在尚未冷冻的冰激凌里加入 ¼ 杯姜糖。

◆ 肉桂冰激凌：省略香草荚，加入 2 根掰成几块的肉桂棒，关火之后浸泡 25 分钟。达到理想味道之后把肉桂棒滤除。再次加热奶液，按照前文步骤继续操作。

◆ 薄荷巧克力冰激凌：省略香草荚，加入 1 杯新鲜绿薄荷。关火之后浸泡 10 分钟左右。达到理想味道之后，滤去绿薄荷，再次加热奶液，继续按前文步骤操作。根据喜好加入 1 杯苦甜味巧克力碎。

◆ 焦糖冰激凌：把原配方里的糖和 ¼ 杯水制作成焦糖浆。关火之后，再加入 ¼ 杯水，不停搅拌，直至焦糖完全溶于水中。把焦糖浆倒进奶液，按照前文步骤继续操作。

◆ 酒味冰激凌：省略香草荚，加入 ¼ 杯朗姆酒、干邑白兰地、苹果白兰地或其他酒类。

梨子雪葩

约 950 毫升

梨子要选择成熟多汁、味道浓郁但不软烂的。尾部果肉略微发软的最为合适。巴特利梨和可米丝梨都不错，也可以在本地看看是否有其他选择。

准备：

6~8 个梨子（约 1.4 千克）

逐个削皮、去核，切成 4 份，再切成 1 厘米厚的片，放进不锈钢碗或不会与梨子发生反应的其他材质的碗中。立刻加入用细筛滤过的：

1 茶匙新鲜柠檬汁

加入：

1 汤匙糖

翻拌水果，让果肉均匀裹上柠檬汁和糖。这样可以防止梨肉氧化变色。注意梨子要一个个按此步骤处理。待所有梨子都装进碗中之后，再加入：

⅓ 杯糖

1 个鸡蛋的蛋白

用食物料理机或搅拌器把梨肉混合物打成顺滑的果泥，酌情加糖和柠檬汁调味，尝起来酸甜可口即可。立刻把果泥放入冰激凌机，按照说明操作。不要有任何拖延，否则梨肉会很快变黑。

变化做法

◆　在冷冻之前，往梨肉泥里加入一两茶匙干邑白兰地、雅文邑白兰地或威廉梨酒，注意不要放太多，否则可能会冷冻失败。

柠檬雪葩

1.4 升

在锅中倒入：

1 杯新鲜柠檬汁

2 杯水

1¼ 杯糖

加热至糖完全溶化。关火后再加入：

¾ 杯牛奶

把混合液倒入碗中，盖上盖子，放入冰箱，直至完全冷却。

把冷却的混合液倒进冰激凌机，按照说明操作。把做好的雪葩放进干净无水的容器中，盖上盖子，放入冰箱冷冻数小时。

变化做法

◆　将 2 条柠檬皮与糖一起下锅加热。放进冰激凌机之前捞出来丢弃。

◆　使用梅耶柠檬，并将糖的分量减为 1 杯。

桃子冰棒

6 支

准备：

5 个中等大小的桃子

去皮，去核，切块。把桃肉放入食物料理机中打成果泥。加入：

½ 杯葡萄汁

倒进冰棒模具或纸杯中，顶部需要留下约 1 厘米的空隙，因为果泥结冰之后体积会膨胀。冷冻 4 小时后轻轻把冻好的冰棒从模具中取出。如果比较难取的话，可以把模具放在热水下面冲几秒钟。

变化做法

◆　把桃子换成 2½ 杯蓝莓、草莓、油桃或李子。

香草卡仕达酱或奶油布丁

4 人份

取中等大小的碗，打散：

4 个蛋黄

另取 1 个中等大小的碗，倒入：

¾ 杯淡奶油

取小锅，混合均匀：

¾ 杯牛奶和奶油混合液（比例为 1∶1）

¼ 杯糖

1 段 5 厘米长的香草荚（纵向切半，先把籽刮进锅里，再把香草荚下锅）

开中火加热，不时搅拌以使糖溶解。待液体开始冒气便可关火。去掉香草荚和香草籽，把烧热的奶液倒进打散的蛋黄中，搅拌均匀。把混合液用滤网滤入淡奶油中，搅匀后放入冰箱。蛋奶液最多可在冰箱里冷藏 2 天。

将烤箱预热到 180℃。把混合液倒进 1 个 2½ 杯容量的布丁模具或 4 个小布丁杯里。把布丁杯放进深口大烤盘中，注入高度约到烤盘边缘二分之一的热水。用锡箔纸封住烤盘，送入烤箱，烤至布丁边缘凝固但中间仍然有点流动的状态。若使用大布丁模具，需要烤 50 分钟左右；若使用小布丁杯，则只需要 25～30 分钟。取出布丁，自然冷却。可直接食用，也可以放入冰箱冷藏后食用。

变化做法

◆ 在冷却的布丁上淋几汤匙树莓酱。

◆ 在蛋奶液里加入 2 汤匙雪莉酒、干玛萨拉酒或其他利口酒。

◆ 将 85 克苦甜巧克力和 15 克无糖巧克力隔热水熔化，倒进烧热的奶液里。加入淡奶油和蛋黄并搅匀，也可以根据个人喜好加入

½ 茶匙白兰地或干邑白兰地。

◆ 若要做焦糖布丁，在冷却的奶油布丁上均匀撒上 1 汤匙白糖，用喷枪烧至焦化。也可以利用烤箱的炙烤功能制作焦糖，但须注意火候，因为布丁很容易烧焦。稍微冷却一下，待焦糖变硬即可食用。

蛋奶甜酱

约 1 杯

蛋奶甜酱用途很广，可以做蛋奶酥，也可以放进挞壳，上面再铺一层树莓或橙子，烤成奶油水果挞。它还是闪电泡芙的经典馅料，可用原味也可以添加或混合鲜奶油。

取小汤锅，倒入：

1 杯牛奶

加热到冒气但不沸腾的状态。

与此同时，取小碗，加入：

3 个蛋黄

½ 杯糖

加入：

3 汤匙面粉

搅拌至顺滑，同时一点一点倒入热牛奶。将蛋奶液倒回汤锅，开中火加热，不停搅拌，直到蛋奶液明显稠化且微微沸腾。继续搅拌两三分钟，在此期间不时刮一下锅的内壁和底部，防止结块和粘锅。

关火。加入：

1 汤匙黄油

一撮盐

½ 茶匙香草精

搅拌至黄油熔化且酱汁顺滑。倒入小碗，用保鲜膜包起来，以免形成一层硬皮，放入冷

藏室彻底冷却后再使用。

杏子蛋奶酥

6 人份

制作这道简单蛋奶酥的秘诀就是使用自制杏子果酱。用李子酱和柑橘类果酱做出的蛋奶酥也很棒。

用黄油将 950 毫升容量的蛋奶酥碗或烤碗擦拭一遍，再撒上薄薄一层糖。把烤箱预热至 230℃，将烤架放在烤箱中间。取中等大小的碗，混合均匀：

½ 杯蛋奶甜酱（见 362 页，可选）

6 汤匙杏子果酱（见 371 页）

少许杏仁精

静置备用。再取 1 个不锈钢碗，加入：

6 个鸡蛋的蛋白（室温）

一撮盐

搅打至形成软尖。加入：

2 茶匙玉米淀粉

搅打几秒钟，撒入：

⅓ 杯糖

搅打至形成软尖。轻柔快速地把蛋白倒进杏子蛋奶酱中，搅拌至融合，倒进准备好的烤碗，放入烤箱中烤 25 分钟左右，直至蛋奶酥蓬松变色。立刻食用，可以根据个人喜好搭配奶油或香草卡仕达酱。

橙香酒蛋奶酥

6 人份

家庭自制的柑橘皮蜜饯（见 368 页）让这道蛋奶酥很特别。

一大早或提前一天准备：

蛋奶甜酱（见 362 页）

取小碗，混合：

2 汤匙柑橘皮蜜饯，切碎

½ 杯橙香利口酒

盖紧，置于一旁，浸渍几小时或一夜。

准备做蛋奶酥时，取 950 毫升容量的蛋奶酥盘或焗盘（或 6 个 120 毫升容量的陶瓷盅），抹许多黄油，撒一层糖粉。

将烤箱预热至 220℃，在烤箱中放置烤架。取中碗，混合橙香利口酒和：

½ 杯蛋奶甜酱

取 1 个铜质或不锈钢大碗，混合：

6 个鸡蛋的蛋白

一撮盐

用打蛋器打至形成白色"小山"。加入：

2 茶匙玉米淀粉

搅打几秒钟，加入：

⅓ 杯糖

打至形成白色"小山"。轻柔地把蛋白快速混入蛋奶甜酱混合物中，倒进准备好的烤锅中，放在烤箱中层，烤约 25 分钟至蓬松焦黄（陶瓷盅烤七八分钟）。立即食用，如果喜欢的话，也可以配浓奶油或香草卡仕达酱（见 187 页）吃。

荞麦可丽饼

约 4 杯面糊，可做 30 个可丽饼

有段时间，我非常痴迷做可丽饼，甚至差点开一家可丽饼店。在朋友的劝阻下，我最终开了一家餐厅。但可丽饼仍然是我最热爱的甜品之一，尤其是荞麦粉做的可丽饼。最好提前一天准备好面糊。

取小汤锅，放入：

2 杯牛奶

¼ 茶匙盐

½ 茶匙糖

4 汤匙黄油

加热至黄油熔化后关火，让奶液自然冷却。

混合：

1 杯未经漂白的中筋面粉

¼ 杯荞麦面粉

在面粉里挖个坑，倒入：

1 汤匙菜油

3 个鸡蛋

搅拌至完全没有结块。

把牛奶混合物一点一点加入面糊，不停搅拌。如果最后还是有结块现象，用滤网滤去。

混入：

½ 杯啤酒

盖上盖子，放入冰箱里冷藏过夜。

中火烧热可丽饼锅（直径 15 厘米的浅口平底锅）。用厨房纸蘸适量橄榄油，把锅轻轻擦拭一遍。在锅中倒入 2 汤匙面糊，转动一下锅子，让面糊均匀分布在锅底，煎一两分钟至可丽饼变成棕色，用切黄油的刀把可丽饼的边缘掀起来，用手翻面，因为可丽饼非常薄，用铲子翻面很困难，用手操作会更容易一些。另一面最多煎一分钟，可丽饼就可以出锅了。可以趁热吃，也可以继续制作下一张，把做好的可丽饼一张一张叠起来。可丽饼可以在室温下放置几小时，在吃之前再加热一下即可。在可丽饼上抹一些风味黄油，像叠手绢一样把它叠成扇形，撒适量糖，放入烤箱烤几分钟。或放在平底锅上略微煎一下。做好的可丽饼（或没使用过的面糊）密封后放进冷藏室，可保存两天左右。

变化做法

- 有柑橘香味的复合黄油与荞麦可丽饼搭配非常美味。也可以在可丽饼上抹一些橙酱或糖渍水果。

- 在抹了黄油的可丽饼上淋一点热蜂蜜。

- 可丽饼可以做成咸味，例如加入格吕耶尔乳酪和火腿。

荞麦可丽饼配柑橘黄油和糖水金橘

4 人份

制作：

12 个荞麦可丽饼（见 364 页）

把做好的可丽饼叠着放起来。如果在几小时内使用，不要放进冰箱。

准备：

1 份糖水金橘（见 351 页）

准备柑橘黄油。用细孔刨丝器将：

1 个柑橘

的外皮刨下来。将柑橘对半切开，橘汁挤入量杯。在小碗中加入：

4 汤匙软化的黄油

2 汤匙糖

打至顺滑，倒入柑橘皮和一半分量的橘汁，混合均匀。在搅拌过程中加入：

2 汤匙橙香利口酒或君度酒

不停搅拌，直到液体和黄油完全融合。这个过程可能会需要花一些时间。如果需要的话，可以增加一些柑橘汁。最后做好的黄油可能会有点结块，无须担心。

揭下一张可丽饼，浅色一面朝上，一半抹些柑橘黄油，把可丽饼对折两次，形成扇形。按照这个方法继续处理余下的可丽饼。

将可丽饼放进涂了黄油的烤盘中，可酌情淋入少许利口酒。在食用之前，把可丽饼放入 180℃ 的烤箱烤 5～8 分钟，热透即可。与此同时，加热糖水金橘，在每一片可丽饼上浇几汤匙糖水金橘和糖浆，趁热食用。

变化做法

◆ 把糖水金橘换成 3 个柑橘，切片后和汁液一起放到可丽饼上。

◆ 制作风味黄油时，用橙子或血橙替代柑橘。只需要使用 1 茶匙橙皮，一开始先放入三分之一的橙汁。

◆ 配香草冰激凌或柑橘雪葩吃。

燕麦提子饼干

36 块

在沸水中加入苏打粉是让这道饼干无比酥脆的秘诀。

将烤箱预热至 190℃。取小汤锅，倒入：

½ 杯提子干

¼ 杯水

开中火加热至水分完全吸收。

量出：

1½ 杯传统燕麦片

放入料理机打成粉，倒入碗中，加入：

½ 杯面粉

½ 茶匙盐

½ 茶匙肉桂粉

另取 1 个碗，放入：

8 汤匙无盐黄油

6 汤匙粗砂糖

6 汤匙深黄糖

搅打至轻盈蓬松。

在小碗中混匀：

1 茶匙苏打粉

1 茶匙开水

倒进黄油，再放入：

1 个鸡蛋

1 茶匙香草精

打散。放入干材料和提子干，搅拌均匀。

把面团整理成直径约 2.5 厘米的小球，放进铺了烘焙纸的烤盘中，中间相隔约 5 厘米，烤 8～10 分钟。在烤制时间过半时，将饼干翻面。烤好以后的饼干边缘金黄，中间酥软。

巧克力裂纹饼干

36 块

用料理机打碎：

1 杯杏仁

2 汤匙糖

放入碗里，加入：

½ 杯面粉

½ 茶匙泡打粉

在碗里放入：

约 230 克苦甜巧克力，切大块

3 汤匙黄油

把碗放在微微沸腾的水中，将巧克力和黄油隔水熔化。加入：

1½ 汤匙白兰地

取出碗，置于一旁。打发：

2 个鸡蛋

¼ 杯糖

搅打至带状，需要 5～7 分钟。把熔化的巧克力面粉混合物倒进蛋液，揉成团，放入冰箱冷藏一两小时直至变硬。

将烤箱预热到 160℃。准备 2 个小碗，在 1 个碗里放入：

适量砂糖

另一个碗里筛入：

糖粉

把面团做成每个直径约 2.5 厘米的小球。先把小球放进砂糖里滚几圈，再放进糖粉里滚几圈，放进铺了烘焙纸的烤盘上，中间相隔约 2.5 厘米，烤 12～15 分钟。在烤制时间过半时，把烤盘拿出来转动一下，使饼干均匀受热。烤好的饼干会出现裂纹，并且外脆内软。注意不要烤过头。

黄油饼干

48 块

这是一款很经典的饼干，一般搭配切片水果或糖渍水果食用。可以把面团揉成圆柱、长方体或椭圆体后再冷藏并切片，也可以擀成圆饼，用饼干模具按压出饼干。

将：

1 杯软化的无盐黄油

⅔ 杯糖

打发至轻盈蓬松，加入：

1 茶匙香草精

½ 茶匙盐

1 茶匙柠檬皮屑（可选）

1 个鸡蛋（室温）

2 茶匙牛奶

缓缓倒入：

2¼ 杯未经漂白的中筋面粉

一边加一边搅拌，直至材料完全融合。

把面团分成 3 等份，揉成 3 个直径约 4 厘米的柱状，再捏成正方体、长方体、椭圆体等不同形状，然后用保鲜膜包起来，放入冷藏室静置 2 小时左右。或者把面团放入冷冻室，最多可放置 2 个月。把变硬的面团取出，切成约 0.6 厘米厚的薄片。也可以只切一部分，把剩余的面团放回冰箱。

若使用模具压饼干，就把面团分成 2 份。在每份面团上下都垫一张烘焙纸，然后擀成约 0.6 厘米厚的面饼。把面饼放入冰箱冷藏 20～30 分钟，直到变硬。轻轻揭开顶层的烘焙纸，盖一张新的烘焙纸，将面饼翻面，揭下另一张烘焙纸。用小刀或模具把面饼切成小饼干。

将烤箱预热至 180℃，用铲子把饼干铲进烤盘，中间间隔约 5 厘米，烤 10 分钟左右至金黄。也可以根据个人喜好给饼干裹上糖霜。

变化做法

◆ 面粉中加入 1 茶匙肉桂粉和 ¼ 杯茶匙姜粉。

◆ 烤制之前在饼干上撒一些粗砂糖或杏仁粉。

猫舌饼干

36 块

这种饼干又薄又脆、一碰便会掉渣，经常配雪葩、冰激凌或糖渍水果等软绵绵的甜品吃。

将烤箱预热到 160℃。

将：

4 汤匙软化的黄油

⅓ 杯糖

搅打至轻盈柔软。逐个加入：

2 个鸡蛋的蛋白（室温）

不停搅拌，确保前一个与黄油完全融合后再加入下一个。加入：

¼ 茶匙香草精

再放入：

½ 杯减 1 汤匙面粉

¼ 茶匙盐

搅拌至所有材料完全融合。

把面糊舀进圆嘴的裱花袋中。准备 1 个铺了烘焙纸的烤盘或不粘的硅胶烤盘，把面糊挤成一个个约 5 厘米长的条形，中间相隔约 2.5 厘米，烤 7～10 分钟至金黄。在烤制时间过半时，把烤盘取出来晃动一下，以帮助饼干均匀受热。趁热用铲子将饼干一块块取出，冷却后放入密封容器保存。

变化做法

◆ 不使用裱花袋，用汤匙或刮刀把面糊抹成猫舌或其他形状。

松露巧克力

约 30 块

将：

½ 杯可可粉

筛入小碗，放在一旁备用。

在 1 个耐热碗中放入：

230 克苦甜巧克力

10 汤匙无盐黄油

把碗放在微微沸腾的水中，隔水熔化。加入：

6 汤匙淡奶油

1～2 汤匙白兰地（可选）

放入冰箱冷藏，直到巧克力变硬（可能需要数小时）。

用小汤匙把巧克力挖成直径约 1 厘米的小球，放进铺了烘焙纸的烤盘中。用手掌把巧克力球搓得光滑一点，放进可可粉里滚几圈，放回烤盘。把烤盘放回冰箱冷藏，直至巧克力球变硬。松露巧克力在冰箱里保存最多两周。取出巧克力，恢复至室温之后更加美味。

变化做法

◆ 在巧克力浆里加入干邑白兰地、梨子白兰地、格拉帕酒或其他利口酒，制作不同口味的松露巧克力。

◆ 省略可可粉，将巧克力球放进糖粉或坚果粉里滚几圈。

柑橘皮蜜饯

这种做法可以把挤干果汁的柑橘类水果"变废为宝"。餐后来几片柑橘皮蜜饯，无论是单独吃还是蘸巧克力浆都非常爽口，注意，只能使用没有喷洒过农药的有机柑橘类水果。

将 2 个葡萄柚、8 个柠檬或柑橘，或 4 个中等大小的橙子对半切开，挤出果汁，留作他用。把余下的果皮放进汤锅，加入冷水，水面要比水果高 2.5 厘米左右。开中火煮沸，然后转小火煮，直到水果变得非常软。10 分钟后，用尖刀检查一下水果的状态。让煮好的水果自然冷却，这样更容易处理。用汤匙尽量把所有的果肉挖出，去掉白色皮膜。将外皮切成 3～6 厘米宽的长条。放进厚底汤锅，加入：

4 杯糖

2 杯水

开中火煮至糖全部溶解且糖浆微微沸腾。在此期间，不时搅拌一下（如果糖浆不足以没过果皮，可以按照同样的比例再制作一些糖水加入锅中）。让糖浆始终保持微微沸腾的状态，煮至果皮变成半透明，糖浆变稠且冒泡。调大火力，让糖浆进一步浓缩，直到能够拉丝。此时糖浆的温度大约应该在 110℃。把锅移到旁边，自然冷却 5 分钟左右。

取 1 个烤盘，放在烤网一旁。用漏勺小心地捞出蜜饯条，均匀地摆在烤网上，静置一夜，让蜜饯自然风干。次日，将蜜饯放入大碗中，加入粗砂糖拌匀。把粘在一起的蜜饯条分开，将蜜饯装进密封容器，装进冰箱冷藏，可以保存数月。可以把煮蜜饯的糖浆喝掉，或加入适量水稀释后用来炖干果。

苹果膏

可切 64 个约 2.5 厘米的小块

水果膏，也叫法式水果软糖，是一种果味浓郁的小甜点。将苹果、榅桲、李子等加糖慢炖成果泥，再放入模具或盘子里冷却定型。可以把水果冻切成各种形状的小块，像糖果一样裹上糖粉；也可以配乳酪食用。

用无盐蔬菜油把一个 20 厘米 × 20 厘米的烤盘抹一遍，铺一层烘焙纸，在烘焙纸上也刷少许油。

取厚底锅，混合：

8 个中等大小的苹果，削皮、去核，切成 4 份

1 杯水

开中火，加盖炖煮 20 分钟左右，至苹果变软。把苹果打成泥，倒回锅中，加入：

1½ 杯糖

1 个柠檬的汁

开小火慢煮 1 小时左右，不时搅拌一下。在这个过程中，果泥会越来越稠并开始冒泡，不时用铲子刮一下锅的内壁和底部，防止煳锅。在操作的时候最好戴上烤箱手套，以免被飞溅的液体烫到。待果泥能够堆成小山状时，便可以关火了。为了防止火候不够，可以先取一汤匙果泥，放入冰箱冷冻室，无论看起来还是吃起来都应该像果冻。

把煮好的果泥放进事先准备的烤盘中，放入冰箱冷藏数小时或一整夜。待完全冷却后，倒扣进另一个铺了烘焙纸的烤盘中，揭开顶上的烘焙纸，让果泥风干一夜。次日，果泥应该就已经比较结实，可以用刀切块了。如果还是太软，可以放进 150℃ 的烤箱里烤 1 小时以上。取出并彻底晾凉后再切块。用保鲜膜密封，放在室温下保存。如果放进冷藏室，果泥可以最多存放一年。

变化做法

◆ 把切块的苹果膏均匀地裹上砂糖。

◆ 可以用同样的方法制作榅桲或梅子膏。在将榅桲切块之前，先彻底洗净，刮去外面的绒毛。同时，将水量增加到 3 杯，糖增加到 2 杯。待果泥完全煮好之后再加入柠檬汁。

糖渍坚果

3½ 杯

这些甜甜的坚果可以作为糖果，也可以点缀蛋糕，或加入自制冰激凌中。

将烤箱预热至 160℃ 。

取一个中等大小的碗，加入：

1 个蛋白

打至起泡。加入：

¾ 杯黄糖

1 汤匙肉桂粉

½ 茶匙姜粉

一撮丁香粉

一撮卡宴辣椒粉

¼ 茶匙盐

2 茶匙香草精

搅拌均匀。加入：

3½ 杯碧根果、对半切开的核桃或整颗杏仁

确保所有坚果都均匀裹上糖浆，放入涂了少许橄榄油的烤盘中，烤 30 分钟左右。在此期间，不时用一把大刮刀把坚果翻一翻。晾凉后放入密封的容器中保存。

树莓糖浆

约 2½ 杯

在这道糖浆中加入气泡水，可以做成果味苏打，也可以加入柠檬气泡水，做成粉色的柠檬苏打。如果要做开胃酒，可以舀一点糖浆到高脚杯里，然后加入白葡萄酒、香槟或其他起泡酒。

取厚底汤锅，加入：

2 杯树莓

1 杯水

2 汤匙糖

中火加热 4 分钟左右，持续搅拌，直到树莓裂开并释出汁液。加入：

1½ 杯冷水

½ 茶匙新鲜柠檬汁

煮沸，立刻将火转小，撇掉浮沫或渣滓，煮 15 分钟左右。用纱布过滤树莓汁，用力挤压出所有的汁水。把树莓汁倒回锅中，加入：

1½ 杯糖

不停搅拌，让糖全部溶解，沸腾之后继续煮 2 分钟左右。把锅拿到一旁自然冷却。把糖浆放入密封的容器中，放在冰箱冷藏，最多可保存 3 周。

变化做法

◆ 用其他莓果代替树莓，例如蔓越莓、黑莓或奥拉里莓等。

杏子果酱

4 杯

制作果酱不一定非得做很多。有时候我会做少量果酱，直接把它们放进冰箱里冷藏，而不是用罐头封装。杏子果酱的用途很广，可以刷在苹果挞或杏仁蛋糕上，也可以作为蛋奶酥的基底。

先把 1 个小盘子放进冰箱的冷冻室，以备之后测试果酱是否做好。

将：

1.1 千克熟透的杏子（约 6 杯）

去核，切成 1 厘米的小块。如果想给果酱增加一点杏仁的香气，可以把杏子的果核敲开，取 4 颗杏仁备用。把杏肉放进锅里，加入：

3¾ 杯糖

拌匀。开中火加热 20～25 分钟，在此期间不停搅拌，同时撇掉浮沫。待锅中的液体变稠且杏肉变成半透明时，测试一下果酱的质地是否足够均匀。取出事先冷冻的盘子，舀一汤匙果酱放入盘中，通过冷却的果酱来判断它的状态。待果酱足够浓稠，一边搅拌一边挤入：

1 个柠檬的果汁

让酱自然冷却，然后装进容器里冷藏。每罐果酱里放入 1 颗杏仁。

变化做法

◆ 如果要长期保存果酱，准备 8 个罐子和 8 个自封盖。把冷却的果酱装进经过消毒的罐中，在上部留出大约 0.5 厘米的空间。根据操作说明把自封盖安装上去。

焦糖酱

约 1 杯

焦糖酱可以趁热配冰激凌吃，也可以冷却至室温后舀到刚刚在机器里做好的冰激凌上，然后一起放进冷冻室。将焦糖酱淋在糖水梨子上也非常可口。

量出：

¾ 杯淡奶油

取 1 个中等大小的厚底锅，加入：

1 杯糖

小心注入：

6 汤匙水

开中火加热至糖开始焦化。轻轻转动锅子，让糖均匀受热。待焦糖全部变成金棕色时，把火关掉。与锅子保持一段距离，倒入 ¼ 杯淡奶油。用木铲缓慢搅拌，直到奶油跟糖浆完全融合。加入余下的奶油和：

½ 茶匙香草精

一撮盐

让焦糖酱自然冷却。如果有必要的话，可以过滤一次。趁热享用焦糖酱，也可以放入冷藏室保存 2 周左右。每次使用之前放在即将沸腾的热水上稍稍加热一下即可。

变化做法

◆ 如果要做咖啡焦糖酱，可以在第二次倒入奶油时加入 3 汤匙意式浓缩咖啡，还可以根据个人喜好再加入 1 汤匙咖啡利口酒。

简单糖霜

约 2 杯

这是一道基础糖霜，适合用来装点杯子蛋糕和饼干。这个方子做出的糖霜足够 1 个直径 23 厘米的蛋糕或 24 个杯子蛋糕使用。

取：

12 汤匙软化的无盐黄油

搅打至轻盈蓬松。

加入：

1⅓ 杯过筛的糖粉

继续搅打至轻盈蓬松。加入：

1 茶匙香草精

½ 茶匙新鲜柠檬汁

搅打至顺滑。

变化做法

◆ 用 60 克溶解的苦甜巧克力给糖霜调味，注意巧克力不能是温热的。也可以用 ½ 茶匙柠檬、橙子或柑橘的皮屑调味。

巧克力酱

约 2 杯

取中等大小的厚底锅，加入：

½ 杯淡奶油

½ 杯牛奶

¼ 杯糖

2 汤匙无盐黄油

一边加热一边搅拌。

待黄油熔化后，加入：

230 克苦甜巧克力，切碎

1 茶匙香草精

关火。让混合物静置几分钟，搅拌至顺滑，趁热食用。也可以把巧克力酱密封起来放进冰箱冷藏室，可保存 2 周左右。每次使用前放在微滚的水上再次加热即可。

变化做法

◆ 如果要制作巧克力糖霜，加热 ½ 杯奶油，关火后加入 110 克切碎的半甜巧克力，置于一旁。等巧克力溶解后，把所有的材料拌到一起。糖霜在冷却之后会变得更加浓稠。趁热倒在或抹到蛋糕或杯子蛋糕上。

发泡鲜奶油

2 杯

取冷却过的不锈钢碗，加入：

1 杯刚从冰箱拿出来的淡奶油

1 汤匙糖，按个人口味调整用量

½ 茶匙香草精

搅打至可以形成软尖。

变化做法

◆　加入 ⅛ 茶匙橙花水。

◆　省略香草精，把 1 个 2.5 厘米的香草荚对半剪开，把香菜籽刮进奶油里。

◆　加入 1 汤匙朗姆酒、干邑白兰地、苹果白兰地或其他味道比较浓的利口酒。

草本茶

草本茶是用有香味的草本植物、花朵或香料冲泡而成，味道非常清新，能解除饱餐后的油腻感，可以搭配大多数甜品，也可以替代咖啡。草本茶可以用薄荷、柠檬百里香、柠檬马鞭草、牛膝草、洋甘菊、柑橘皮、生姜等任何一种或几种来制作。我最喜欢的搭配是柠檬马鞭草加薄荷，香草碧绿的叶子在透明茶壶里很是好看。在泡茶之前，先把香草反复冲洗几遍，然后用滚水冲泡，浸泡几分钟以后再享用。我喜欢用比较小的透明杯子喝茶，就像摩洛哥人一样，这样可以看到茶水优美的浅绿色。

参考资料

现如今，通过互联网，我们几乎可以买到各种自己想要的东西，可以瞬间获取大量关于食物的免费资讯，而且大部分都很可靠。我们可以搜索到有机农业和永续渔业的相关信息，可以找到当地的农夫市集、CSA农场、社区花园、回收中心，也可以轻松找到教授烹饪技巧的资料和视频、各种食谱和数不清的美食博客。此外，我们还可以浏览评论、比较价格，购买祖传的种子、有机橄榄油、干豆、香料和厨具。

但是，也不要忘了在本地农夫市集购买食材的益处，你可以向农夫了解本地农业，还可以参加本地的社区，而不是沉浸在虚拟世界中。与售卖非本地食材的购物网站相比，住家附近的商店或杂货店不仅可以提供试吃，还可以让你学到第一手的知识，尤其是在采买乳酪、酒和橄榄油等食材时。

互联网永远无法取代你自己创建的食谱和那些关于食物的书。我喜爱的饮食主题的书可以列出长长一串，但是我想推荐几位作者，他们对于简单食物、新鲜食材与传统的热爱给了我很大启发。理查德·欧尼和伊丽莎白·大卫是两位 20 世纪的厨师，他们极大地提升了我对食物的敏感度。以下列出的是我最喜欢的作品，不过他们的其他作品也都值得一读。欧尼是"时代人生"（Time-life）系列彩绘食谱《好厨师》（*The Good Cook*）的主要编辑顾问，这套书一共 28 本，出版于 20 世纪 70 年代末期至 80 年代早期，非常值得阅读。

《简单的法国食物》（*Simple French Food*）　理查德·欧尼著
《伊丽莎白·大卫的经典菜》（*Elizabeth David Classics*）　伊丽莎白·大卫著
《法国乡村菜》（*Franch Provincial Cooking*）　伊丽莎白·大卫著
《野草上的蜂蜜》（*Honey from a Weed*）　佩兴丝·格雷著

参考书目：
《牛津食物指南》（*Oxford Companion to Food*）　阿兰·戴维森著
《食物与厨艺》（*On Food and Cooking：The Science and Lore of the Kitchen*）
哈洛德·马基著

　　《牛津食物指南》不仅提供最新的丰富可靠的知识，也是名副其实的指南，读起来轻松愉快，充满智慧。哈洛德·马基的著作解答了许多关于烹饪和饮食的疑问，提供了从历史的到分子的各种前沿烹饪科学知识。

　　保罗·约翰逊是我的"潘妮斯之家"餐厅 30 多年的鱼类供应商。他教给我们所有和鱼相关的知识，真正的鲜鱼什么样，什么是永续渔业。他的网站＊有很多实用的信息和相关链接。

　　我鼓励对传统食物价值有兴趣的人浏览我参与的几个机构的网站：

国际慢食运动（Slow Food International）

"潘尼斯之家"基金会（Chez Panisse Foundation）

改变的种子（Seed of Change）

＊网站目前已关停。——编者注

词汇表

芳香蔬菜 可以长时间烹饪的蔬菜，为汤、高汤、馅料、炖品和焖菜增加甜度。最常见的有洋葱、胡萝卜和芹菜，茴香和大葱也常常作此用途。

氽烫 快速在开水中浸一下。

煮、烧开 将汁液或水加热至沸腾，海拔高度0米时，水的沸点是100℃。

香草束 将各种香草或芳香植物系成一小束，加入菜肴，可为炖品和酱汁增添风味，上菜前须取出。

焖 在加盖的容器中用少量汁液慢慢煮。

煮到焦黄 将肉类和蔬菜的表面煮到呈焦黄色。

焦糖化 严格来说，指将糖加热至液态并呈棕色的过程。糖越多，颜色越深，焦糖的味道也越强烈和突出。这个词也用来表示食物在烧烤、烘烤或直接用喷枪炙烤时表皮变得焦黄的反应。

切细丝 将香草叶片、生菜或绿色蔬菜叠放之后卷紧，用刀切成很细的条或丝状。

澄清黄油 将牛奶中所有固状物和水分去除了的黄油，也叫脱水黄油（drawn butter）。澄清黄油的沸点高，适合用来翻炒和煎炸食物。

法式清汤 一种稍微加热过的用白酒调味的蔬菜高汤，通常用来煮鱼。

法式酸奶油 用酪乳中的活性酶培养并增稠的一种浓奶油，香味醇厚，因加热时不会油水分离而常用于烹饪。

打成奶油状 将黄油和糖混合在一起打至蓬松。

溶解食材精华 在锅中加入液体，使锅里煎过肉或蔬菜的带有味道的剩余物溶解。

切丁 将食物切成规则的小方块。

扎孔 将面团表面均匀扎出小孔，以防烘焙时产生气泡。

双层蒸锅 上下两层可分离的锅，用下层的沸水加热上层的食物，可避免食物直接与水接触。

裹粉 在食物上轻轻撒上一层面粉或糖。

淋 将液体缓慢均匀地倒在食物表面。

去骨 去除鱼骨，将肋骨架上的肉用刀片下来。这个词也用来表示无骨的肉排或鱼排。

混合 将质地蓬松、空气含量较多的材料（例如蛋白）混入质地较重的材料中。混合时，不要搅拌或击打，而是用橡皮刮刀或其他器具从中间切开，抬起其中一半对折，转动容器并不断重复，直到配料均匀地混合在一起。

焗 将菜肴表面用烤箱或火烤至形成一层薄薄的脆皮。

切丝 将蔬菜或其他食物切成细细的长条。

浸渍 将食物泡在液体中，使其变软并且入味。

切菜器 将蔬菜切薄片的工具，由一个扁平的框架和可调节的刀片组成。

腌制 在烹饪前用腌渍汁（油、香草、香料、芳香蔬菜、醋或酒的混合物）给鱼、肉或其他食物增加风味。

剁碎 将食物切成形状相同的细末。

杂菜（Mirepoix） 法语，指切碎的混合蔬菜，通常是洋葱、胡萝卜和芹菜（一般情况下洋葱的量是胡萝卜和芹菜的两倍），可以当作为炖菜、汤和酱汁增添风味的底料。

就位（Mise en place）　法语，指将烹饪所需的食材量出、切好且一一摆在手边的步骤。这样做能够在开始烹饪后保证所需材料都能够随时取用。

水煮　将食物浸泡在液体中，以略低于沸点的温度加热。

磨泥　食物经过磨、压或过筛之后形成的软膏或浓稠的液体。

浓缩　将液体煮到浓缩。

翻炒　在浅锅内用少量油快速炒，使食物不断移动以均匀受热。

调味　用盐、胡椒、香草或香料为食物增添风味。

切条　将食物顺着纤维撕成条状（通常是熟鸡胸或猪肩肉），也指将圆白菜或其他绿叶蔬菜切成细条。

煨　用慢火加热食物，让液体微微冒泡但没有大滚。

芳香蔬菜基底（Soffritto）　意大利语，指用切碎的混合芳香蔬菜炒制而成的酱料，可作为汤、酱汁和炖品的底料。

拌　轻轻将食材混合搅拌在一起。

搅打　快速搅动至蓬松。

以打蛋器搅打　快速轻柔地搅拌击打（打蛋器是手握的带有球状搅拌头的工具）。

果皮丝　指柑橘类水果鲜艳光滑的果皮，可用带螺旋刀片的蔬菜削皮器刨成像纸一样薄的小条（或用手握式刨丝刀刨成很细的丝），或用墨粉器磨成粉。